数据驱动的风电滚动轴承故障诊断方法研究

王维庆 程 静 李 强 著

重庆大学出版社

内容提要

随着我国风电装机容量的井喷式增长，机组的运行维护需求越来越大，“运维市场”成为风电六大关键词之一，我国风电事业的发展面临着关键零部件及整机测试技术、智能故障诊断技术落后的瓶颈问题。

本书以风电机组旋转部件中的滚动轴承为重点研究对象，开展智能故障诊断方法的研究，针对风力发电机组这种大型旋转机械作为高阶次、多变量、非线性、非平稳、强耦合的能量传递和转换系统，阐述其核心旋转部件故障监测与诊断相关的工作原理、方法理论、仿真建模与工程应用。

书中对风电机组滚动轴承信号特性及滚动轴承的各种故障形式进行分析与介绍，对故障诊断过程中的消噪、特征提取与选择、模式识别等关键问题的分析方法，以及声学噪声与振动相关性、风电机组声学噪声的测量和预测等问题进行了探索与研究，基于 MATLAB 软件平台对风电机组滚动轴承智能故障监测与诊断中的关键方法进行了仿真建模与分析验证，以期为我国风电机组故障诊断领域的理论研究和工程实践提供一定的理论基础和数据依据，解决风电现场机组故障快速诊断问题，提升风电机组发电量，提高风电机组运行寿命。

图书在版编目（CIP）数据

数据驱动的风电滚动轴承故障诊断方法研究/王维庆，程静，李强著. -- 重庆：重庆大学出版社，2023.1
（风力发电自主创新技术丛书）
ISBN 978-7-5689-2534-1

Ⅰ. ①数… Ⅱ. ①王… ②程… ③李… Ⅲ. ①风力发电机—滚动轴承—故障诊断—研究 Ⅳ. ①TP133.33

中国版本图书馆 CIP 数据核字(2020) 第 268488 号

数据驱动的风电滚动轴承故障诊断方法研究
SHUJU QUDONG DE FENGDIAN GUNDONG ZHOUCHENG GUZHANG ZHENDUAN FANGFA YANJIU

王维庆 程 静 李 强 著
策划编辑:鲁 黎 曾令维 杨粮菊
责任编辑:陆 艳 版式设计:鲁 黎
责任校对:谢 芳 责任印制:张 策

*

重庆大学出版社出版发行
出版人:饶帮华
社址:重庆市沙坪坝区大学城西路 21 号
邮编:401331
电话:(023) 88617190 88617185(中小学)
传真:(023) 88617186 88617166
网址:http://www.cqup.com.cn
邮箱:fxk@cqup.com.cn (营销中心)
全国新华书店经销
重庆升光电力印务有限公司印刷

*

开本:720mm×1020mm 1/16 印张:15.25 字数:318 千
2023 年 1 月第 1 版 2023 年 1 月第 1 次印刷
印数:1—1 000
ISBN 978-7-5689-2534-1 定价:98.00 元

前　言

随着我国风电装机容量的井喷式增长，机组的运行维护需求越来越大，“运维市场”成为风电六大关键词之一，我国风电事业的发展面临着关键零部件及整机测试技术、故障诊断技术落后的瓶颈问题。滚动轴承在风电机组中被大量使用，它是机组支撑和传递动力的精密、易损核心零部件，其工作环境恶劣，在运转过程中不可避免地受到力、热、振动等多种因素的影响，产生变形、裂纹、压痕、胶着、断裂，严重时将牵连周围其他部件，甚至可能导致整个机组的损伤，导致巨大经济损失。而轴承的拆装、检查维修及安装相当不便，耗费巨大的人力物力，因此对其进行状态监测和故障诊断具有重要意义。

本书以风电机组旋转部件中的滚动轴承为重点研究对象，开展故障诊断方法的研究。其主要内容如下：

第 1 章分析风力发电及机械故障诊断技术的现状，论述开展风电机组滚动轴承故障诊断研究的意义。研究分析风电滚动轴承信号的特性，对滚动轴承的各种故障形式，以及故障诊断过程中的消噪、特征提取与选择、模式识别等关键问题的分析方法和研究现状进行综述。

第 2 章针对风电机组振动信号的强干扰、非线性、非平稳特性，研究适宜的消噪方法。通过对比分析和总结传统小波消噪法的局限，研究基于风电轴承振动信号的自适应阈值小波消噪方法，将该方法分别应用于正弦仿真信号和实测振动信号的消噪处理，实现信号和噪声的有效分离，从背景噪声中提取振动信号的有用信息。

第 3 章针对风电机组滚动轴承振动信号的非高斯、非线性特性，对传统时域、频域、时-频域（小波变换、经验模态分解、变分模态分解、双谱分析）等常用的基于振动信号特征提取方法进行分析与仿真研究，获得描述滚动轴承故障的各种特征信息，对比各种方法的优势与不足。

第 4 章针对风电滚动轴承振动信号的非线性、非高斯性，研究故障模式识别方法。主要阐述了基于二值化双谱特征的模糊聚类模式识别方法和基于核函数的投影寻踪模式识别方法，并通过具体实例对提出的模式识别方法进行分析及可行性、可靠性验证。

第5章针对滚动轴承声学噪声和振动之间存在强干扰、强耦合特性，以及不确定的复杂非线性关系的现象，分析其原因和本质，采用基于灰色系统理论的相关性分析方法进行轴承声学噪声与振动相关性分析实验，定量分析结果表明声学噪声与振动之间的相关程度，并以线性回归分析结果表明二者不具有很好的线性相关性，并分析研究性能良好的声学噪声预测方法。

第6章分析研究噪声产生机理、声学噪声测量技术国际标准，归纳总结依照国际标准而实施的噪声测量方法。针对声学噪声测量过程中测量仪器设备繁多、测量过程复杂、完全相同的开机和停机测量环境不易实现等问题，提出回归分析与BP神经网络相结合的风机声学噪声预测方法，以及基于数据融合技术的改进GA-SVR的特征级数据融合的气动噪声预测方法，旨在为进一步发展和完善基于声学噪声信号的故障诊断、多信息融合的故障诊断技术奠定基础。

作者及团队成员长期从事风力发电领域的科学研究，本书内容是我们对多年来科研及实践经验的拙见及表述。由于作者水平有限，书中的观点和分析方法难免存在不足之处，欢迎批评指正。

著　者

2020年3月

目　录

第1章 绪 论

1.1 风电轴承故障诊断技术研究的背景及意义

1.1.1 风电发展现状

能源是人类生存和发展的物质基础，是推动经济发展的动力和保障，同时能源发展带来的环境问题已经成为世界性问题。面对全球日益严重的能源和环境问题，提质增效、促进能源结构转型，大力推进化石能源清洁高效利用和发展可再生能源，促进多能互补，融合发展，已成为世界各国保障能源安全、应对气候变化、实现可持续发展的重要举措。经济全球化、全球能源格局深入调整、气候问题日益迫切等新形势，对我国能源未来发展提出了新的挑战和要求。

可再生能源发电是我国重点发展、具有全球竞争力的战略性新兴产业之一。当前，中国与世界主要国家均加快向“清洁、低碳、安全、高效”的可持续能源系统转型。可再生能源装机和在终端能源消费中的比例持续增加，美国、德国、丹麦等国家分别提出了到2050年可再生能源占电力消费的比重达到80%～100%的发展目标，开始探索以可再生能源为主的新型能源体系。

风力发电是可再生能源发电的重要形式，也是我国重点发展、具有全球竞争力的战略性新兴产业之一。风能发电装备技术的发展是实现可再生能源高比例应用和产业持续健康发展的重要依托。在风能、水能、太阳能、地热能、海洋能、生物能等可再生能源中，风能作为一种可持续的绿色清洁能源，以其资源丰富、洁净环保、技术日益成熟、发电成本低等优点，得到了突飞猛进的发展。近年来，风力发电在全世界范围内得到了持续和高速的发展，我国的风电行业更是得到了规模化、超常规的飞速发展，风力发电绿色能源的兴起已经成为低碳经济的重要标志之一[1,2]。

近十几年来,风电技术相对成熟,具有更高的成本效益和资源有效性,全球能源系统向可再生能源转型正在进行中,风能则是这一发展最主要的力量,已成为全球电力供应的主要支柱,是世界上增长最快的能源之一。风电装机容量指数增长,装机容量和增长率统计如图 1-1 和图 1-2 所示。

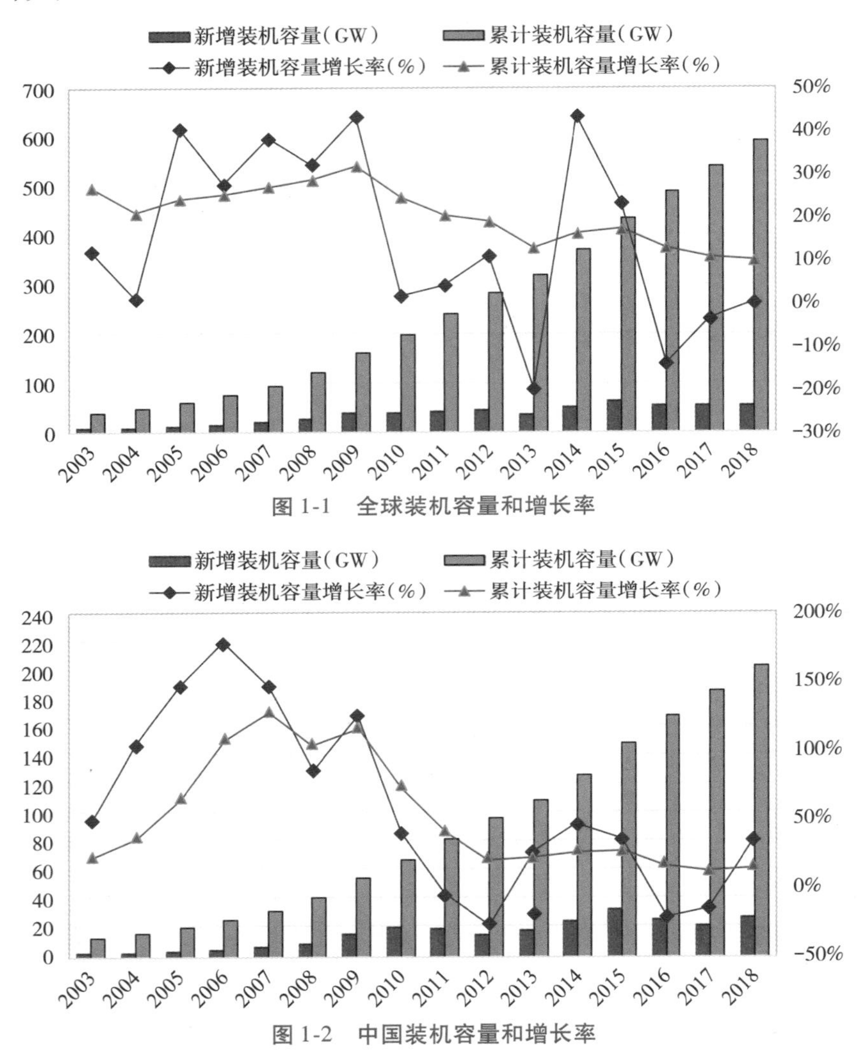

图 1-1　全球装机容量和增长率

图 1-2　中国装机容量和增长率

全球风能理事会(Global Wind Energy Council, GWEC)统计数据表明,2018 年世界风电累计装机容量达 592. 1 GW,新装机容量为 53. 9 GW,风电发电量占全球电力需求的 6%。截至 2017 年,风电装机容量复合增速达 20. 24%,累计和新增装机容量排名前三位的国家是中国、美国和德国,分别占全球装机总容量的 31%、17%、10% 和新增装机总容量的 37%、13%、13%。亚洲地区风电累计装机容量达 229 GW,位居第一,欧洲

178 GW,北美105 GW,拉美及加勒比海地区风电装机容量为18 GW。亚洲地区,印度实现了4.1 GW的强劲增长,但由于缺乏政策延续性,其增长前景堪忧;巴基斯坦、泰国、越南等国都显示出显著的增长,日本和韩国也出现了不同程度的增长。

从全球电力生产结构的变化趋势看,化石燃料和核能发电的占比逐年下降,水电占比长期维持在16.6%。风电是目前发展最快的可再生能源,在世界范围内仍有很大的发展空间。随着技术的不断进步和规模经济的体现,风电成本实现了快速下降。全球范围内,在2013年前后陆上风电的平准化度电成本(Levelized Cost of Energy, LCOE)已经低于煤电的发电成本,即初步实现并网侧的平价上网,具备了对传统火电的替代能力。2017年,全球陆上风电平准化度电成本仅为6美分/千瓦时,其中2017年以来新建陆上风电平均成本仅为4美分/千瓦时。摩洛哥、印度、墨西哥和加拿大等国家,风电价格在0.03美分/千瓦时左右。

全球风电场建设出现从陆地向近海发展的趋势。相比陆上风电,海上风电具备风电机组发电量高、单机装机容量大、机组运行稳定以及不占用土地、不消耗水资源、适合大规模开发等优势。同时,海上风电一般靠近传统电力负荷中心,便于电网消纳,免去长距离输电的问题。经过近二十余年的发展,从全球范围来看,海上风电技术日益成熟,过去制约其快速发展的技术壁垒高、建设难度大、维护成本高、整机防腐要求强等弊端得到逐步改善。2017年,全球海上风电新增装机容量4.3 GW,累计装机容量达18.8 GW。其中,欧洲十一国贡献了84%(15.8 GW)的累计装机容量,其余16%装机中大部分位于中国,少部分位于越南、日本、韩国和美国。英国是全球最大的海上风电市场,占全球累计装机容量的36%,德国以29%的份额位居第二位,中国以15%的份额位居第三。自第一座海上风电场投运以来,海上风电成本的下降幅度超过了30%。2017年,在德国的招标中出现了全球首个"无须补贴"的海上风电项目,装机容量达到1 GW,其电价将不会超过电力市场的批发价格。

由中国风能协会(China Wind Energy Association, CWEA)发布的统计数据表明,2018年我国风电新装机容量达到25.9 GW,同比增长率为31.7%,累计装机容量214 GW,同比增长13.7%,无论是累计还是新增装机容量,我国都已成为全球规模最大的风电市场。截至2017年,我国风电新增并网装机容量占全部电力新增并网装机容量的14.6%,累计并网装机容量占全部发电装机容量的9.2%。风电新增装机容量占比近几年均维持在14%以上,累计装机容量占比则呈现稳步提升的态势,全国风电发电量3 057亿千瓦时,占全部发电量的4.8%,发电量逐年增加,市场份额不断提升,风电已成为继煤电、水电之后我国第三大电源。在2015年新增风电装机32 GW后,风电装机连续两年回落,其主要原因是弃风限电、电价下调和海上风电的影响。自"十一五"规划以来,在《中华人民共和国可再生能源法》和相关政策的扶持和推动下,我国的风电行业取得了卓越成就。目前,我国的风电行业发展已逐步规范化、稳定化,在风电技术方面不断取得创新，设计更加细分化和智能化，生产了多种适合于不同气候和环境条件的特殊定制风电机组。风电机组不断大型化，2.5 MW 的机组已成为市场主流，3 MW 及以下的机组技术已经较成熟，6～8 MW 的机组和海上风电技术发展迅速发展，已经有海上产品投入试验，并将出现海上风电的爆发式增长。截至 2018 年前三季度，我国海上风电装机容量达 3 GW。“十三五”期间，预计海上风电新增装机容量达 4 GW。

自 2009 年中国成为世界第一大能源消费国，以煤为主的能源结构带来了严重的生态环境问题，党的十八大提出了“推动能源生产和消费革命”，十九大提出“坚持新发展理念”，坚持绿色发展，推进能源行业变革，反映出国家转变能源发展方式的重要性和急迫性，以风电为代表的可再生能源迎来历史性发展机遇。现阶段，我国风电行业发展模式从“重规模、重速度”到“重效益、重质量”转变。“十三五”期间，我国风电产业将逐步实行配额制与绿色证书政策，并发布了国家五年风电发展的方向和基本目标，明确了风电发展规模将进入持续稳定的发展模式。截至目前，我国风电行业经历了两轮高速发展时期。第一阶段从 2005 年开始，到 2010 年结束，之后经历了两年的调整，从 2013 年年中开始，我国风电行业摆脱下滑趋势，在行业环境得到有效净化的形势下，开始了新一轮有质量的增长，并在 2015 年创新高，随后受前期抢装透支需求的影响，2016、2017 年连续两年装机容量下滑，但 2017 年降幅趋缓。在新的电价下调截止时间临近导致的“小抢装”、“三北”地区弃风限电改善恢复投资、分散式风电崛起、海上风电发展等多因素驱动下，2018 年开始，新增装机容量重回高增长。随着开发布局的不断优化，配套政策的有效执行，以及风电技术水平的显著提升，短期内中东部和南方地区风电投资需求不断增加，未来“三北”地区的发展空间仍然十分巨大，早期风电机组临近退役，存量市场替代空间打开，分散式风电崛起，助力行业增长，绿证认购启动，保障风电渗透率持续提升。

近年来，虽然我国的风电事业得到了迅猛发展，具有规模化、商业化发展的巨大潜力，但因为起步较晚，总体发展水平还远远落后于国外，在研发和生产过程中还有许多基础理论、工程设计和关键技术等问题需要迫切解决，风电发展面临着新的矛盾和挑战。我国风电装机容量虽然已位居世界第一，但在能源结构中所占比例还很低，低于丹麦(44.4%)、德国(20.8%)、英国(13.5%)等国家；弃风限电的问题有待解决；风电制造业存在轻质量重产能的问题；风电系统整体设计及关键零部件制造能力还较薄弱，在很大程度上依靠引进，缺乏自主研发能力；许多生产厂商其技术的成熟性还需要实践考验；对恶劣气候条件的适应性、核心控制策略、非理想电网条件下运行的控制技术等方面，还存在很多需要改进的地方。

因此，掌握风力发电的相关理论及其关键技术，对促进风力资源合理有效地开发利用、开展自主创新的发展道路、形成具有自主知识产权的核心技术、保障我国风电事业的快速健康发展具有重大意义。

1.1.2 故障诊断技术概述

诊断(Diagnosis)一词原是医学名词,是医生收集病人症状,并根据症状进行分析处理,以判断患者的病因和严重程度,从而确定对患者的治疗措施与治疗方案的过程。设备故障诊断技术引用上述概念,是指利用各种检查方法和监测手段,通过对设备运行中各种特性的测量,了解及评估设备在运行过程中的状态,从而能在早期发现故障的技术。其中,特征量的收集过程称为状态监测。诊断是指特征量收集后的故障分析判断过程。设备的故障诊断有在线诊断和离线诊断,其目的都是及时发现设备的潜在故障,通过分析故障形成原因或故障机理,预防故障的进一步发生、发展,尽可能地排除设备故障,保证设备安全稳定运行,可靠发挥设备功能[3]。

故障诊断始于设备故障诊断,发展于20世纪60年代,它包含两方面内容:一是对设备的运行状态进行监测;二是在发现异常情况后对设备的故障进行分析、诊断。设备故障诊断是随设备管理和设备维修发展起来的。自1961年美国开始执行阿波罗计划后,因设备故障造成的一系列事故促使在美国宇航局的倡导下,1967年由美国海军研究室主持成立了美国机械故障预防小组,并积极从事技术诊断的研究工作。20世纪六七十年代,英国机器保健和状态监测协会开始研究故障诊断技术,在摩擦磨损、汽车和飞机发电机监测和诊断方面具领先地位。1971年日本的新日铁开始研发诊断技术,1976年达到实用化,日本诊断技术在钢铁、化工和铁路等领域处领先地位。我国在故障诊断技术方面起步较晚,1979年才初步接触设备诊断技术,目前在化工、冶金、航空、电力等领域有较好的应用。

由于故障诊断技术是在基本不拆卸设备或设备运行中,了解设备的使用状态,确定设备正常与否,进而辨别设备的早期故障原因,并制定相应的处理措施,因此对于提高设备安全经济运行具有重要意义。经过多年的研究和现场运行考核,国内外很多公司已成熟地开发了设备状态监测与故障诊断系统,并广泛应用。如美国西屋公司的GEN-AID系统,使得克萨斯州的7台发电机组强迫停机率由1.4%降至0.2%,平均可用率由95.2%提升至96.1%;英国CEGB公司下属的550 MW和660 MW发电厂因机组故障每年损失750万英镑,应用故障诊断技术后,通过对机组振动故障原因的5次正确分析,获得直接经济效益293万英镑。设备故障诊断技术经过半个世纪的发展,在理论上和实际上均取得很多进展。经过30多年的研究与发展,故障诊断技术已应用于飞机自动驾驶、人造卫星、航天飞机、核反应堆、汽轮发电机组、大型电网系统、石油化工过程和设备、飞机和船舶发动机、汽车、冶金设备、矿山设备和机床等领域。

故障诊断技术已有30多年的发展历史,但作为一门综合性新学科——故障诊断学,还是近些年发展起来的。从不同的角度出发,有多种故障诊断分类方法,各有特点,归纳如下:

(1)基于机理研究的诊断理论和方法

从动力学角度出发研究故障原因及其状态效应,针对不同机械设备进行的故障敏感参数及特征提取是重点。

(2)基于信号处理及特征提取的故障诊断方法

主要有时域特征参数及波形特征诊断法、时差域特征法、幅值域特征法、信息特征法、频谱分析及频谱特征再分析法、时间序列特征提取法、滤波及自适应除噪法等。今后应注重实时性、自动化性、故障凝聚性、相位信息和引入人工智能方法,并相互结合。

(3)模糊诊断理论和方法

模糊诊断是根据模糊集合论征兆空间与故障状态空间的某种映射关系,由征兆来诊断故障。由于模糊集合论尚未成熟,诸如模糊集合论中元素隶属度的确定和两模糊集合之间的映射关系规律的确定都还没有统一的方法可循,通常只能凭经验和大量试验来确定。另外,因系统本身不确定的和模糊的信息(如相关性大且复杂),以及要对每一个征兆和特征参数确定其上下限和合适的隶属度函数,其应用有一定局限性。但随着模糊集合论的完善,该方法有较光明的前景。

(4)振动信号诊断方法

依据设备运行或激振时的振动信息,通过某种信息处理和特征提取方法来进行故障诊断。应用时应注重引入非线性理论、新的信息处理理论和方法。

(5)故障树分析诊断方法

故障树分析诊断法是一种图形演绎法,把系统故障与导致该故障的各种因素形象地绘成故障图表,能较直观地反映故障、元部件、系统及因素、原因之间的相互关系,也能定量计算故障程度、概率、原因等,应注重与多值逻辑、神经元网络及专家系统相结合。

(6)故障诊断灰色系统理论和方法

该方法从系统的角度来研究信息的关系,即利用已知的诊断信息去揭示未知的诊断信息。它利用灰色系统的建模(灰色模型)、预测和灰色关联分析等方法进行故障诊断,有自学习和预测功能。由于灰色系统理论本身还不完善,如何利用已知信息更有效地推断未知信息是一个难题。

(7)故障诊断专家系统理论和方法

该方法是近年来故障诊断领域最显著的成就之一。它的内容包括诊断知识的表达、诊断推理方法、不确定性推理以及诊断知识的获取等。目前存在的主要问题是缺乏有效的诊断知识表达方式,不确定性推理方法,知识获取和在线故障诊断困难等。应注重与模糊逻辑、多值逻辑、故障树、机器学习和人工神经网络等理论和方法的结合与集成。

(8)故障模式识别方法

模式识别法是一种十分有用的静态故障诊断方法,它以模式识别技术为基础,其关键是故障模式特征量的选取和提取。现有许多模式分类器,如线性分类器、Bayes 分类器、最近邻分类器等。该方法的诊断效果在很大程度上依赖于状态特征参数的提取、样本的数目、典型性和故障模式的类别、训练和分类算法等,应注重新聚类算法、自动学习识别方法及与ANN相结合。

(9)故障诊断神经网络理论和方法

神经网络应用于故障诊断是最成功的应用之一。由于神经网络具有原则上容错、结构拓扑鲁棒、联想、推测、记忆、自适应、自学习、并行和处理复杂模式的功能,使其在工程实际存在着大量的多故障、多过程、突发性故障、庞大复杂机器和系统的监测及诊断中发挥较大作用。在众多的神经网络中,尤其以基于BP算法的多层感知器神经网络理论最坚实,应用最广泛且最成功。神经网络故障诊断方法易实现对非线性系统的故障诊断。重点研究在线学习算法、知识表达和鲁棒学习算法等。

(10)基于数学模型的故障诊断理论和方法

该方法以现代控制理论和现代优化方法为指导,以系统的数学模型为基础,利用观测器(组)、等价空间方程、Kalman滤波器、参数模型估计和辨识等方法产生残差,然后基于某种准则或阈值对该残差进行评价和决策。基于模型的故障诊断方法能与控制系统紧密结合,是监控、容错控制、系统修复和重构的前提。目前该领域研究的重点是线性和非线性系统的故障诊断的鲁棒性、故障可检测和可分离性、利用非线性理论(突变、分叉、混沌分析方法)进行非线性系统的故障诊断。

故障诊断理论和方法和分类虽然很多,但可归纳为两类:①基于非模型的故障诊断理论和方法,如信号空间特征、模态和信息处理方法的诊断理论与方法;基于知识推理、人工智能、专家系统的诊断方法;基于模式识别和神经网络的诊断方法。②基于系统数学模型和现代控制理论、方法的故障诊断理论和方法,也包括相互间的结合和集成。

1.1.3 机械设备故障诊断技术的发展与现状

机械设备故障诊断技术是一项综合信息处理技术,建立于故障诊断基础理论、故障技术和诊断方法、信息技术、信号处理、测试技术等多种基础学科和工程技术基础上,融合了多学科理论,是一项具有基础理论新、实施技术多、工程应用广等特点的高新技术。机械设备故障诊断技术是通过监测设备在运行过程中的状态信息,对采集信号进行分析处理,对机械设备进行状态识别,并对故障进行预测,由此实施相应措施的技术。故障诊断技术需要通过测量设备的某些特征参数,对设备是否出现故障做出简单诊断,还需要对故障信息进行精密诊断,确定故障的性质、部位、程度、类别、产生机理等。

1.1.3.1 机械设备维修

随着科学技术和现代化工业的迅速发展,机械设备日趋大型化、高速化、自动化、智能化、集成化。设备和零部件在生产中的地位越来越重要,对设备的管理水平也有更高的要求。能否保障关键设备的正常运行，将直接关系到各行业的发展。机械设备的维修经历了事后维修、预防维修、生产维修、维修预防、状态监测和智能维修等阶段[3]。

(1)事后维修

最早的事后维修阶段，是在设备发生故障后再进行拆检或更换零部件，此时设备本身的复杂程度和技术要求水平都相对较低，一旦发生故障，只能被迫停机修理。在这种情况下，设备的某些运行参数使用余量已消耗殆尽，从而导致故障发生。事后维修往往具有被迫停机的性质，设备意外故障较多，进而影响生产效率，增加维修成本。

(2)预防维修

随着科学技术的发展，机械设备本身的技术复杂程度有所提高，设备故障或事故产生的影响随之显著增加。为了减少停工维修时间，出现了预防维修方式。这种维修方式是一种以预防为主的维修方式，以设备的可靠性为中心，依据设备运行状态的恶化程度，设定最佳的维修周期、维修时间、维修规模，对设备进行预防性更换或维修。这种维修方式避免了事后维修的弊端，但也在一定程度上造成了设备的过度维修。

(3)生产维修

这种维修方式，从经济性角度依据设备的重要性进行组织维修，对经济及生产重要性高的设备采用预防维修方式，影响较小的设备采用事后维修方式。既可以保障对重点设备重点维修，也可大大降低维修费用。

(4)维修预防

维修预防是机械设备维修体制的一项重大突破。无论采用事后维修、预防维修，还是生产维修方式，对设备运行使用和修理起决定性作用的其实还是设备本身的质量。维修预防方式，将维修问题纳入设备的设计和生产制造阶段，不仅能够提高设备的可靠性和维修的便利性，又能够在运行使用时减少或避免故障，即便故障发生，也能够顺利对设备进行维修。

(5)状态监测

随着信号处理和信息技术在生产应用中的发展，机械设备维修领域出现了更科学的维修方式。状态监测维修方式对设备的状态进行实时监测，实现自动预警，并依据状态监测结果实施维修。

20 世纪 80 年代后，随着人工智能、神经网络等技术的发展，机械设备故障诊断技术智能化水平不断提升，以模块置换装置和自动诊断系统实现对设备的智能维修成为趋势。

1.1.3.2 机械设备故障诊断方法

机械设备运行的状态千差万别，出现的故障也是多种多样，采用的诊断方法也各不相同。在众多的诊断方法中，最常用的诊断方法有基于物理和化学分析的诊断方法、基于信号处理的故障诊断方法以及基于模型的故障诊断方法等。

(1)基于物理和化学分析的诊断方法

它是通过观察故障设备运行过程中的物理、化学状态来进行故障诊断,分析其声音、气味、温度的变化,再与正常状态进行比较,凭借经验来判断设备是否故障。如对发动机排出的尾气进行化学成分分析,即可以判断出柴油机的工作状态。

(2)基于信号处理的故障诊断方法

它是对故障设备工作状态下的信号进行诊断,当超出一定的范围即可判断为出现故障。信号处理的对象主要包括时域、频域以及峰值等指标。运用相关分析、频域、小波分析等信号分析方法,提取方差、幅值、频率等特征值,从而检测出故障。如在发动机故障领域中常用的检测信号是振动信号和转速波动信号。

(3)基于模型的故障诊断方法

基于模型的故障诊断方法,是在建立诊断对象的数学模型的基础上,根据模型获得的预测形态和所测量的形态之间的差异计算出最小冲突集,即被诊断系统的最小诊断。其中,最小诊断就是关于故障元件的假设。基于模型的诊断方法不依赖于被诊断系统的诊断实例和经验,将系统的模型和实际系统冗余运行,通过对比产生残差信号,可有效剔除控制信号对系统的影响。通过对残差信号的分析,即可诊断出系统运行过程中出现的故障。

设备故障诊断技术与当代前沿科学的融合是设备故障诊断技术的发展方向。近几年来,随着故障树分析、专家系统、模糊诊断、人工神经网络等新的诊断技术不断出现,故障诊断技术朝着传感器的精密化、多维化,诊断理论、诊断模型的多元化,诊断技术智能化的趋势不断发展。

(1)故障树分析诊断方法

故障树分析诊断方法基于研究对象结构和功能特征的行为模型,它是一种定性的因果模型,是一种体现故障传播关系的有向图。诊断对象最不希望发生的事件为顶事件,按照对象的结构和功能关系逐层展开,直到不可分事件为止,把系统故障与导致该故障的各种因素形象地绘成故障图表,直观地反映故障、系统及因素、原因之间的相互关系,也能定量计算故障程度、概率、原因等。故障树分析法最初用于系统的可靠性设计,现已广泛用于故障诊断领域。该方法直观、快速诊断、知识库很容易动态修改,但其缺点是受主观因素影响较大,诊断结果严重依赖于故障树信息的正确性和完整性,不能诊断不可预知的故障。

(2)故障诊断专家系统

故障诊断专家系统是一种基于知识的人工诊断系统,是利用专家经验,从大量的样本中提取故障特征,描述故障和征兆之间的关系网。在进行故障诊断时,根据已知事实,基于推理机通过故障原因与征兆进行匹配。它是研究最多、应用最广的一类智能诊断技术,主要用于没有精确数学模型或很难建立数学模型的复杂系统。目前,在采用先进传感技术与信号处理技术的基础上研发的故障诊断专家系统，将现代科学的优势与领域专家丰富经验和思维方式的优势结合起来，已成为故障诊断技术发展的主要方向。

(3)基于模糊数学的故障诊断方法

工程机械的状态信号传播途径复杂，故障与特征参数间的映射关系模糊，再加上边界条件的不确定性、运行状况的多变性，使故障征兆和故障原因之间难以建立准确的对应关系，用传统的二值逻辑显然不合理。因此选用隶属度函数，用相应的隶属度来描述这些症状存在的倾向性。基于模糊数学的故障诊断方法就是通过某些症状的隶属度和模糊关系矩阵来求出各种故障原因的隶属度，以表征各种故障的倾向性，从而减少众多不确定因素给诊断工作带来的困难。

(4)基于神经网络的故障诊断方法

神经网络是一种信息处理系统，是为模仿人脑工作方式而设计的，它带有按一定方式连接和并行分布的处理器，由工程机械各个系统的信息提取故障特征，通过学习训练样本来确定故障判决规则，从而进行故障诊断。用于故障诊断的神经网络，能够在出现新故障时通过自学不断调整权值，提高故障的正确检测率，降低漏报率和误报率。神经网络具有对故障的联想记忆、模式匹配和相似归纳能力，以实现故障和征兆之间复杂的非线性映射关系。对于多故障、多过程的复杂工程机械以及突发性故障或其他异常现象，其故障形成的原因与征兆的因果关系错综复杂，借助神经网络系统来解决是行之有效的。

机械设备故障诊断技术今后的发展方向势必是将设备故障诊断技术与其他先进学科相融合；与精密化、多维化的多元传感器信息技术相融合；与先进的信号处理方法相融合；与非线性方法相融合；与现代智能方法相融合。

1.1.3.3 机械设备故障诊断研究中存在的主要问题

设备故障诊断技术虽然取得了较大进展，有些方面已有较成熟的理论和方法，但仍存在许多不足，特别是对复杂的大规模非线性系统故障诊断方法的研究，更有待深入探索。在技术方面，现有的不同等级和各种类型的故障诊断装置，能在不同程度上对被测对象进行故障诊断，但与实际的需求相比，还有很大差距。

(1)故障分辨率不高

大多数故障诊断系统虽然能以很快的速度对被测对象自动进行故障诊断，但是由于设备越来越复杂，加上电路的非线性问题，检测点和施加的测试信号是受限的，可控性和可测性受到影响，同时造成故障诊断的模糊性和不确定性。另外，在模拟电路中，元器件的故障参数是一个连续量，因此测量响应的数据引入误差是不可避免的。

(2)信息来源不充分

一是现有的诊断系统通常只搜集被测对象当前状态信息，而对其过去的状态和已做过的维护工作的信息、故障诊断系统本身的状态信息未加考虑;二是对被诊断电路,其测试信号大多是电信号,而对其他性质的信息测试较少,如温度、图像、电磁场信号等。因此,根据诊断结果提出的维护措施有时不够准确有效。

(3)对知识把握能力不足

一是自动获取知识能力差。知识获取长期以来一直是专家系统研制中的"瓶颈"问题,对于故障智能诊断系统来说也是如此。目前多数的诊断系统在自动获取知识方面的能力还比较差,限制了系统性能的自我完善、发展和提高。二是知识结合能力差。近年来,国外专家在对诊断与维修领域的专家系统的研究中,越来越多地强调使用知识结合能力。然而在如何将领域问题的基本原理与专家经验知识结合得更好的方面,所做的工作还很少,使得这些系统不能具备与人类专家能力相似的知识或能力,影响系统发挥更大的效能。三是对不确定知识的处理能力差,诊断系统中往往存在大量的不确定性信息,这些信息或是随机的,或是模糊的,或是不完全的。如何对不确定性知识进行表达和处理,始终是诊断领域研究的热点问题[5]。

1.1.4 轴承故障诊断问题的提出

随着我国风电装机容量的井喷式增长,风电事业取得了突飞猛进的发展。然而风电行业迅猛发展的主要标志仅体现于风力发电的装机容量上,机组倒塌、飞车、火灾、振动等各类重大事故还时常发生[6,7](如图1-3所示),机组额定功率下平均每年运行时间远远低于2 000小时。随着风电装机容量的不断扩大以及机组服役年限的增长,近年来风机事故频发,越来越多的问题暴露于眼前。这些事实充分揭示了我国风电事业的发展面临着关键零部件及整机测试技术、故障诊断技术较落后的瓶颈问题。

图1-3 风力发电场机组事故

伴随装机容量的不断扩大,机组的运行维护需求越来越大,运维市场规模随之不断扩大,风电运维成为风电产业重要的后市场。由于经验不足,我国风电行业早期发展过于激进，导致机组在风场实际运行中出现运行不稳定、故障频发等问题，加上质保验收环节缺乏统一标准和明确机制，导致整机制造商和运营开发商博弈不断，风机出现质保困难。早期安装的机组，随其运行多年，质量问题将会逐步显现，故障率随之大大提高，尤其是每年逐步增加的过保期的机组，其运行维护问题有待解决。在有些故障情况下，昂贵的维修费用和停机带来的生产损失，使得运营商们做出妥协，在故障不十分严重的情况下继续使机组维持运行，这也在很大程度上增加了安全隐患。

据相关研究机构的统计，2013 年我国有 45 GW 风机出质保，2014 年出质保风机达到 62 GW，2015 年和 2016 年，每年约有 16 ~ 18 GW 风机到达质保期限，2017 年和 2018 年其增长规模分别达到 27 GW 和 32 GW，至 2020 年累计约达 190 GW。按照年利用小时数 2 000 小时，每千瓦时运维费用 0. 05 元计算，未来三年内风电运维市场总量将高达 250 亿元左右。2013 年我国风电运维市场规模约为 67 亿元，2014 年为 82 亿元，2015 年为 91 亿元，2016 年为 108 亿元，2017 年为 124 亿元，近年均保持 10% 以上的增长速度，2012 年至 2017 年我国风电运维市场规模、2018 至 2025 年运维市场规模预测如图 1-4 所示。

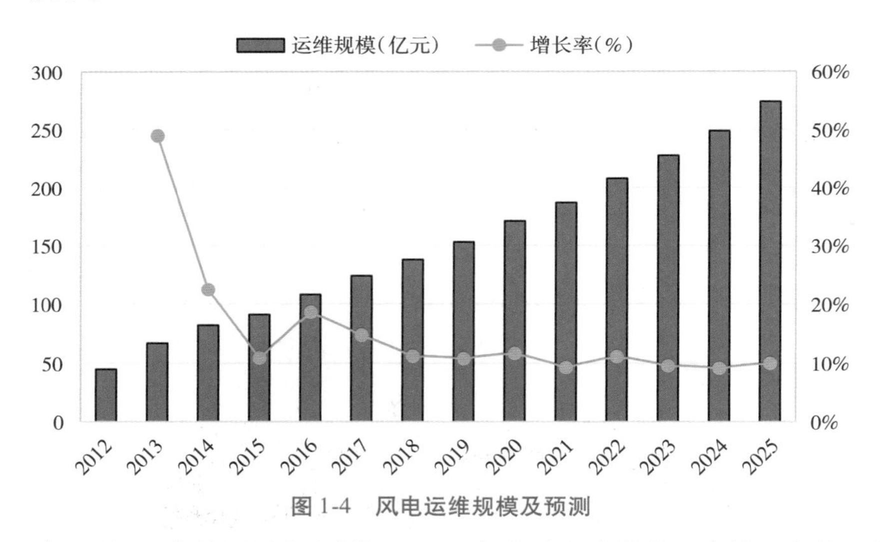

图 1-4　风电运维规模及预测

2018 年 5 月，国家能源局发布《关于 2018 年度风电建设管理有关要求的通知》，并提出以竞争方式配置风电建设项目，这意味着风电平价上网时代即将到来。在平价上网时代，度电成本降低，运维成本压力也随之变大，加之一直以来不容忽视的风机事故，风电运维后市场的发展困难重重。相关部门在对风机事故的原因进行总结后发现，事故发生的原因多样，其中机组设备质量不过关、机组研发、运维脱节等是造成事故的主要原因。不少风电企业为了在激烈的竞争中获胜，通过获取价格偏低的组件来降低成本，造成质量隐患。

风机的全寿命周期约 20 ~ 25 年，而其质保期只有 5 年，也就是说，风电场需要额外做好15~20年的运维工作。目前,风电运维主要依靠工作人员进行现场检查及故障预判,以排除安全隐患。风电场大多分布在人迹罕至的偏远地区,单纯靠人工蹲点维护,不仅运维成本极高,也容易因人员水平不一而导致损失。从设备角度来讲,缺乏风机机组运行维护的标准;从人员角度来讲,缺乏人员规范化培训的标准。因此,运维管理、安全管理水平不高,风机事故频发。此外,由于风电运维行业正处于"混战期",尚未建立行业标准,业内服务公司水平良莠不齐,我国风电运维行业正面临着严峻的现实。

风电运维市场前景巨大,"诱人的蛋糕"引诱开发商、整机商以及第三方企业纷纷涉足这一领域。开发商主要进行风电场投资,关注风电场的整个生命运维周期,却无法掌握风电设备的核心技术;整机商手中握有风电设备的核心技术,但其只负责质保期内的风电机组现场运维工作,风机运维并不是其主要工作;第三方企业则专注于风机设备的检修及状态分析,但技术水平参差不齐、服务质量堪忧。由此看来,整个运维后市场形势混乱、"三方割据",规范化、标准化水平较低。风电平价上网的步伐越来越近,但风电平价上网导致的价格降低或许会对整机商造成压力。在寻求价格降低的同时,风机运维成本的压力将会加大,这对风电运维的发展亦会是一大阻碍。

风力发电技术是一项综合技术,它涉及机械工程、能源动力工程、电气工程、力学工程、计算机及信息工程、电力电子变流技术等多个学科,其科技含量高,技术难度大。随着风力发电机组单机容量的不断提高,这种大型旋转设备朝着大型化、自动化、高速化的方向发展,其结构和组成更加复杂,设备之间的联系也更加紧密。加之风电机组工作环境恶劣,在严寒、酷热、雷电、盐雾、潮湿、雷电、台风等气候条件下长期运行,来自内部和外部的种种因素使其运行工况复杂多变,导致设备使用寿命大大缩减,有时一个数据错误或者一种信息疏忽,不仅会使得自身部件出现故障,还可能引起连锁反应,影响周围其他设备的正常运行,从而引发重大事故。

因此,故障监测和故障诊断技术显得更为重要。在机组运行过程中,应用先进的故障诊断技术,能够实现设备和零部件的预知性维修和保护,延长设备寿命,提高经济效益。实现风电机组零部件及整机的跟踪监测、故障诊断和运行维护,是提升风力发电设备的质量,确保风电行业安全稳定、健康发展的重要环节。要使得规模化发展的风电行业成为名副其实的绿色清洁能源、替代能源、节能减排的生力军,进一步规范风电市场、严格管控风力发电机组产品质量,提高可靠性和安全性,还需要在风力发电测试技术及故障诊断等方面开展卓有成效的工作。

风力发电机组这种大型旋转机械中使用了大量的轴承部件,如发电机主轴轴承、发电机两端轴承、增速箱内轴承,以及变桨、偏航、通风等所用的电机轴承等。轴承是机组支撑和传递动力的精密零件和核心部件,更是最易损坏的零部件之一。轴承在运转过程中,不可避免地会受到摩擦、力、热、冲击、振动等多种因素的影响,而产生磨损变形、表面脱落、裂纹、压痕、胶着、灼伤、断裂等损伤,从而导致运行状态异常,其中任一未被及时监测或排除的异常都将可能演变为故障或事故,影响设备精度,严重时可能导致整个机组的损伤,甚至造成人员伤亡,带来巨大经济损失。旋转机械的多数故障都与轴承密切相关,轴承的运行状态将直接对整个风电机组的运转产生重要影响。相关统计数据表明,在旋转机械故障中,轴承的故障大约占 30% 。由于设计不当、零部件的加工和安装工艺不精,或者轴承的服役条件欠佳、突变载荷的影响,使得轴承在运转过程中产生各种各样的缺陷,并且在继续运行中缺陷进一步扩展,使得轴承运转状态逐步恶化,甚至完全失效。采用故障监测与诊断技术后,其事故的发生率可以降低 75% ,且可使维修费用减少 25% ~50% [8] 。

风力发电机组的轴承是主要的承载部件,检修时需从机箱拆卸搬移至地面解体修复,每次检修将会花费巨大人力物力。在工程实际中,大型机械零部件的维修与保养通常采用传统的定期检修方式,依据统计资料和经验,主要由设备的设计寿命来确定维修时间间隔。国家标准规定,轴承在正常工作条件下其寿命不得少于 20 年,这相当于风电机组持续运转 17.5×10^{4} 小时。根据零部件使用的位置不同,还规定了各处轴承 10% 失效率的最小额定寿命标准,高速轴、高速中间轴、低速中间轴、行星轮轴、低速轴其额定寿命标准为 3×10^{4} 小时 ~ 10×10^{4} 小时(3 ~10 年)。因此,在检修中可能出现以下情况:有的轴承早已超过设计使用寿命周期,但仍然照常运行,对其进行定期的拆卸检修,往往会产生过剩检修而引起不必要的人力浪费和财力损失。而有的轴承还未到设计使用寿命周期就提早出现了故障,若不及时检修更换,将会留有安全隐患,引起难以预估的随机偶然事故。

近年来,对“故障诊断”及“轴承故障诊断”问题的研究越来越受到人们的重视和关注,这两个关键词在知网的学术关注度统计如图 1-5 所示。滚动轴承作为旋转机械通用的核心零部件之一,又是易磨易损的故障频发部件,对其进行的故障监测和故障诊断技术方法是工程应用领域长期高度关注的课题[9-15]。

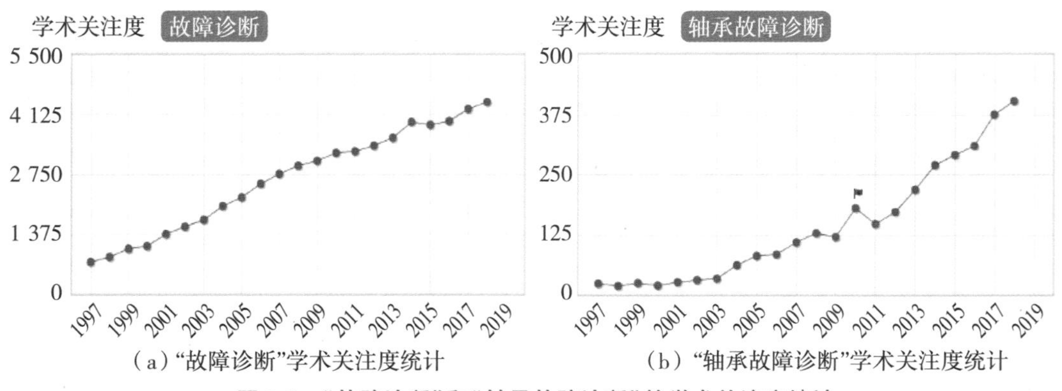

(a)“故障诊断”学术关注度统计

(b)“轴承故障诊断”学术关注度统计

图 1-5 “故障诊断”和“轴承故障诊断”的学术关注度统计

综上可知,在风力发电机组运行过程中,对轴承进行状态监测、故障预警与诊断具有极其重要的意义。尤其是早期故障的预测和诊断,能够及时发现故障征兆,及早采取预防措施,减轻故障程度和减小故障范围,最大限度地降低故障引发的经济损失;通过故障状态实时监测,记录和保存故障数据和信息,便于事后分析查明故障原因,为后期的运行和维护提供依据,防范同类故障再次发生,同时对轴承部件进行合理保养和维护,使零部件的寿命得到充分延长,能够延长其使用寿命,延长检修周期,减少维修费用,提高维修精度和速度,降低维修费用,节约成本,提高经济效益;通过故障诊断,分析轴承设备的运行状态和故障机理,能够更充分地掌握和了解其工作特性,为优化整个系统的结构和控制策略提供可靠的理论依据;预知维修制度的逐步实现及其推广和应用,能够改变原有设备维修制度,它也是企业提高设备综合管理水平的标志之一。因此,对轴承进行故障诊断研究,对保障生产安全、优化系统结构、改善机组性能、提高产品质量、促进地区经济发展都具有极其重大的现实意义。

1.2 风电机组滚动轴承故障诊断技术

1.2.1 风力发电机组结构及传动系统

风力发电机组是将大自然的风能资源转化为电能的一种机械设备,其主要的工作过程是风轮叶片在风力的推动下旋转,风轮产生扭转力和离心力,完成将风的动能转化为使叶片旋转的机械能的过程。风轮作用在主轴上的扭转力使得能量从主轴上传递到风电机组,最终在发电机上完成了机械能到电能的转换,其产生的电能再经过一定的处理直接送入电网,从而完成了整个发电过程[18]。

风力发电机组种类繁多,按照有无齿轮箱来分类,目前主流的变速变桨恒频风电机组主要分为双馈式和直驱式两大类。

(1)双馈风力发电机组

双馈风力发电机组其结构如图1-6所示。变速恒频双馈风力发电机定子侧是直接同电网连通的,转子侧通过一组双向的变流器接入电网,此时定、转子两侧都有可能同电网相互馈送能量,所以被称为双馈异步风力发电机组。

双馈风力发电机组的特点:

①经过多年发展技术已成熟,能够被电力市场认可,运行过程比较稳定。

②在原动机变速运行时仍然能够实现高效、优质的发电,保证发出恒定频率的电能。

③转子侧变流器仅需要25%的风力发电机额定功率,降低了变流器造价。

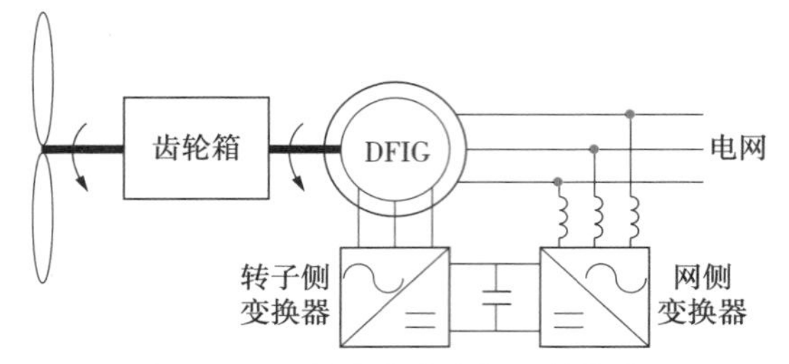

图 1-6　双馈风力发电机组结构图

④可控参数多,电压、频率、转速、有功、无功等参数可调,系统稳定性高。

⑤产生较低水平的谐波,电能质量较高。

⑥控制复杂,技术难度和维护难度增大。

(2)直驱风力发电机组

直驱风力发电机组其结构如图 1-7 所示。风直接作用在桨叶上推动其旋转,产生旋转力矩。直驱型风力发电机组没有齿轮箱,故发出的电能是低速低频的,达不到工频要求,不能直接并网,需通过 AC-DC-AC 变换成同电网一致的交流电源电压,所以直驱型风力发电机组是以永磁发电机和全功率变流器为核心的风力发电系统。

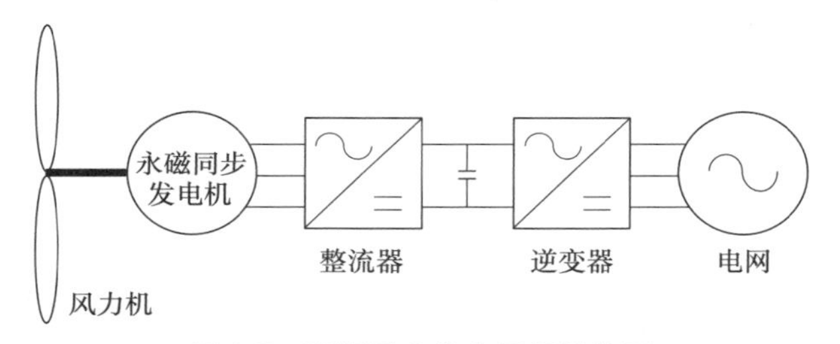

图 1-7　直驱风力发电机组结构图

直驱风力发电机组的特点:

①可利用风速的调整范围较大。

②传动系统结构简单,提高了整机运行的可靠性。

③去除了齿轮箱,降低机组维修和维护费用以及机械损伤发生概率,机组的可靠性和效率得到提升。

④采用全功率逆变器,具有低电压穿越和电容补偿能力。

⑤采用全功率变流器,减小了电网和发电机之间的相互影响。

⑥发电机不但不消耗系统无功功率,还可提供无功功率,能够保证系统的稳定性。

⑦极对数多、电机直径大,成本高。

⑧定子绕组绝缘等级要求较高。

⑨起动时的定位转矩比较高,故起动较困难。

(3)风电机组机械传动系统

齿轮箱、主轴、联轴器、制动器等共同组成了风力发电机的机械传递系统。传动系统的布置方式和结构种类样式繁多。轴系的结构主要和机组所采用的发电机类型有关,采用齿轮箱增速和普通发电机,其轴系尺寸和重量小。直驱型机组的传动系统结构相对简单。

①齿轮箱

齿轮箱在风力发电机组中的重要作用是提高转速以满足发电机的需求。齿轮箱的输入轴和传动轴通常有两种布置形式,一种是合为一体,另一种是分别布置。齿轮箱易遭受酷暑、严寒和极端的温差影响,一旦发生故障,修复困难,故对其可靠性的要求比一般机械要求高。齿轮结构一直以来都是机械中应用比较广泛的一种传动装置,能够增速、减速、变换旋转方向和改变转矩。同其他传动结构相比,齿轮结构的特点是结构紧凑,传递速比范围广,传动效率高,能保证瞬时恒定的传动比,传功平稳、准确、可靠,可实现平行或不平行轴之间的传动,适用范围广。

②主轴

在传统的风力发电机中,主轴是风轮的转轴,支撑风轮并将风轮的扭矩传递给齿轮箱,将轴向推力、起动弯矩传递给底座。如图1-8所示的主轴,其法兰面连接轮毂,轴颈用于安装轴承,轴端圆柱面则与齿轮箱的输入轴相配合,通过联轴器传递扭矩。

图1-8 风力发电机主轴轴承

③联轴器

联轴器,顾名思义就是用于连接两传动轴的装置。联轴器连接的两轴一般属于两个不同的机器或部件。联轴器的主要作用是传递转矩,有时能起到补偿轴间偏差的作用。联轴器种类很多,按两轴的相对位置可分为:固定式、可移动式。

④制动装置

风电机组必须有一套或多套制动装置能在任何运行条件下使轴系静止或者空转。制动器按制动块的驱动方式可分为气动、液压、电磁等形式。

⑤偏航系统

偏航系统是水平轴风力发电机必要的组件。偏航系统作用是改变风力发电机的迎风角度,从而提高发电效率。偏航系统主要有主动、被动偏航系统。大型风力发电机很少采用被动偏航系统,被动系统不能实现电缆自动解扭,易发生电缆过扭故障。主动偏航则是使用电力或液压驱动调整机舱对准风向。

⑥轴承

轴承在风力发电机中普遍使用,有变速器轴承、主轴轴承、发电机轴承和偏航轴承等。变速箱的轴承中,大量使用滚动轴承,常采用圆柱滚子轴承、圆锥滚子轴承、调心滚子轴承。主轴轴承一般由两个调心滚子轴承组成。

(4)风电机组故障

风电机组是集电子、电气、机械、自动控制、复合材料等为一体的综合性产品,因此在运行过程中,电气、机械、控制等环节都有可能发生故障。

风电机组的电气设备通过变频器等电气设备与电网连接,向电网输送电能的同时控制电能参数,调节风电的功率和频率,最终实现风电机组的软并网。随着大功率直驱型并网风电机组的快速发展,电气系统在风电机组的总投资的比例和其故障率都居高不下。电气系统部件较多,故障种类也多,主要有短路、过电流、过载、过电压、无法启动变频器等故障。风力发电机故障多发主要和其长期高速运转及机械因素有关。轴承故障是占比最大的发电机故障成分,定子绕组、转子绕组故障次之。导致故障发生次数最多的是电气系统故障,但是齿轮箱、滚动轴承以及偏航系统故障是导致停机时间最长和损失最大的故障。一般来说,齿轮箱的传动比都很高,发生在齿轮上的功率传递也是非常大的。轴承是任何旋转设备中都不可缺少的部件,起着支持和传递能量的作用。由于风的随机性属性,风电机组的传动部件(轴承、偏航系统等)的运行环境比其他旋转机械设备的运行环境更为恶劣,因此会加快传动部件的损伤进程。

1.2.2 滚动轴承故障形式

滚动轴承(rolling bearing)一般由内圈、外圈、滚动体和保持架四部分组成,如图1-9所示。在运行过程中,滚动轴承外圈固定在轴承座或箱体上,起支撑作用,内圈与传动轴配合并随轴转动,滚动体在保持架的作用下均匀分布在滚动轴承内圈和外圈之间,将相对运动表面间的滑动摩擦转换成滚动摩擦,滚动体数目、大小和形状决定着轴承的承载能力。

(a)实物图

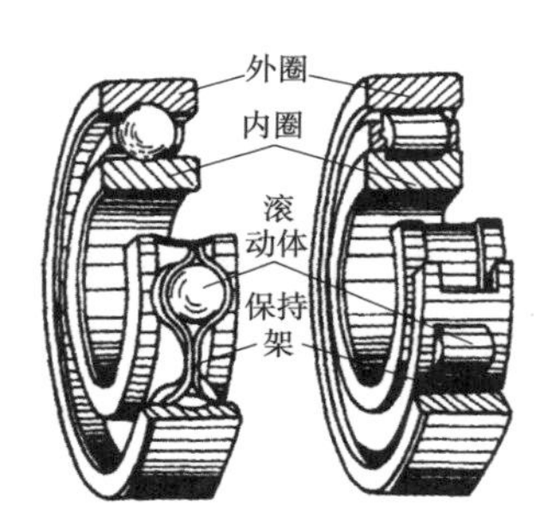

(b)结构示意图

图1-9 滚动轴承示意图

在运转过程中若存在润滑不良、生锈腐蚀、装配不当、碰伤裂纹、挤压变形、温度不适、不对中、转子不平衡、滚动体大小不均匀、过载等情形,都将可能引起轴承的过早损坏。设计制造中的众多因素都将引起轴承失效,难以对其分析判断。

相关资料数据统计表明,滚动轴承故障约90%发生于外圈和内圈上,10%左右发生于滚动体,保持架发生故障的概率很低[19]。滚动轴承有多种故障形式,大致分为以下几类:疲劳失效、磨损失效、胶合失效、断裂失效、塑性变形、锈蚀失效、保持架破坏等[20]。图1-10中给出了滚动轴承三种典型的损伤形式:疲劳失效、磨损失效和塑性变形。

(a)疲劳失效

(b)磨损失效

(c)塑性变形

图1-10 滚动轴承常见故障形式

(1)疲劳失效

轴承运转过程中,交变的载荷会引起交变的应力,这是产生滚动轴承疲劳失效的主要原因。长期反复的交变应力作用于轴承,在其内圈、外圈与滚动体表面引起大的循环接触应力,对其形成一种巨大冲击,致使轴承表面产生微小裂纹,继续发展将引起轴承表层出现凹坑、点蚀或剥落,导致轴承失去正常工作的能力,造成运转时的冲击载荷、噪声及振动加剧。

(2)磨损失效

磨损失效是一种由于机械摩擦引起金属消耗或因残余变形而产生的渐变故障。一般情况下,轴承磨损故障会经历较长周期,不会即刻对轴承产生破坏。就其危害程度而言,远小于轴承表面损伤而引发的故障,但长期持续的磨损会使轴承的游隙增大,表面粗糙程度增大,降低轴承及设备的运动精度,加剧设备的振动和噪声。

(3)胶合失效

当润滑不良、载荷过大、温度过高或高转速运行时,滚动体与滚道之间由于摩擦高温、局部过热而导致表面灼伤、融合在一起,造成轴承不能正常运行,情况严重时可能导致轴承不能转动。

(4)断裂失效

早期的裂纹和灼伤或冲击,若不及时处理,将可能使得这些位置在轴承运行时产生不均匀的摩擦和热量,致使这些故障易发部位产生集中的应力,大大降低轴承强度,进而引发断裂失效。装配不当或载荷过高也会引起轴承断裂。

(5)塑性变形

当轴承载荷过大时,滚动体与滚道之间受到极大的局部应力,因受热变形而引起额外的载荷,使轴承产生塑性变形,而不能正常使用。或者有硬度高的颗粒物质进入滚动体与滚道之间,在滚道表面形成划痕或凹痕,引起大的冲击载荷,严重时可造成轴承滚动表面剥落,使轴承在运行过程中产生剧烈噪声和振动。

(6)锈蚀失效

水分、酸碱物质或者润滑剂氧化产生的酸性化学物质侵入轴承时,会产生腐蚀作用,在滚道表面形成锈蚀斑点,产生凹凸不平或剥落现象,致使轴承间隙变小,影响其正常工作。轴承不工作时,若其温度下降到露点,空气中的水分凝结成水滴,附着于轴承表面,也会产生锈蚀。

(7)保持架破坏

装配不良或使用不当,会使保持架因受到大的冲击、振动而产生折损、变形、磨损,使保持架与滚动体之间的摩擦加大,并随轴承的高转速运行,进一步加剧振动、噪声及温度升高的恶性循环,严重时可能使滚动体无法滚动,造成保持架损坏,或者引起保持架与轴承内外圈之间的摩擦。这种损伤将会进一步加剧发热、振动和噪声的产生,导致轴承损坏。

1.2.3 风电滚动轴承故障特性

在风力发电机这种大型旋转机械的运行过程中,各部件运行状态复杂多变,影响设备运行的因素不断增多,使得其故障特征信息具有如下特性:

(1)非高斯、非线性、非平稳性

风电机组长期运行于变载荷、重载等恶劣环境中,无论是低速轴承或高速轴承都将承受严重的交变冲击,使其产生不对中、不平衡、磨损、裂纹、断裂、弯曲变形等不同程度的机械故障。当故障发生或发展时,将导致动态信号出现非平稳特性,它表征着某些故障的存在。如:风力发电机组在启动和停机时,轴承的振动和声学噪声信号都是非平稳的。即便在稳定运行状态,当发生摩擦或冲击时,电机转子的刚度、阻尼、弹性力等发生变化,也将引发轴承的非平稳振动。伴随着非平稳运行状态,一些平稳运行时不易反映的故障特征也将充分表现出来,使信号呈现非高斯、非线性特性。设备故障时,可被看作一个复杂的线性系统,其动态行为复杂多变,使得采集到的振动、声学噪声等信号的频率和统计特性具有显著的非平稳特性。

(2)强干扰性

由于机组恶劣的工作环境,采集监测到的信号中将会包含强烈的背景噪声,尤其是在故障产生的初期阶段,故障特征和故障成分很不明显,故障信号本身极其微弱,加之故障信息常常被强烈的背景噪声淹没,信噪比很低。

(3)强耦合性

由于机组零部件之间紧密联系、相互耦合,使得故障特征与故障原因之间关系错综复杂。同一种故障原因可能会引起多种故障特征,或者同一故障特征同时对应多种故障原因,致使故障特征与故障原因之间具有强耦合性,而并非一一对应的关系,给故障诊断工作带来巨大困难。

(4)多故障并发性

由于风电机组逐步大型化,不可避免地存在多重故障同时发生并相互耦合的现象,这使得故障特征信息的提取和分析处理都相当困难。

因此,风电滚动轴承在长期的恶劣环境下运行,上述特性将会给故障诊断过程中的信号采集与处理、故障特征的提取与选择、模式识别等环节带来困难。针对信号特性,研究每个环节有效可行的信号处理和故障诊断方法,是保证良好诊断结果的关键和重点。

1.2.4 风电滚动轴承故障诊断技术及其关键问题

机械设备故障诊断的任务是对设备或部件进行状态监测,采集和分析相关数据和信息,进而对设备或部件的运行状态作出客观真实评价,以此判断故障发生的部位、类别、故障严重程度及故障产生原因等。因此,故障诊断的实质是对设备或部件运行状态的模式识别问题,该过程主要包括三个关键环节:信号采集与处理、故障特征的提取与选择、模式识别。滚动轴承故障诊断的一般过程如图 1-11 所示。

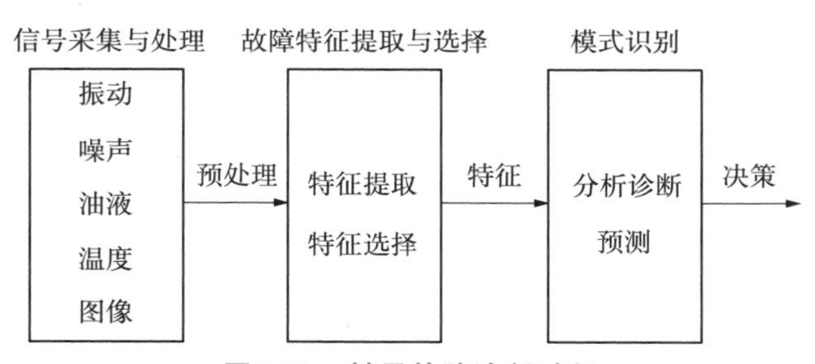

图 1-11 轴承故障诊断过程

1.2.4.1 信号采集与处理

故障诊断的首要工作是信号的采集获取,依据故障诊断方案和技术路线,确定需要采集的信号,由各种传感器采集现场能够反映设备运行状态的信息,再将其转换处理成便于故障分析和判断的有用信息。

机械状态监测的信号采集与处理往往是一个完整的计算机系统,一般主要有三个模块[21]:信号采集模块、工艺参数信息采集模块和开关量采集模块,如图 1-12 所示。

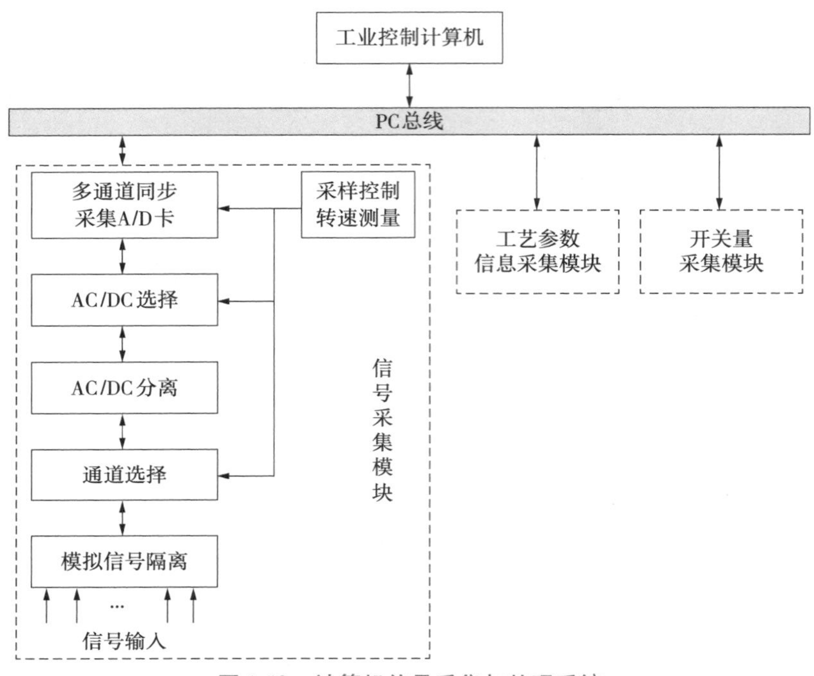

图 1-12　计算机信号采集与处理系统

(1) A/D 转换

A/D 转换是信号工况监视与故障诊断系统中的重要环节,它将监测到的模拟信号转换成数字信号,以便计算机分析与处理。A/D 转换将模拟信号 $x(t)$ 按一定的时间间隔 Δ 逐点取其瞬时值 $x(k\Delta)$。

①采样频率

Shannon 采样定理给出了带限信号(信号中的频率成分 $f \ll f_{max}$)不丢失信息的最低采样频率 f_s, 即:

$$f_s \geqslant 2f_{max}$$

式中, f_{max} 为信号中最高频率成分。

在选择采样频率时,必须确定测试信号中感兴趣的频率成分。对故障诊断来说,需要确定能够反映设备运行工况,并提供诊断依据的频率范围。对于不同的机械设备,其各自的工作频率不同,对采样频率也有不同的要求。在采样过程中,为保证无频率混叠现象,要么提高采样频率,要么在 A/D 转换前让模拟信号通过截止频率的低通滤波器。因此,在对模拟信号进行滤波处理时应统一考虑滤波器的截止频率和采样频率的相互关系。

②A/D 转换器位数选择

A/D 转换器的位数是一定的,一般为 8 位、12 位和 16 位。因此,在转换过程中需要引入量化误差。量化误差范围与A/D转换器的位数呈负指数关系。增加A/D转换位数可以减少量化误差,提高A/D转换精度。但位数的增加会直接影响数据转换速率,影响采样频率的提高。此外,增加A/D转换器位数会造成实际系统成本的显著增加,因此在确定A/D转换器位数时需要综合考虑以上因素。

③整周期采样

在对经A/D转换后的数字信号进行谱分析时,理想数据是对数个完整的工频周期采样得到的,这样可以减小栅栏效应的影响,有效地避免谱泄露,提高谱估计结果的正确性。

常用的谱估计方法,如快速傅里叶变换,一次处理的数据点数为2^n,若要求2^n点数据正好是数个完整的工频周期内的模拟频率信号的采样值,其必要条件是在每一个工频周期内进行2^n次采样,也就是说,采样频率应为设备工频的2^n倍。其中指数n的值可视拟分析的上限频率确定。

(2)采样控制与信号处理

采样频率和采样起始时刻等也必须根据机器的实际运行工况进行选择。采样控制模块的主要任务就是协调和控制采样电路的正常工作。

在采样控制中,转速的正确测量是基础。主要实现以下功能:提供一个相位基准信息,为工况分析和故障诊断提供重要的特征信息;转速信号可用于采样频率的确定,控制采样,以保证振动信号的周期采样。

因此,采样控制电路对振动信号采集模块不断发出控制信号或指令,以协调整个模块的正常工作。主要完成以下功能:通道选择控制;交直流选择控制,可以分别采集信号的交直流分量;采样控制模块不断向采样电路发出来自转速传感器的脉冲信号,控制采样的起始时刻,以保证整周期采样。

A/D转换后的数字信号需经适当预处理后方可进一步分析,预处理主要包括异常值处理和标定两方面的内容。

①异常值处理

在由传感器、信号调理至A/D转换的过程中,任何一个中间环节的瞬时失常或外界随机干扰都可能导致数字信号中含有异常值。数字信号的各种分析处理方法对异常的鲁棒性也各不相同,部分情况下,即使是一个异常值的存在也会在很大程度上影响处理结果,这就对异常值的识别和处理提出了要求。

3σ规则是常用的异常值处理方法,该规则是基于测试数据的平稳状态假设。尽管平稳正态性过程具有广泛的代表性,但并非适用于所有的测试数据,因此3σ规则在处理实际问题时具有一定的局限性。异常值处理的其他方法还有很多,例如模式识别方法等。但在实际工况监视与故障诊断系统中,考虑到分析、诊断的实时性要求,须在处理方法的简便性和有效性两方面进行权衡。

②标定

由于 A/D 转换及精度原因,各种检测信号在经 A/D 转换之前一般已被转换成标准电信号(4 ~20 mA 电流信号或 1 ~5 V 电压信号)。因此,在对转换后的数字信号进行分析处理之前,还需要通过适当的线性运算将采样值转换,并根据传感器灵敏度系数转换为实际物理量。

不同的故障诊断方法需要测量的信号和参量不同,判断轴承故障常用的方法有:振动检测、声学噪声检测、油液检测、温度检测、图像检测等。

- 振动检测

振动是指设备相对于当前平衡位置产生的交变运动。平衡位置自身也可能有缓慢的变化,因此振动是比平衡位置变化更快的交变往复运动。振动是设备动力学特性的表现,设备运行时都会不可避免地产生振动,几乎所有的故障类型对振动信号都会产生影响,且不同类型的故障其振动特征不相同。振动信号对故障的反映最迅速、灵敏,便于故障监测和故障早期预警,因此基于振动检测的机械设备故障诊断是最常用的方法。振动信号常用加速度传感器、速度传感器和位移传感器进行测量。一般情况下,10 Hz 以下的低频信号常用位移传感器测量振幅参数作为衡量振动的标准;10 Hz ~1 kHz 的中频信号采用速度传感器测量速度参数;1 kHz 以上的高频信号采用加速度传感器测量加速度参数。滚动轴承的每一种故障都对应于特定的频率成分,其振动频率既有低频,又含有高频,因此常以加速度参数作为衡量振动的标准。

- 声学噪声检测

声学噪声是机械设备产生的人们工作和生活不需要的声音,常简称为噪声。轴承滚动体与内圈、外圈之间的摩擦、撞击、振动及不平衡转动都将产生噪声。对于风力发电机组,其噪声有周期性的和非周期性的,噪声源有线性的和非线性的,常采用声级计进行测量。用来衡量噪声的物理量有声强、声压和声功率。对于滚动轴承的噪声,一般采用 A 频率计权网络测量声压级。

- 油液检测

油液在机组运行过程中会不可避免地受到污染,对油液情况进行监测,依据其受污染的程度或油液中颗粒物质的颜色、数量、形态、尺寸、分布等情况,可对轴承的运行状态进行诊断。常见的油液分析法有:常规理化分析法、原子光谱分析法、红外光谱分析法、铁谱分析法、颗粒技术分析法等。由轴承的运行环境、油液品种等具体情况,可以有定量、半定量和定性三种方法,检测油液中的积炭、胶质、高聚物、不溶物、金属颗粒、灰尘等物质,以此分析轴承的污染程度,预测轴承的运行状态,对其进行故障分析。污染测试仪和颗粒计数仪是常用的检测仪器。铁谱分析法和发射光谱分析法可通过检测油液中的金属颗粒大小和成分,预测和鉴定轴承的失效原因。当轴承出现微小裂纹时,其油液中将会出现很小的(直径 1 ~5 μm)金属球颗粒;当油液中有较大程度(10 μm 以上）的长条剥落颗粒时，表示轴承已有非正常的磨损，其程度较严重；当颗粒长度达到100 μm以上时，轴承已发生失效，不能正常运行。由发射光谱分析法，依据油液中检测的不同金属元素，也能对轴承运行状态做出预测。当检测到锌、钙、磷、钡元素时，表明采用了新的润滑油，这些元素是润滑油中自带的添加剂；当检测到铁、铜、铅、铬时，表明轴承发生了磨损；若检测到钠、硅、钡等元素，表明有外界环境污染杂质带入轴承油液。因此，油液分析也是机械设备故障诊断常用的方法。

- 温度检测

轴承的正常温度根据其散热、热容量、负载、转速等具体情况有所不同，随着轴承的运转其温度会慢慢上升，数小时之后达到稳定。在运行过程中，摩擦、加减速、润滑问题、载荷变化、冲击等因素都会导致轴承温度迅速上升，出现异常。因此，由温度传感器进行轴承温度实时监测和对比分析，能够对轴承故障做出诊断。

- 图像检测

裂纹、点蚀、剥落、腐蚀等不同的轴承失效形式下表面的缺陷形态有很大差别，因此可以通过图像检测的方法判断不同的故障类别。将轴承故障的图像经增强、消噪、分割、复原等方法预处理后，提取其故障形状、面积、周长等表征故障类型的相关特征，依据不同故障特征进行故障诊断。

本章主要研究基于振动和噪声检测的轴承故障诊断与分析方法。信号的预处理是特征提取的重要基础，其处理的效果对诊断的准确性有直接影响。一般情况下，信号的预处理包括以下几个过程：滤波、消噪、平滑、去趋势等。其中，最难处理也最重要的是消噪过程，即抑制或消除测量信号中的干扰信号成分，而保留或增强其有用信号成分。消噪问题是信号处理的经典问题，对于风电机组这种大型设备，长期处于强噪声和强干扰的工作环境下，采集信号的消噪处理就显得更为重要。

目前，常用的消噪方法有：小波变换方法、经验模式分解方法（Empirical Mode Decomposition, EMD）、稀疏分解方法等。

小波变换方法将信号进行多尺度分解，修正其尺度系数，再进行重构，对含噪信号具有良好的去噪效果[22,23]。阈值对小波变换方法的消噪效果有很大的影响[24-28]，文献[29]中采用了粒子群算法以均方误差最小为准则，寻找小波变换的最佳阈值，得到了良好的去噪效果。文献[30]中采用了多小波的消噪方法，将其应用于局部放电模型中，抑制噪声干扰能力强，但多小波变换方法要求的输入信号是矩阵或矢量形式，对于普通标量需要先进行转换。还有很多研究人员将小波变换与其他方法相结合，在不同场合取得了好的消噪效果，如：文献[31]中采用了一种自适应加权形态滤波器，将形态开、闭运算与自适应消噪方法相结合，用于轴承振动信号的消噪处理。文献[32]中提出一种最小熵反褶积的降噪方法，该方法最早被用于地震波反射数据，将其用于振动信号的降噪处理，可从噪声中获取冲击性大的故障信号。

经验模态分解方法，将信号分解为包含了不同时间尺度局部特征的多个本征模函数，再进行处理和重构，达到消噪目的，有很高的信噪比，适用于非平稳、非线性信号的分析与处理[33-35]。边缘效应是EMD方法的一个重大缺陷，有待于完善，因此很多学者将其与其他方法结合使用，以取长补短。文献[36]中提出了一种分段EMD阈值去噪方法，该方法抗噪能力强，当信噪比较低时能够显著提高盲分离算法的分离性能。文献[37]中针对EMD算法的缺陷，研究了自适应滤波特性，经实验验证获得了良好的去噪效果。文献[38]中提出了一种基于EMD的脉冲星信号算法，大大提高了其辐射信号的信噪比。文献[39]中对GPS信号的随机噪声先进行小波消噪，再利用EMD分解分离和提取信号的特征信息，也有很好的去噪效果。

稀疏分解法在给定的字典中以尽可能少的原子对信号进行表述，从而以更简洁的方式表示信号，达到消噪目的[40-42]。其中，字典的选择和信号的稀疏分解是两个关键问题。文献[43]中以Ricker子波构建原子库，对地震信号消噪达到了很好的效果。文献[44]中构造了两种过完备原子库，对比分析其降噪效果，并进行了理论推导和实验验证，在指静脉结构的图像去噪中取得了较好的效果。文献[45]中结合稀疏分解和最小能量模型截断法的截断稀疏分解方法，针对混沌信号取得了良好的去噪效果。

1.2.4.2 特征提取与选择

将采集的数据经过滤、筛选，得到有用的信息，再从众多特征中找出最有效的、最能够反映故障特性的特征，将维数较高的原始测量数据转换为维数较低的特征向量，以降低故障诊断的计算量及模式识别难度。在实际应用中，风电机组及滚动轴承运行状态是强噪声环境下非线性、非高斯性、非平稳的，因此采集的数据也具有这些特性。特征提取与选择工作的关键是从采集的数据中分析各种故障特征的有效性，从中选择出最有代表性的故障特征，其一般过程如图1-13所示。

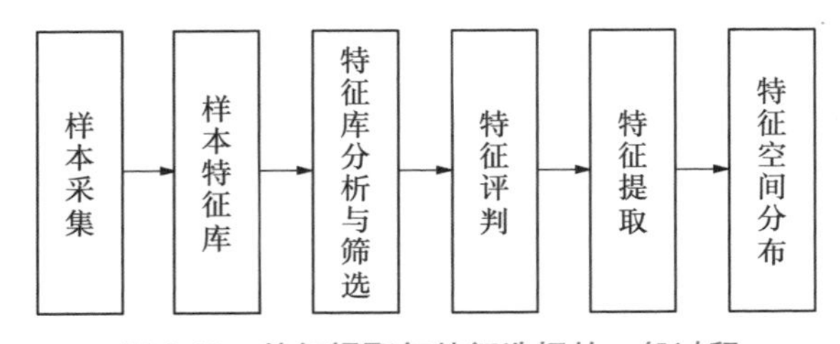

图1-13　特征提取与特征选择的一般过程

从采集的数据中，经分析和筛选，抽取能够反映故障分类的本质特征，以及便于区分的重要特征，分析特征之间的相关性，考查特征因子之间及特征因子与目标之间的相关关系，去除冗余的相关因子和重复的描述量，以此改善模式分类器的性能，降低其工作量和计算量。经特征评判，衡量筛选后的特征能否增大类别差距、提高分类效果。从评判结果中，选择能够描述样本的少量特征，达到降维目的。最后分析和掌握样本特征空间的总体分布,若分类效果不理想,依前述过程重新进行特征提取。

合适的特征空间是模式识别的关键和重点,具有紧致性的分布,即各类样本之间分散,而样本内部密集,是设计性能优越的分类器的基础。若特征空间的样本不具备紧致性,即便是良好的设计方法也无法实现准确的故障分类。

基于振动信号的故障特征提取方式主要有以下几种:时域、频域、时频域、信息熵。

(1)时域、频域特征提取

振动信号的时域特征参数可分为有量纲(均值、峰值、均方差等)和无量纲(波形因子、峭度因子、峰值因子、概率分布等)两种,常用的频域特征参数有频率重心、总功率和、均方频率、频率方差等[46-56]。

滚动轴承各部位的故障特征频率与轴承的转速和几何参数有关。若用 r 表示轴承转速(单位:转/分)、n 为滚动体个数、d 和 D 分别为滚动体直径和轴承节径,α 为滚动体接触角,则有:

内圈故障特征频率:$f_n = \frac{r}{60} \cdot \frac{1}{2} \cdot n\left(1 + \frac{d}{D} \cdot \cos\alpha\right)$

外圈故障特征频率:$f_w = \frac{r}{60} \cdot \frac{1}{2} \cdot n\left(1 - \frac{d}{D} \cdot \cos\alpha\right)$

滚动体故障特征频率:$f_g = \frac{r}{60} \cdot \frac{1}{2} \cdot \frac{D}{d}\left[1 - \left(\frac{d}{D}\right)^2 \cdot \cos^2\alpha\right]$

保持架故障特征频率:$f_b = \frac{r}{60} \cdot \frac{1}{2}\left(1 - \frac{d}{D} \cdot \cos\alpha\right)$

将信号的时域波形进行傅里叶变换即可得到其频域表达,对照上述各部分的故障特征频率,可粗略确定故障类型。

虽然振动信号对轴承的故障很敏感,但基于时域和频域的故障特征参数幅值和频率却对故障不十分敏感,它们只与故障的类型有关。并且单独的时域或频域统计特征是针对信号全域的统计,对瞬时特征没有意义。因此对于轴承这样的非线性、非平稳故障信号,单纯的时域或频域分析方法不能胜任。

(2)时频域特征提取

常用的时频域方法有:短时傅里叶变换(Short-time Fourier Transform, STFT)、小波变换、EMD 分解等。

短时傅里叶变换方法将信号进行小时间间隔的划分,对每个间隔进行傅里叶变换分析,以此确定该间隔内存在的频率。这种方法在一定程度上具有局部分析能力,但是只适用于分析平稳信号[57,58]。文献[59]中揭示了 STFT 解调方法的实质,进而研究了一种实用的 STFT 解调算法,并针对轴承故障振动信号进行解调分析,能够实现故障的有效检测。文献[60]中提出了一种基于瞬时转速的可变窗的 STFT 方法,适合于进行精细时频分析,具有良好的时频分辨率。文献[61]中将 STFT 与小波变换相结合,提出了一种基于 Wigner-Ville 分布的谱峭度算法,能够有效提取轴承的故障信息。文献[62]中针对滚动轴承的故障信号与转速相关,而无法直接从时频表达中直接提取故障信息的问题,引用 STFT 与快速谱峭度相结合的方法对信号进行滤波,提取信号的频率特征。

小波变换方法和 EMD 方法提取信号特征的原理与其消噪处理原理相同。为了更好地实现信号特征提取,通常与其他方法结合使用。文献[63]中针对小波分析存在频率混淆的缺陷,利用小波包改进算法进行频率补偿,对泵转子故障进行诊断。文献[64]中提出了一种能对信号进行自适应分解的经验小波变换方法,将其用于诊断机械故障,能够将信号的固有模态有效分解。文献[65]中将 EMD 和 LMD 方法对比分析,总结其优缺点,提出 ELMD 方法对振动信号进行分解,以此改进 LMD 方法的欠包络、过包络、模式混淆等缺陷。文献[66]中将小波相关滤波方法引入排列熵算法,对机械系统的早期故障进行诊断。文献[67]中以峭度为目标准则构造多小波,完成多种故障的一次性诊断与识别。文献[68,69]将 EMD 方法用于齿轮的裂纹故障诊断中,能够有效识别裂纹故障。文献[70]中针对齿轮箱的故障振动信号具有调制现象,基于 EMD 方法基函数的调频调幅性能,提出一种改进的 Hilbert 变换方法,实现齿轮箱的故障信号特征提取。文献[71]中利用 EMD 分解得到 IMF 分量,再进行包络分析,对液压泵的滑靴松动等早期故障能够得到较准确的诊断。文献[72]中将转子的故障振动信号进行 EMD 分解和三频段重构,采用分解后每层 IMF 分量的能量熵作为故障特征,以此对转子的不平衡故障和油膜涡动故障进行诊断。

(3)信息熵特征提取

排除信息中的冗余后其平均信息量即为信息熵,即某种信息出现的概率,它能够良好地反映和表达某系统的不确定性程度,因此广泛应用于信息管理、图像处理和故障诊断等领域。文献[73]中将相关系数法和能量法相结合,提取四种信息熵作为振动信号的故障特征,对转子故障进行诊断;文献[74]中提出一种谱熵方法,提取齿轮振动信号的故障特征,对齿轮的磨损和裂纹故障进行诊断;文献[75]中提出多尺度熵的信号特征提取方法,利用不同尺度下样本熵的不同,能够反映出变压器的不同工作状态,提取变压器振动信号的故障特征;文献[76]中采用 EMD 和信息熵相结合的方法,形成熵的特征向量,对转子进行故障诊断;文献[77]中将小波包和样本熵相结合,先对振动信号小波包分解,找出能量最大的子集,重构信号,并计算其样本熵,以此对轴承进行故障诊断分析。

1.2.4.3 模式识别

在故障诊断中,提取了故障的特征信息之后,下一步的问题就是如何利用这些信息对设备的故障类型或部位做出正确的识别。在这一过程中,故障信息被利用得越充分,故障识别就会越准确可靠。模式识别,即根据各样本特征对模式进行分类。针对具体应用实例,不同的场合和具体情况,故障诊断系统的各部分内容将会有很大差异。滚动轴承故障模式识别的目的是利用计算机进行各种故障类型的识别,完成对故障样本的分类。模式识别与样本选取、特征提取和选择是故障诊断问题的一系列操作流程,三者是统一的过程。

模式识别的方法主要包括三大类:统计模式识别、结构模式识别和模板匹配识别方法,在实际应用中,结合具体情况,有很多具体的识别方法被提出。统计模式识别是研究最广泛、最深入的基本模式识别方法,是对模式的统计分类方法,即结合统计概率论的贝叶斯决策系统进行模式识别的技术,又称为决策理论识别方法,它涉及的技术较为完善,已基本形成完整的理论体系[78-81]。结构模式识别是用模式的基本组成元素(基元)及其相互间的结构关系对模式进行描述和识别的方法。在多数情况下,可以有效地用形式语言理论中的文法表示模式的结构信息,因此也称为句法模式识别。一个结构模式识别系统可认为由三个主要部分组成,它们分别是预处理、模式描述、语法分析。模板匹配是一种最原始、最基本的模式识别方法,研究某一特定对象物的图案位于图像的什么地方,进而识别对象物,这就是一个匹配问题。统计模式识别中分类器的设计方法有很多种,如贝叶斯分类器[82-84]、线性判别函数[85-87]、近邻法分类[88-90]、树分类器[91-93]、最小距离分类[94-97]、聚类分析[98-100]等。神经网络分析法在信号特征提取、故障诊断、模式识别、预测等系统中无法用公式或规则描述的大量数据处理方面,具有优越的性能及较强的适应性和灵活性[101-104]。由 L. A. Zadeh 提出的模糊逻辑与模糊集合理论,采用精确的公式与模型处理和度量模糊的、信息不完整的现象及规律,将其用于模式识别领域,应用于工程技术实践中[105-109]。核函数方法作为一种线性到非线性处理的桥梁,采用非线性映射把原始样本数据从数据空间映射到特征空间,在特征空间进行相应的线性处理,将样本数据分类,其思想被融入到其他方法中(如:基于核的主成分分析法[110-114]、基于核的 Fisher 判别方法[115-119]、基于核的投影寻踪分析法[120]等),广泛应用于模式识别问题中。粗糙集理论主要用来处理模糊数据集,从已知数据中,寻找某种规则或规律,实现预测及模式识别[121-124]。遗传算法[125-128]、蚁群算法[129-132]、粒子群算法[133-136]也被广泛应用于模式识别领域,主要用来实现优化处理。

随着当前计算机技术、信息技术的迅猛发展,滚动轴承模式识别方法正朝着智能化方向发展,具体体现为多种故障模式识别方法的融合。随着滚动轴承诊断技术的发展,单一的故障模式识别方法已不能很好地满足故障诊断的要求,为提高诊断的效率和准确率,多种方法的结合运用成为其发展方向。

第2章　风电滚动轴承振动信号的小波消噪

在信号采集和传输过程中，由于外界环境干扰或测量仪器的影响，不可避免地会将噪声夹杂于信号中。噪声是影响信号检测与识别性能的重要因素，尤其是在高精度的数据分析过程中，微弱的噪声都会对分析结果产生巨大影响。因此，信号的预处理是特征提取的重要基础，其结果对诊断的准确性有直接影响。一般地，信号的预处理包括以下几个过程：滤波、消噪、平滑、去趋势等。其中，最难处理，也最重要的是消噪过程，即抑制或消除原始信号中的干扰信号成分，而保留或增强其有用信号成分。对于长期处在强噪声和强干扰的工作环境下的风电机组，采集信号的消噪处理显得更为重要。本章针对风电滚动轴承运行时的强干扰、非线性、非平稳特性，提出基于振动信号的自适应阈值小波消噪方法，对采集的振动信号进行消噪处理。特别指出，本章中提到的噪声即干扰信号。

2.1　引　言

故障分析与诊断的关键问题是从动态信号中提取故障特征。由于风力发电机滚动轴承振动信号的强干扰、非线性、非平稳特性，一般的高通滤波或低通滤波等方法难以从背景噪声中提取振动信号的有用成分及有效故障特征。尤其在故障早期，噪声信号的幅值高于故障信号，且二者的频谱相互重叠，传统的时频分析方法难以将其区分开来，从而影响故障特征提取及故障分类识别，给整个故障诊断过程造成困难。

在机械故障诊断过程中，信号的时域信息与频率信息同等重要，科学家们提出了很多时频域分析方法对信号进行处理，如短时傅里叶变换、伽柏变换、小波变换等。近年来，小波分析法发展迅速，被广泛应用于信号处理、数值分析、图像处理、语音识别、地震勘探、机械故障诊断等领域。小波变换继承发展了傅里叶变换局部化思想，克服了傅里叶变换窗口大小不能随频率变化的缺陷，具有可调节的时频窗口，窗口的宽度随频率变化,通过平移和伸缩运算对信号进行多尺度分解与细化,实现高频时的时间细分、低频时的频率细分,从而更细致地进行频域的局部特性分析。小波分析兼具时、频域分析能力,且具有可变时频分辨率,对于非平稳信号,特别适用于采用小波分析。

许多研究者采用小波变换法对信号进行消噪处理[22-32],但传统小波消噪方法存在小波基选择、分解层数选取困难的问题,需要通过大量实验对比来最终确定,计算量大、耗时长;软、硬阈值小波变换消噪法,采用单一的阈值进行消噪处理,效果不理想。本章针对风电滚动轴承振动信号的强干扰、非线性、非平稳特性,提出一种自适应阈值小波变换的消噪方法,克服传统小波消噪方法的不足,以适应风电滚动轴承振动信号的消噪处理。

2.2 风电轴承振动信号的小波消噪法

2.2.1 小波变换基础理论

小波分析(Wavelet Analysis)是数字信号处理中非常有力的一种工具。它是在 20 世纪 80 年代初,由 Morlet 在分析研究地球物理信号时提出来的。传统的傅里叶分析中,信号完全是在频域展开的,不包含任何时域信息。但在故障诊断时这些丢弃的时域信息同样非常重要,因此许多学者对傅里叶分析进行了推广,提出了很多能表征时域和频域信息的信号分析方法。小波分析便属于时频分析方法的一种。它是一种信号的时间-尺度(时间-频率)分析法,具有多分辨率分析特点,而且在时域和频域都具有表征信号局部特征的能力,是一种窗口大小固定不变,但其形状可变,时间窗和频率窗都可改变的时频局部化分析方法。小波分析的基本思想是用一族函数去表示或逼近某一信号或函数,这一族函数成为小波函数系,它是通过基本小波函数的不同尺度的平移和伸缩构成的[137]。

“小波”即小的波形,“小”是指具有衰减性,“波”即具有波动性。小波分析的原始思想形成于 20 世纪初,Haar 提出 $L^2(R)$ 函数空间的一组正交基,后来被认为是最早的小波基。“小波”这一概念是由法国地质学家 Morlet 在 20 世纪 80 年代研究地下岩石油层分布时正式提出的,并成功应用于地质数据处理中。

小波变换(wavelet transform, WT)是一种新的变换分析方法,它继承和发展了短时傅里叶变换局部化的思想,同时又克服了窗口大小不随频率变化等缺点,能够提供一个随频率改变的“时间-频率”窗口,是进行信号时频分析和处理的理想工具。小波变换在低频部分具有较高的频率分辨率和较低的时间分辨率，在高频部分具有较高的时间分辨率和较低的频率风变绿，很适合于探测正常信号中夹带的瞬态反常现象并展示其成分。它克服了传统傅里叶变换的缺陷，具有良好的时、频局部化性能，使得小波理论在信号去噪、信号处理、图像处理、计算机分类与识别、语言合成、数值分析、医学成像与诊断、故障诊断、地震勘探、分形理论、天体力学等领域得到了广泛应用。它的主要特点是通过变换能够充分突出问题某些方面的特征，能对时间(空间)频率局部化分析，通过伸缩平移运算对信号(函数)逐步进行多尺度细化，最终达到高频处时间细分，低频处频率细分，能自动适应时频信号分析的要求，从而可聚焦到信号的任意细节，解决了傅里叶变换/Fourier 变换的困难问题。小波变换的实质是原信号与小波基函数具有相似性，小波系数就是小波基函数与原信号相似的系数。

小波变换主要包括连续小波变换和离散小波变换[138]。

(1)连续小波变换

设 $L^2(R)$ 为能量有限的信号空间，即：$f(t) \in L^2(R) \Leftrightarrow \int_R |f(t)|^2 \mathrm{d}t < +\infty$，若 $\psi(t) \in L^2(R)$，其傅里叶变换满足容许性条件：

$$C_\psi = \int_{-\infty}^{\infty} |\omega|^{-1} |\hat{\psi}(\omega)|^2 \mathrm{d}\omega < \infty \tag{2-1}$$

即 C_ψ 有界，则称 ψ 为基小波或母小波。将 ψ 经伸缩和平移后，可得小波序列：

$$\psi_{a,b}(t) = |a|^{-\frac{1}{2}} \psi\left(\frac{x-b}{a}\right) \tag{2-2}$$

其中，$a, b \in R$，且 $a \neq 0$。称 a 是伸缩因子，b 是平移因子。

对于任意的函数 $f(t) \in L^2(R)$，可以定义其关于基小波 ψ 的连续小波变换式：

$$W_f(a,b) = \langle f, \psi_{a,b} \rangle = |a|^{-\frac{1}{2}} \int_{-\infty}^{+\infty} f(t) \overline{\psi\left(\frac{t-b}{a}\right)} \mathrm{d}t \tag{2-3}$$

其中，$\bar{\psi}$ 为 ψ 的共轭运算。

原来的一维信号经小波变换转换成二维信号，便于更好地分析其时频特性。小波逆变换把二维信号重构回一维，变换公式如下：

$$f(t) = \frac{1}{C_\psi} \int_{-\infty}^{+\infty} \int_{-\infty}^{+\infty} W_\psi(a,b) \psi_{a,b}(x) \frac{\mathrm{d}a\mathrm{d}b}{a^2} \tag{2-4}$$

$f(t)$ 的小波变换是一个二元函数，其实质是将 $L^2(R)$ 空间的任意函数 $f(t)$ 表示为该函数在具有不同平移因子和伸缩因子的 $\psi_{a,b}(t)$ 上的投影叠加。从形式上看，是 $f(t)$ 在 $t=b$ 附近按 $\psi_{a,b}(t)$ 进行加权平均，体现了以 $\psi_{a,b}(t)$ 为标准的 $f(t)$ 的变化快慢。由此，可以说小波变换是一个“变焦镜头”，平移因子 b 是一个时间中心参数，相当于镜头相对目标的平行移动，而伸缩因子 a 相当于调焦旋钮，实现焦距的调节。小波变换将一维的时域函数映射至二维的“时间–尺度”域，使信号在小波基上的展开具有多尺度性，调整平移因子和伸缩因子获得不同时频宽度的小波，匹配原始信号的任意位置，实现对信号的时频局特性分析。

连续小波变换是一种线性变换，它具有以下几个方面的性质[139]：

①叠加性

已知 $x(t)$ 和 $y(t) \in L^2(R)$，k_1，k_2 为任意常数，且 $x(t)$ 的连续小波变换为 $W_{fx}(a,\tau)$，$y(t)$ 的连续小波变换为 $W_{fy}(a,\tau)$，则 $z(t)=k_1W_{fx}(a,\tau)+k_2W_{fy}(a,\tau)$ 的连续小波变换为：

$$z(t)=k_1W_{fx}(a,\tau)+k_2W_{fy}(a,\tau)$$

②时移不变性质

设 $x(t)$ 的连续小波变换为 $W_{fx}(a,\tau)$，$x(t-t_0)$ 的连续小波变换为 $W_{fx}(a,\tau-t_0)$，即延时后的信号 $x(t-t_0)$ 的小波系数是将原信号 $x(t)$ 的小波系数在 τ 轴上进行同样时移。

③尺度变换

设 $x(t)$ 的连续小波变换为 $W_{fx}(a,\tau)$，则 $x\left(\frac{t}{\tau}\right)$ 的连续小波变换为 $\sqrt{\lambda}W_{fx}\left(\frac{a}{\lambda},\frac{\tau}{\lambda}\right)$，$\lambda>0$。

④内积定理（Moyal 定理）

若 $x_1(t)$ 和 $x_2(t) \in L^2(R)$，它们的连续小波变换分别为 $W_{fx1}(a,\tau)$ 和 $W_{fx2}(a,\tau)$，也即：

$$W_{fx1}(a,\tau)=[x_1(t),\psi_{a,\tau}(t)]$$

$$W_{fx2}(a,\tau)=[x_2(t),\psi_{a,\tau}(t)]$$

此外，连续小波变换还有能量不变性等其他一些性质。

（2）离散小波变换

在连续小波变换中，平移因子和伸缩因子均为连续变化的实数，具体应用时需要计算连续积分，不适于实际应用中数字信号的处理。因此，实际应用中常采用离散小波变换，由离散化的平移因子和伸缩因子来完成。一般取：

$$a=a_0^m,b=nb_0a_0^m \qquad (m,n \in \mathbf{Z})$$

将其代入式（2-2），可得离散小波：

$$\psi_{m,n}(t)=|a_0|^{-\frac{m}{2}}\psi(a_0^{-m}t-nb_0) \qquad (m,n \in \mathbf{Z}) \tag{2-5}$$

相应的离散小波变换为：

$$W_f(a,b)=\langle f,\psi_{a,b}\rangle=|a_0|^{-\frac{m}{2}}\int_{-\infty}^{+\infty}f(t)\overline{\psi(a_0^{-m}t-nb_0)}\mathrm{d}t \tag{2-6}$$

在实际应用中，为使小波变换的计算更有效，构造的小波函数均具有正交性，即：

$$\langle \psi_{m,n},\psi_{j,k}\rangle = \int_{-\infty}^{+\infty}\psi_{m,n}(t)\overline{\psi_{j,k}}\mathrm{d}t = \delta_{m,j}\delta_{n,k}$$

从理论上可以证明,将连续小波变换离散成离散小波变换,信号的基本信息不会丢失。相反,由于小波基函数的正交性,使得小波空间中两点之间因冗余度造成的关联得以消除;同时,计算误差更小,变换结果使时频函数更能反映信号本身的特性。

(3)高维小波连续变换

对于$f(t)\in L^2(\mathbf{R}^n)(n>1)$,公式$f(t)=\frac{1}{C_\psi}\int_{-\infty}^{+\infty}\int_{-\infty}^{+\infty}W_\psi(a,b)\psi\left(\frac{t-b}{a}\right)\frac{\mathrm{d}a\mathrm{d}b}{a^2}$存在几种扩展的可能性。一种可能性是选择小波$f(t)\in L^2(\mathbf{R}^n)$使其为球对称,其傅里叶变换也为球对称,即:

$$\hat{\psi}(\bar{\omega}) = \eta(|\bar{\omega}|)$$

其相容性条件变为:

$$C_\psi = (2\pi)^2\int_0^\infty |\eta(t)|^2\frac{\mathrm{d}t}{t} < \infty$$

对所有的$f,g\in L^2(g^n)$有:

$$\int_0^{+\infty}\frac{\mathrm{d}a}{a^{n+1}}W_f(a,b)\overline{W}_g(a,b)\mathrm{d}b = C_\psi < f$$

其中,$W_f(a,b)=<\psi^{a,b}>$,$\psi^{a,b}(t)=a^{\frac{-n}{2}}\psi\left(\frac{t-b}{a}\right)$,$(a\in\mathbf{R}^+,a\neq 0,b\in\mathbf{R}^n)$。

公式(2-1)可改写成:

$$f = C_\psi^{-1}\int_0^{+\infty}\frac{\mathrm{d}a}{a^{n+1}}\int_{R^n}W_f(a,b)\psi^{a,b}\mathrm{d}b$$

若选择的小波不是球对称的,但可以用旋转进行同样的扩展与平移。在二维时,可定义:

$$\psi^{a,b,\theta}(t) = a^{-1}\psi\left(R_\theta^{-1}\left(\frac{t-b}{a}\right)\right)$$

其中,$a>0,b\in\mathbf{R}^2,R_\theta=\begin{bmatrix}\cos\theta & -\sin\theta\\ \sin\theta & \cos\theta\end{bmatrix}$。

相容性条件变为:

$$C_\psi = (2\pi)^2\int_0^\infty\frac{\mathrm{d}r}{r}\int_0^{2\pi}|\hat{\psi}(r\cos\theta,r\sin\theta)|^2\mathrm{d}\theta < \infty$$

对应的重构公式为:

$$f = C_\psi^{-1}\int_0^\infty\frac{\mathrm{d}a}{a^3}\int_{R^2}\mathrm{d}b\int_0^{2\pi}W_f(a,b,\theta)\psi^{a,b,\theta}\mathrm{d}\theta$$

2.2.2　基于小波变换的消噪方法

消噪问题是信号处理的经典问题,在实际的工程中所采集的信号都存在背景噪声,这对信号的分析是极为不利的,严重的甚至会影响到检测仪器对设备性能的检测,使之做出错误的判断,所以对信号进行消噪处理是信号处理必备的一环。传统的消噪方法多采用平均或线性方法,不适于非平稳信号,去噪效果差,难以识别混杂于信号中的噪声,从而影响故障检测过程及故障诊断结果。小波变换以其良好的时频特性,实现非线性去噪处理,在消噪处理中受到越来越多的青睐。

小波消噪的实质即从含噪信号中准确恢复出原始信号,其本质是函数逼近的问题,即在小波基函数伸缩和平移构成的函数空间中,依据某种准则,实现对原始信号的最佳逼近。小波消噪法的基本思想是:由小波变换将含噪的信号进行多尺度分解,取得一组小波系数,在每个尺度下对小波系数进行阈值量化处理,最大可能地去除噪声的小波系数,而保留并增强信号的小波系数,对处理后的小波系数重构,从而得到消噪后的信号。小波消噪的一般过程如图 2-1 所示。

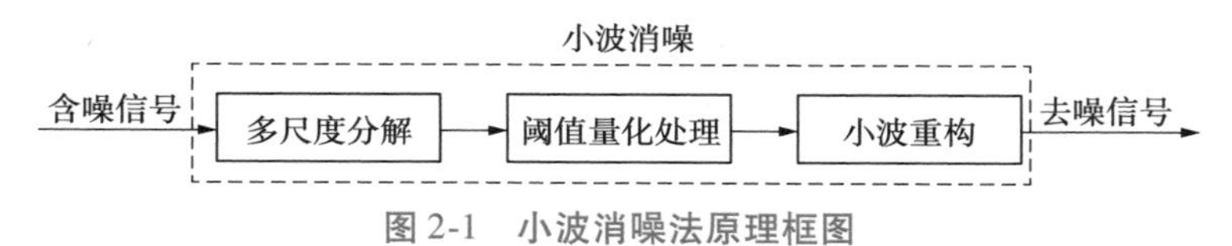

图 2-1　小波消噪法原理框图

常用的小波消噪方法有:基于小波变换的模极大值消噪、基于相邻尺度小波系数相关性消噪、基于小波变换的阈值消噪[140]。

(1)基于小波变换的模极大值消噪

模极大值去噪算法是根据信号和噪声在多尺度空间上小波变换系数的模极值传播规律的不同而发展起来的一种去噪算法。理论上只要信号与噪声的奇异性有差异,就能产生很好的去噪效果。一般信号小波系数的模极大值将随着小波分解层数的增大而增大;而对于白噪声信号,其模值随着分解层数的增大而减小。因此,观察不同尺度间小波变换模极大值变化的规律,去除幅度随尺度的增加而减小的点(对应噪声的极值点),保留幅度随尺度增加而增入的点(对应于有用信号的极值点)。再由保留的模极大值点用交替投影法进行重建,即可以达到去噪的目的。但是,交替投影法算法复杂,容易造成投影信号的偏差,难以在实际应用中对信号进行实时处理。

(2)基于相邻尺度小波系数相关性消噪

相关性去噪算法是根据信号经小波变换后,其小波系数在各尺度上有较强的相关性,尤其是在信号的边缘附近,其相关性更加明显,而噪声对应的小波系数在各尺度间却是没有这种明显的相关性来去噪的。在尺度空间上的相关运算能使噪声的幅值大为减小,从而抑制了噪声和小的边缘,增强了信号的主要边缘,更好地刻画了原始信号。并且在小尺度上,这种作用明显大于在大尺度上的作用。由于噪声能量主要是分布在小尺度上,因而这种随尺度增大而作用强度递减的性质,恰好滤除了噪声,很好地保留了有用信号。

(3)基于小波变换的阈值消噪方法

依据小波变换的去相关性,变换使得信号的能量集中在幅值较大的少量小波系数中,而噪声的能量分布在幅值较小的大量小波系数中,并且将覆盖整个小波域。由此使得幅值较大的小波系数很大程度上对应于有用信号,幅值较小的系数可认为是噪声,设定一个合适的阈值,把信号的小波系数保留或增强,而消除噪声系数,即可得到消噪后的信号。基于这一思想,Donoho 和 Johnstone 提出硬阈值和软阈值去噪方法[138],即将小波系数中幅值较小的系数置零,保留或收缩幅值较大的系数,得到估计小波系数并重构,从含噪信号中估计真实信号。

设阈值为 λ,小波变换多尺度分解后的系数为 w,阈值处理后的小波系数为 w_λ。

①硬阈值消噪

当小波系数的幅值小于给定阈值时,令其为0;系数幅值大于阈值时,保持不变,其阈值函数:

$$w_\lambda = \begin{cases} w, & |w| \geq \lambda \\ 0, & |w| < \lambda \end{cases} \tag{2-7}$$

②软阈值消噪

当小波系数的幅值小于给定阈值时,令其为0;系数幅值大于阈值时,将其减去阈值,其阈值函数:

$$w_\lambda = \begin{cases} \mathrm{sign}(w)(|w| - \lambda), & |w| \geq \lambda \\ 0, & |w| < \lambda \end{cases} \tag{2-8}$$

在小波阈值消噪过程中,最为关键的是阈值函数及阈值的确定,它们从某种程度上将会直接影响消噪的质量。硬阈值和软阈值的阈值处理函数如图 2-2 所示。

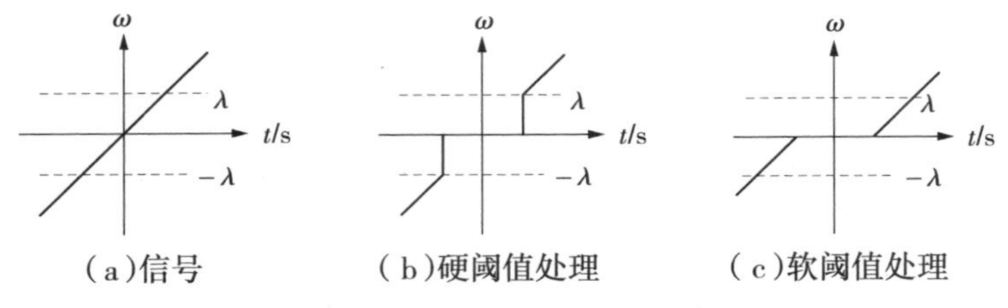

图 2-2　两种阈值处理函数示意图

由图 2-2 可知,硬阈值函数在 $|w| = \lambda$ 处不连续,容易使去噪信号在奇异点附近出

现伪吉布斯(Pseudo-Gibbs)现象。

阈值 λ 的确定是消噪的另一个难题。阈值选择过小,小波变换系数中将会包含较多的噪声成分,而阈值太大,则可能将有用信号一同消除,造成信号失真。常用的选取阈值的规则有以下几种:无偏似然估计、固定阈值估计、极值阈值估计和启发式阈值估计。其中,极值阈值估计法和无偏似然估计法较保守,当噪声在高频区分布得较少时,二者具有良好的去噪效果,能够在较低信噪比的条件下提取信号。启发式阈值估计方法和固定阈值估计方法的去噪结果较有效、彻底,但容易把有用高频信号误判成噪声而舍弃,造成信息丢失。目前,各种阈值公式不断涌现,综合考虑算法的复杂度及其消噪效果,在实际应用中通常采用 Johnstone 和 Donoho 给出的统一的阈值计算公式:

$$\lambda = \sigma\sqrt{2\ \log_e^N} \tag{2-9}$$

其中,N 是信号的长度,σ 是噪声的标准方差。

式(2-9)是在正态高斯噪声模型下,针对多维独立正态变量的联合分布在维数趋于无穷时的情况得出的结论。当系数大于该阈值时,含有噪声的概率近似于零。由于阈值 λ 正比于信号长度 N 的对数的平方根,当 N 的取值很大时,λ 具有将所有小波系数置为零的趋势,此时的小波滤波器相当于一个低通滤波器。在实际应用中,噪声的标准方差通常是未知的,常用下式的估算方法来确定:

$$\sigma = \frac{Med(\ |d_j(k)|\ )}{0.674\ 5} \tag{2-10}$$

其中,Med ( )表示求中值运算,d_j 为第 j 层分解的小波系数。

硬、软阈值消噪法,计算方法较复杂,消噪效果也不十分令人满意。因此,本文提出一种基于风电轴承振动信号的自适应阈值小波消噪方法。

2.2.3　基于风电轴承振动信号的自适应阈值小波消噪法

自适应阈值消噪法是在阈值法基础上的改进。采用软阈值消噪时,总体效果较好,但当含噪信号不规则时仍会失去一部分信号的细节信息;当采用硬阈值消噪时,消噪效果并不理想,仍然含有明显的噪声。这说明当噪声为时变时,传统的消噪方法效果很有限。采用自适应阈值消噪法,可以克服上述缺陷。

依据模式识别问题中的分类方法,将风力发电机组轴承的振动信号和干扰信号看作两类事物,它们具有类内密集、类间分离的特性,以最小错误率为分类准则进行模式分类,这种轴承信号的自适应阈值小波消噪法具体流程如图 2-3 所示,包括多尺度分解、阈值量化处理和小波重构三个重要步骤。

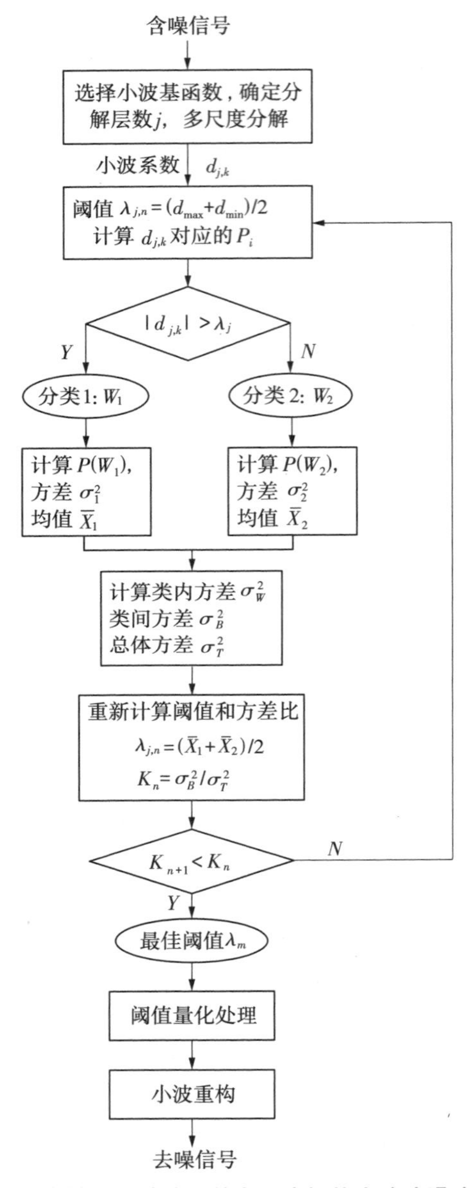

图 2-3　风电轴承振动信号的自适应阈值小波消噪法流程图

(1)自适应阈值小波消噪法的多尺度分解

假设将某一叠加了噪声的含噪信号 $hz(i)$ 表示为：

$$hz(i)=s(i)+z(i) \tag{2-11}$$

其中，$s(i)$ 为实际信号，$z(i)$ 为噪声，i 表示采样序号。

消噪处理的目的即准确地从含噪信号 $hz(i)$ 中恢复实际信号 $s(i)$。采用 Mallat 算

法将含噪信号 $hz(i)$ 进行正交小波变换,得到各层高、低频分解系数,如下:

$$\begin{cases} a_{j,k} = \sum_{n} a_{j-1,n} h_{n-2k} \\ d_{j,k} = \sum_{n} d_{j-1,n} g_{n-2k} \end{cases}, \quad (k = 0,1,2,\cdots,N-1) \tag{2-12}$$

式中,j 为分解层数,N 为采样点数; $a_{j,k}$,$d_{j,k}$ 为尺度系数和小波系数;h, g 分别为低通和高通滤波器,二者相互正交。运用该算法将使得信号在每次分解时,其长度减半,n 表示每层的信号长度。

(2)自适应阈值小波消噪法的阈值量化处理

传统的硬阈值、软阈值等小波变换阈值处理方法,主要适用于含有高斯白噪声的信号,采用单一的阈值对小波函数进行处理,不能在每一尺度上将信号和噪声有效分离。针对传统软硬阈值方法的缺点,本文采用自适应阈值法,对不同尺度的小波系数选用不同的阈值,具体步骤如下:

①设定初始阈值:

$$\lambda_{j,n} = (d_{\max} + d_{\min})/2 \tag{2-13}$$

其中, $d_{\max}$ 和 $d_{\min}$ 为小波系数中的最大值和最小值。

②由计算的阈值将小波系数分为两类:

$$\begin{cases} d_{j,k} \in W_1, & |d_{j,k}| > \lambda_{j,n} \\ d_{j,k} \in W_2, & |d_{j,k}| \leqslant \lambda_{j,n} \end{cases}$$

计算每个小波系数 $d_{j,k}$ 出现的概率 P_{i},若两个分类 W_1 和 W_2 出现的概率分别为 P_{W_1} 和 P_{W_2}, 则两个分类的均值 $\bar{X}_1$、$\bar{X}_2$ 和方差 σ_1^2、σ_2^2:

$$\bar{X}_1 = \sum_{i=\lambda_{j,n}+1}^{d_{\max}} iP_i/P_{W_1}, \quad \bar{X}_2 = \sum_{i=d_{\min}}^{\lambda_{j,n}} iP_i/P_{W_2} \tag{2-14}$$

$$\sigma_1^2 = \sum_{i=\lambda_{j,n}+1}^{d_{\max}} (i - \bar{X}_1)^2 P_i/P_{W_1}, \quad \sigma_2^2 = \sum_{i=d_{\min}}^{\lambda_{j,n}} (i - \bar{X}_2)^2 P_i/P_{W_2} \tag{2-15}$$

③计算类内方差 σ_W^2、类间方差 σ_B^2 和总体方差 σ_T^2, 考查“类内密集、类间分离”特性:

$$\begin{gathered} \sigma_W^2 = P_{W_1}\sigma_1^2 + P_{W_2}\sigma_2^2 \\ \sigma_B^2 = P_{W_1}P_{W_2}(\bar{X}_1 - \bar{X}_2)^2 \\ \sigma_T^2 = \sigma_W^2 + \sigma_B^2 \end{gathered} \tag{2-16}$$

④重新计算阈值 $\lambda_{j,n+1}$ 以及类间方差和总体方差之比 K_n:

$$\lambda_{j,n+1} = (\bar{X}_1 + \bar{X}_2)/2$$

$$K_n = \sigma_B^2/\sigma_T^2$$

重复执行①—④步,若 $K_{n+1} < K_n$, 循环结束,此时得到的即为最佳阈值 λ_m。

得到最佳阈值后，另一个关键是阈值函数的确定。对软、硬阈值方法扬长避短，按照式(2-17)进行阈值的量化处理：

$$w=\begin{cases}s(d,\lambda_m), & |d|\geq\lambda_m\\0, & |d|<\lambda_m\end{cases}\tag{2-17}$$

$$s(d,\lambda_m)=\text{sign}(d)\left[|d|-\frac{2\lambda_m}{1+\exp(\alpha(d^2-\lambda_m^2))}\right]$$

其中，d 为小波系数，α 为调整参数，w 为处理后新的小波系数。

信号各尺度分解系数与能量分布相关，由式(2-17)可知，能量分布因素参与了阈值处理过程，能够根据轴承振动信号的能量分布特性进行自适应降噪。

(3)自适应阈值小波消噪法的小波重构

将各层小波系数进行阈值处理后，按照式(2-18)进行重构：

$$a_{j-1,n}=\sum_n a_{j,n}h_{k-2n}+\sum_n w_{j,n}g_{k-2n}(k=0,1,2,\cdots,N-1)\tag{2-18}$$

其中，j 为分解层数，N 为采样点数，n 为每层分解的信号长度；$a_{j,k}$ 尺度系数，$w_{j,k}$ 为处理后的新小波系数；h, g 为式(2-12)中的正交滤波器。

至此，完成了信号多尺度分解、阈值量化处理和小波重构整个去噪过程。总结其思路为：采用 Mallat 算法对信号 $hz(i)$ 进行 N 层小波分解，得到各层的尺度系数(即低频系数)和小波系数(即高频系数)；对 1 ~ N 层，每层选取一个最佳阈值 λ_m，按照式(2-17)对该层的小波系数进行阈值量化处理。最后，由小波分解的第 N 层尺度系数和经过阈值处理的 1 至 N 层的新小波系数，按照式(2-18)重构，从而得到去噪信号。

2.3 自适应阈值小波消噪仿真分析

2.3.1 仿真信号的自适应阈值小波消噪

用 Matlab 软件仿真一个正弦信号 $s(t)$，将其叠加白噪声信号 $z(t)$，构成含噪信号 $hz(t)$。其中 $s(t)$ 表示为：

$$s(t)=A\sin(wt+\varphi)\tag{2-19}$$

其中，取 $A=2$，$w=10\pi$，$\varphi=3$。

将含噪信号 $hz(t)$ 截取 N=1 024 个采样点，采样频率为 1 s，进行仿真实验，其时域波形如图 2-4(b)所示。对含噪信号分别进行硬阈值、软阈值及自适应阈值小波消噪处理。其中软、硬阈值消噪方法，选用“db1”小波基，分解层数为 3 层，采用 Stein 无偏风险估计规则确定阈值,即对一个给定的阈值,得到其似然估计,再将似然估计最小化,便得到所选阈值。消噪结果如图 2-4(c) ~(e)所示。

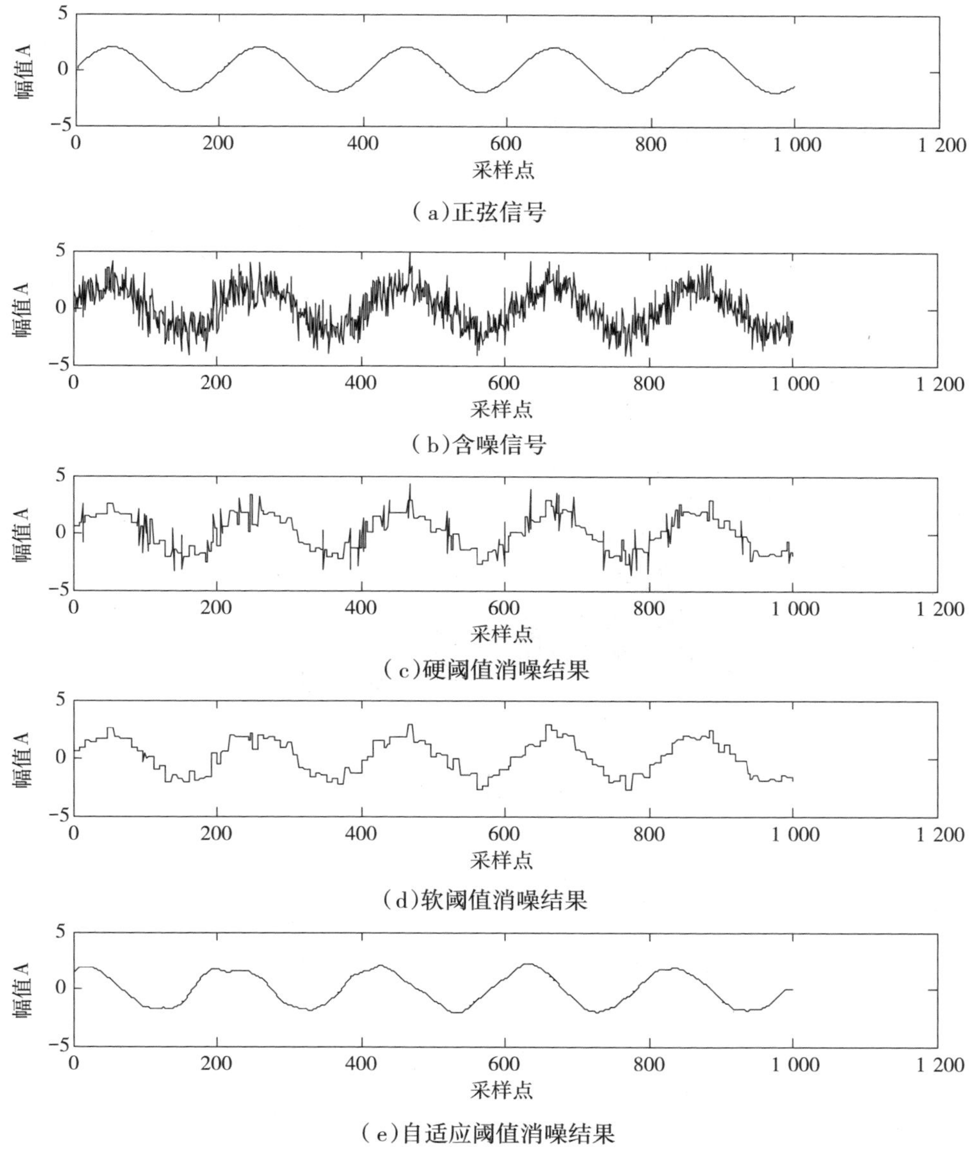

(a)正弦信号

(b)含噪信号

(c)硬阈值消噪结果

(d)软阈值消噪结果

(e)自适应阈值消噪结果

图 2-4　含噪信号及小波消噪结果

由图 2-4 可以看出,(a)图的正弦信号受到噪声干扰后,其时域波形如(b)图,其结果严重影响了原始信号的时域表达。(c)图为硬阈值小波消噪结果,在很大程度上去除了噪声干扰,但不能反映出原始信号的具体特征。(d)图为软阈值小波消噪结果,去除了绝大部分噪声干扰,基本能够恢复原始信号特征。(e)图为本章提出的自适应阈值小波消噪结果，其波形光滑，可清晰反映出原始信号特征，消噪效果很好。

综上所述，在已知信号的条件下，采用硬、软阈值及自适应阈值小波变换的方法分别进行消噪处理，对比分析结果可知，本文提出的自适应阈值方法去噪效果最佳。在此结论之上，进一步对实测振动信号进行消噪处理，并对比分析验证。

2.3.2 轴承振动信号的自适应阈值小波消噪

轴承是风力发电机组传动系统的核心零部件，在高速运转过程中长期受到挤压、磨损、腐蚀等破坏，使其成为风电设备中的薄弱环节。通常情况下，风电现场测试的信号或采集的数据都是在机组正常运行状态下进行的，而当风机故障时，须将其停止运行，因此人工故障测试难以实现，尤其是针对某一部件各种不同类型的故障信号采集。所以，为了给后续实验分析提供高的说服力和可信度，本文采用美国凯斯西储大学电气工程实验室的滚动轴承故障模拟实验数据[141]进行分析①。该实验平台由三部分组成：电动机、扭矩传感器、功率测试计，如图 2-5 所示。

图 2-5　滚动轴承振动信号测试实验台

电机转轴由待测轴承支撑，驱动端和风扇端轴承均为深沟球滚动轴承，型号分别为 SKF 6205、SKF6203，滚动体个数分别为 9 个、8 个，接触角为 90 度。由多个加速度传感器进行多测点测量，采样频率为 12 kHz，采集驱动端轴承在 1 797 转/分转速下的正常状态、外圈故障、内圈故障、滚动体故障这四种状态的振动信号，从中各选取 2 000 组样本数据进行分析，原始信号波形如图 2-6 所示。

采用与 2. 3. 1 节中相同的小波参数设置及阈值选取规则，再次用软、硬阈值以及自适应阈值小波消噪方法对原始信号进行处理，仿真结果如图 2-7—图 2-9 所示。

对比图 2-7—图 2-9 分析可得，正常状态、外圈故障、内圈故障及滚动体故障四种工况的振动信号原始时域波形中，外圈故障和内圈故障有较明显的周期特性，而正常状态和滚动体故障的时域波形无明显特征，很难直接区分。图 2-7 的硬阈值消噪处理后，对

① 部分数据见附录 1。

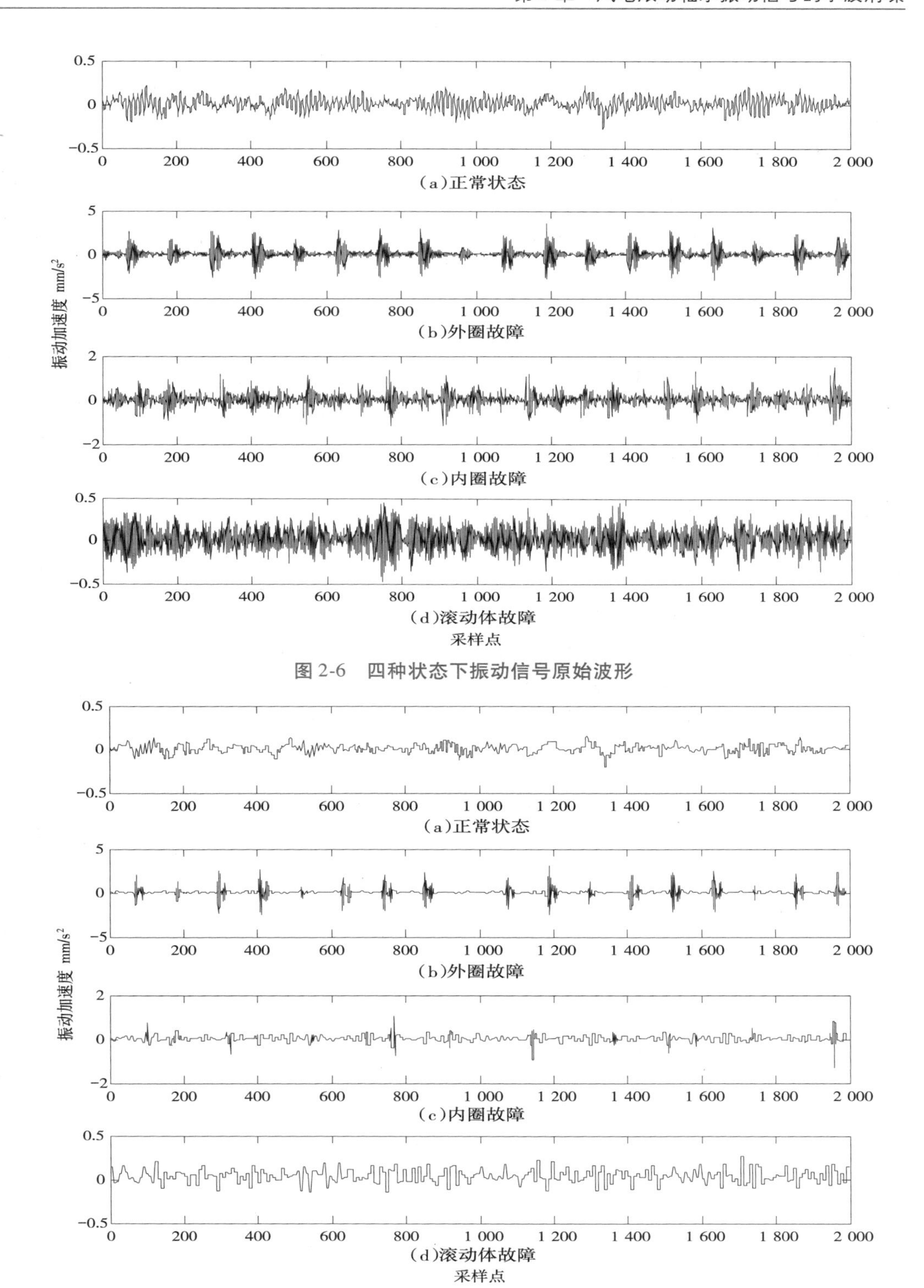

图 2-6　四种状态下振动信号原始波形

图 2-7　硬阈值消噪后波形

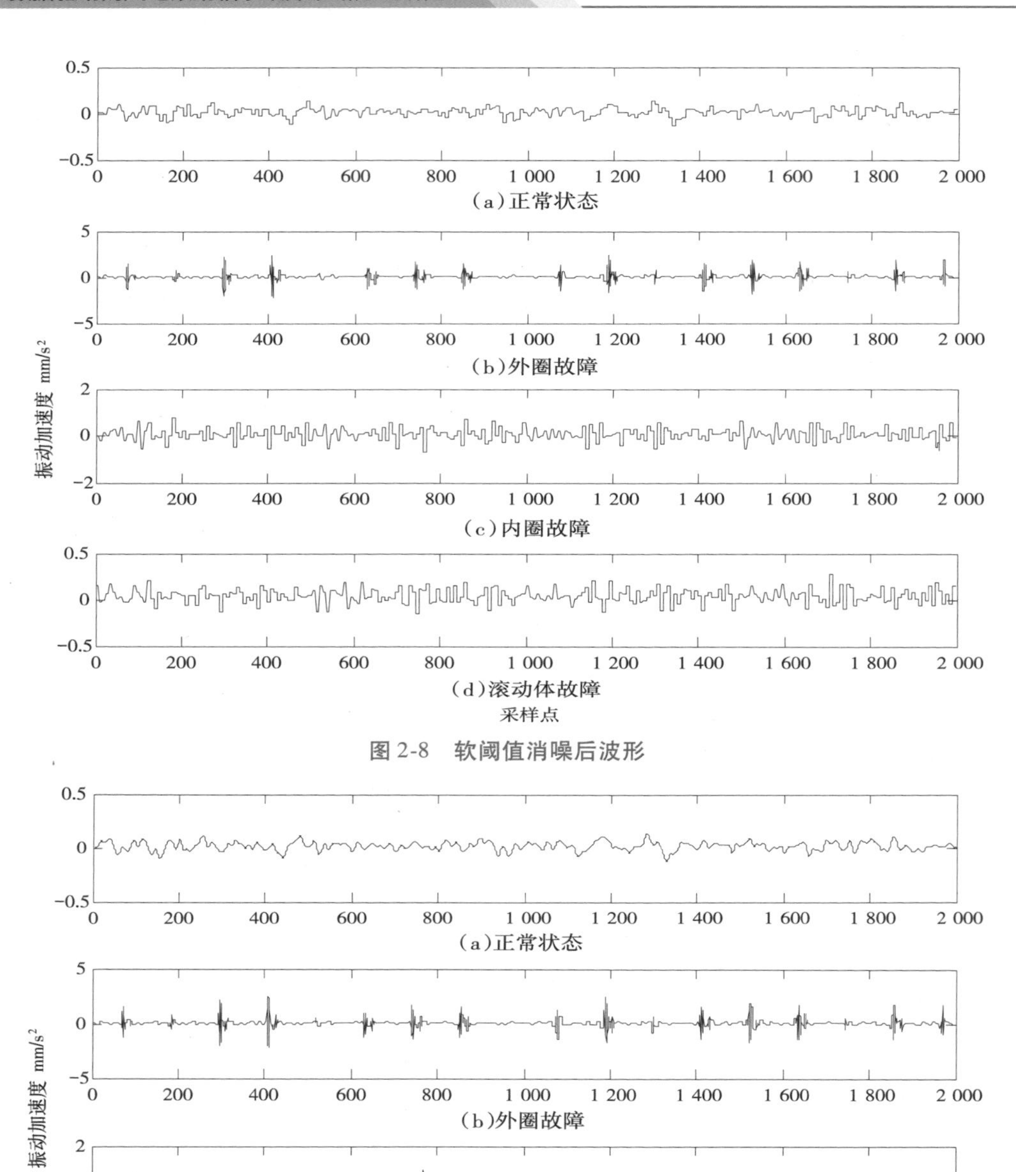

图 2-8　软阈值消噪后波形

(a)正常状态

(b)外圈故障

(c)内圈故障

(d)滚动体故障

采样点

图 2-9　自适应阈值消噪后波形

于外圈故障能够去除大量噪声干扰,保留部分信号特征,但其余三种工况在去噪过程中,信号的特征也被丢弃,不能反映振动信号的特征。图 2-8 的软阈值消噪处理后,对外圈故障也能够去除大量噪声干扰,内圈故障的消噪效果较弱,大部分噪声信号未被消除,不能很好地表达信号的具体特征。从图 2-7 的自适应阈值小波消噪波形可看出,它对四种工况的消噪效果都优于硬阈值、软阈值消噪方法,能够最大限度地消除噪声而保留原始振动信号特征,消噪效果优良,并且能够为后续的信号特征提取和模式识别环节提供精简而有效的数据。

2.4 小　结

信号的消噪预处理是特征提取的重要基础,其结果对诊断的准确性有直接影响,对于长期处在强噪声和强干扰的工作环境下的风电机组,采集信号的消噪处理更为重要,是滚动轴承故障诊断过程中一个重要的必备环节。

由于风力发电机滚动轴承振动信号的强干扰、非线性、非平稳特性,时域和传统的时-频分析方法难以从背景噪声中提取信号的有用成分及有效的故障特征。小波变换兼具时、频域分析能力,具有可以调节的时-频窗口,通过伸缩和平移运算对信号进行多尺度细化,能够更细致地进行频域的局部特性分析,非常适用于非平稳、非线性信号的处理。但是传统的小波消噪方法,存在小波基选择、分解层数选取困难的问题,需要通过大量实验对比来最终确定,计算量大、耗时长。基于小波变换的硬、软阈值消噪方法是比较简单实用的小波阈值消噪方法,通过设定一个合适的阈值,把信号的小波系数保留或增强,从而消除噪声系数,得到消噪信号。但是,硬、软阈值小波消噪法对各尺度的小波分解系数采用单一阈值,难以在每一尺度实现噪声与信号的良好分离。

因此,本章针对风力发电机滚动轴承振动信号的强干扰、非线性、非平稳特性,提出了一种基于风电机组轴承振动信号的自适应阈值小波消噪方法,将信号进行多尺度分解,对每一层系数以最小错误率为准则以自适应确定其阈值,再重构信号。它克服了硬阈值、软阈值等小波变换阈值处理方法采用单一阈值的局限,对不同尺度的小波系数选用不同的阈值,实现信号和噪声的有效分离,具有根据能量分布特性自适应消噪的功能。将这种方法分别应用于正弦仿真信号和实测振动信号的消噪处理过程中,进行实验验证,通过对比分析,验证了基于风电轴承振动信号的自适应阈值小波消噪方法能够在强噪声背景下有效提取振动信号特征,具有比其他方法更突出的消噪效果。

第3章　风电滚动轴承振动信号的故障特征提取

采集信号的消噪预处理是故障特征提取的重要基础，在风电领域，常用的信号特征提取方法有：包络谱分析、经验模态分解（Empirical Mode Decomposition，EMD）、小波变换（Wavelet Transform，WT）、盲源分离法等，各种信号特征提取的新方法也不断涌现。文献[142]中阐述了傅里叶变换、小波变换及小波包变换三种获得信号特征参数的方法，并通过对比分析，总结了各自的优缺点。文献[143]详细论述了基于倒频谱、包络谱及循环平稳分析的故障特征提取方法，并通过实际案例对几种方法进行分析总结。文献[144]中以信号的各阶统计量构成统计测度，形成基于互信息的小波特征提取方法，由时域信号直接得到小波分解的低维特征。文献[145]提出一种基于ITD固有时间尺度分解的方法，提取风电轴承故障特征，进行在线故障诊断。文献[146]中对风机叶片进行声发射实验，对小波基函数的重分配尺度谱进行优化，提取其裂纹故障特征。文献[147]中采用EMD方法对轴承振动信号进行分解，将峭度较高的模态函数经Hibert变换以提取瞬时频率为故障特征。文献[148]中将振动信号进行小波变换包络解调，以最大信噪比为目标，采用盲源分离方法分离解调信号，再用频谱变换提取轴承的故障特征频率。常用的基于振动信号的故障特征提取方法有：时域、频域、时频域和信息熵等。

3.1　时域故障特征提取方法

时域分析是直接利用时域信号进行分析并给出结果，是最简单、最直接的分析方法，特别是信号中明显含有简谐成分、周期成分或瞬态脉冲成分时比较有效。时域分析主要包括概率分析法、时域同步平均法、相关函数分析法以及提取时域波形的特征量进行分析。常用的特征量有：幅值、周期与频率、偏度、峭度、波形因数、脉冲因数、峰值因数和裕度因数等[139]。

（1）峰-峰值分析法

波形峰-峰值分析反映了信号的局部幅值强度变化。风机在某一特定负荷下运行时，遇到不同故障，其振动速度和加速度也会不同。同样，波形的峰-峰值也会有较大的差异，所以可以选用峰峰值来辅助分析故障类型，反映风机的运行状态。由于实际采样的原始信号没有明确的起始点，不是风机转动工作周期的整数倍，这样会造成信号间的可比性很差，不利于下一步的故障诊断，因此需要对原始信号截取风机转动的 n 个工作周期进行分析，以减小误差对特征提取的影响。

定义振动信号的峰-峰值为：

$$x_{pv}=\max(x_i)-\min(x_i)$$

式中，x_{pv} 表示信号峰-峰值，$\max(x_i)$ 表示振动信号波峰值，$\min(x_i)$ 表示信号波谷值。

n 个周期信号的平均峰-峰值为：

$$\bar{x}_{pv}=\sum_{i=1}^{n}x_pv/n$$

（2）Hurst 指数及最大李亚普诺夫指数

英国水利学家 Hurst 在研究尼罗河水位的涨落问题发现，大多数自然现象，包括河水水位、温度、降雨、太阳黑子等，不服从布朗运动及高斯分布的特征，而是遵循一种“有偏随机游动”。

分形布朗运动是一个能反映广泛的自然物体一些不规则运动性质的分形模型，它的数值变化非常复杂，连续但不可导，是一个非平稳过程，对时间和尺度的变化具有自相似性。

风机故障振动信号具有非平稳性，因此可以采用分形布朗运动来描述。分形布朗运动增量方差为：

$$M(B_H(t)-B_H(t_0))=\sigma_0^2\mid t-t_0\mid^{2H}$$

式中，B_H 表示分数布朗函数，σ_0^2 表示 t_0 时刻的样本方差，H 表示 Hurst 指数。

Hurst 指数决定了一个分形布朗运动的不规则程度，并描述了随机过程的长期相关性。采用 R/S 分析法计算 Hurst 指数过程如下。

设采集的信号时间序列为：

$$x(t)(t=1,2,\cdots,T)$$

令 $x^*(t)=\sum_{u=1}^{\tau}x(u)$，则极差 $R(t,\tau)$ 为：

$$R(t,\tau)=\max_{0\leqslant u\leqslant r}\left|x^*(t+u)-x^*(t)-\frac{u}{\tau}\right|[x^*(t+u)-x^*(t)]$$

$$\min_{0\leqslant u\leqslant r}\left|x^*(t+u)-x^*(t)-\frac{u}{\tau}\right|[x^*(t+u)-x^*(t)]$$

标准偏差 $S^2(t,\tau)$ 为：

$$S^2(t,\tau)=\frac{1}{\tau}\sum_{u=t+1}^{1+\tau}x^2(u)-\left[\frac{1}{\tau}\sum_{u=t+1}^{1+\tau}x^2(u)\right]^2$$

式中，τ 为延迟时间。

$R(t,\tau)/S(t,\tau)$ 与延迟时间 τ 之间存在如下关系：

$$E(R(t,\tau)/S(t,\tau))\infty\tau^H$$

式中，$E(\ )$表示同一延迟 τ 下对不同初始时刻 t 取平均值，这样可以消除不同初始时刻的端效应对统计计算的影响。通过做 $\log E(R(t,\tau)/S(t,\tau)) - \log \tau$ 关系图,并求回归直线关系的斜率,就可求得 Hurst 指数 H。

最大李亚普诺夫指数为判断一个物理过程是否具有混沌特征提供了定量的依据。如果最大李亚普诺夫指数为正,相应的物理过程则具有混沌的特征。相空间里选取两点 β_{n1} 和 β_{n2},这两点的距离为 $\delta_0 \| \beta_{n1} - \beta_{n2} \|$,$\delta_0$ 应满足条件 $\delta_0 \leqslant 1$。经过时间 Δn 后,这两点的距离变为 $\delta_{\Delta n} \| \beta_{n1+\Delta n} - \beta_{n2+\Delta n} \|$。$\Delta n$ 应满足条件:$\Delta n \geqslant 1$,则最大李亚普诺夫指数 λ 可由下述公式求得:

$$\delta_{\Delta n} \subseteqq \delta_0 e^{\lambda \Delta n}$$

李亚普诺夫指数标度了混沌系统运动过程中信息的平均丢失率,反映了混沌系统对初始值的灵敏依赖性,反映了振动系统的稳定性。

(3)近似熵的定义及其性质

近似熵是一个非负数,其值的大小跟时间序列的复杂性成正比,具体的算法步骤如下。

设采集到的原始数据为 $\{u(i),\ i=0,1,\cdots,n\}$,预先给定模式维数 m 和相似容限 r 的值,则近似熵可通过以下步骤计算得到:

①将序列 $\{u(i),\ i=0,1,\cdots,n\}$ 按顺序组成 m 维矢量 $x(i)$,即:

$$x(i) = [u(i),\ u(i+1),\cdots,u(i+m-1)]\ i = 1,2,\cdots,(n-m+1)$$

②对每一个 i 值计算矢量 $x(i)$ 与其余矢量 $x(j)$ 之间的距离:

$$d[x(i),\ x(j)] = \max_{k=0}^{m-1} |u(i+k) - u(j+k)|$$

③按照给定的阈值 $r(r>0)$,对每一个 i 值统计 $d[x(i),\ x(j)] < r$ 的数目及此数目与总的矢量个数 $n-m+1$ 的比值,记作 $C_i^m(r)$,即:

$$C_i^m(r) = \{d[x(i),x(j)] < r \text{ 的数目}\}/(n-m+1)$$

④先将 $C_i^m(r)$ 取对数,再求其对所有 i 的平均值,记做 $\varphi^m(r)$,即:

$$\varphi^m(r) = \frac{1}{n-m+1} \sum_{i=1}^{n-m+1} \ln C_i^m(r)$$

⑤对 $m+1$,重复①—④的过程,得到 $\varphi^{m+1}(r)$;

⑥理论上此序列的近似熵为:

$$APEn(m,r) = \lim_{N\to\infty} [\varphi^m(r) - \varphi^{m+1}(r)]$$

一般而言,此极限值以概率 1 存在。但实际工作中 n 不可能为 ∞,当 n 为有限值时,按上述步骤得出序列长度为 n 时 $APEn$ 的估计值。记做:

$$APEn(m,r,n) = \varphi^m(r) - \varphi^{m+1}(r)$$

$APEn$ 的值与 m、r、n 的取值有关。根据工程上的经验,通常取 $m=2$,这样序列在联合概率下进行动态重构时,会含有更多的详细信息。对于参数 r 和 n 的选取,为使近似熵具有较为合理、有效的统计特性,并尽可能地减小伪差,可选 $r=0.2SD(u)$(SD 表示序列$\{u(i)\}$的标准差),选取 n 为 1 600,时间长度为 2 s,风机转动 10 个周期的数据点。

可以看出,当一个时间序列的维数 m 发生变化时,其产生新的序列的概率越大,则这个时间序列就越复杂。为确定一个时间序列在模式上的自相似程度大小,引入近似熵的定义。从理论上讲,变化情况越复杂的信号,近似熵应该越大,其信号的不规则性越复杂。此外,近似熵的计算过程只需较短的数据就可以估计出合理的数值,这是由于近似熵是从统计的角度来区别时间过程的复杂性的。近似熵不仅仅是一个非线性动力学参数,它大致相当于维数 m 变化时新模式出现的对数条件概率的均值,在衡量时间序列的复杂性方面具有一般意义。因此近似熵非常适用于风机振动等信号的各种故障工况。同时,当加入干扰的幅值高于相似容限时,噪声将保留;反之,被滤除。若时间序列中存在较大的瞬态干扰,在阈值检测中,由于干扰产生的野点与相邻数据组成的矢量与 $x(i)$ 的距离很大,因此将被滤除,所以近似熵在抗噪和抗干扰方面具有较大的优势。

综上可知,时域信号是故障诊断的最原始依据,包含着大量信息,更直观,易于理解。通过时域波形能够直接观测出信号中的周期性分量,但往往适用于典型的信号或故障特征明显的情况,因此,工程中常采用时域统计分析和相关分析的方法寻找故障特征。

在风电轴承故障诊断过程中,实际测量的振动信号往往是确定信号和随机信号的组合,对随机信号时域统计分析是以信号幅值为自变量研究信号的幅值特征,对信号的各种时域指标参数(如:平均值、方差、均方值、均方根值、偏斜度、峭度、概率密度等)进行计算,通过考察相应的动态性能指标,对故障作出判断。对于风电轴承振动信号而言,由于其具有非线性、非平稳、非高斯特性,单独的时域统计特征是针对信号全域的统计,对瞬时特征没有意义。

3.1.1　相关分析故障特征提取方法

相关性用来描述信号的相似或关联程度。相关分析可用来分析两个信号或某一信号发生时移前后的相互依赖或线性联系,包括互相关分析和自相关分析。在动态测试中,往往不可避免地存在各种噪声干扰,在微弱信号检测及机械振动分析过程中,通过相关分析能检测出有用信号,有效提高信噪比,还可通过自相关分析了解信号中是否包含有周期性成分。若平稳机械信号含有周期性成分,则其自相关函数中也含有周期性成分,并且其周期与信号周期相同[149,150]。

对随机信号 $x(t)$,按时间历程进行各次长时间观测记录的自相关函数为:

$$R_x(\tau)=\lim_{T\to\infty}\frac{1}{T}\int_0^T x(t)x(t+\tau)\mathrm{d}t \tag{3-1}$$

其中,τ 为延迟时间,T 为观测时间。

$R_x(\tau)$ 是 $x(t)x(t+\tau)$ 在观测时间 T 内的均值,它体现了时间历程 $x(t)$ 与 $x(t+\tau)$ 之间的相互关系,是一种相关性的数量描述。

对于离散信号,若某 t_i 时刻的样本值用 $x(i)$ 表示,n 个单位时移时间后($t_i+\tau$)时刻的样本值用 $x(i+\tau)$ 表示,则离散化计算公式可写作:

$$R(\tau)=\frac{1}{N-n}\sum_{i=0}^{N-n}x(i)x(i+\tau) \tag{3-2}$$

其中，n 为单位时移数，N 为数据采样点。

自相关函数是区别信号类型的有效手段。只要信号混有周期性成分，其自相关函数曲线不会随着时移 τ 的增大而衰减，具有明显周期性。若信号中不存在周期性分量，随 τ 值稍大，自相关函数曲线将趋于0。自相关函数曲线的收敛速度，能够在一定程度上反映信号的平缓程度，以及信号中包含各频率成分的多少。

3.1.2 相关分析故障特征提取方法仿真分析

3.1.2.1 仿真信号的自相关分析

用 Matlab 软件仿真一个与式(2-19)相同的正弦信号 $s(t)$，将其叠加随机白噪声信号 $z(t)$，构成含噪信号 $hz(t)$。将含噪信号 $hz(t)$ 截取 N = 1 024 个采样点，采样频率为 1 s。自相关分析图如图 3-1 所示。

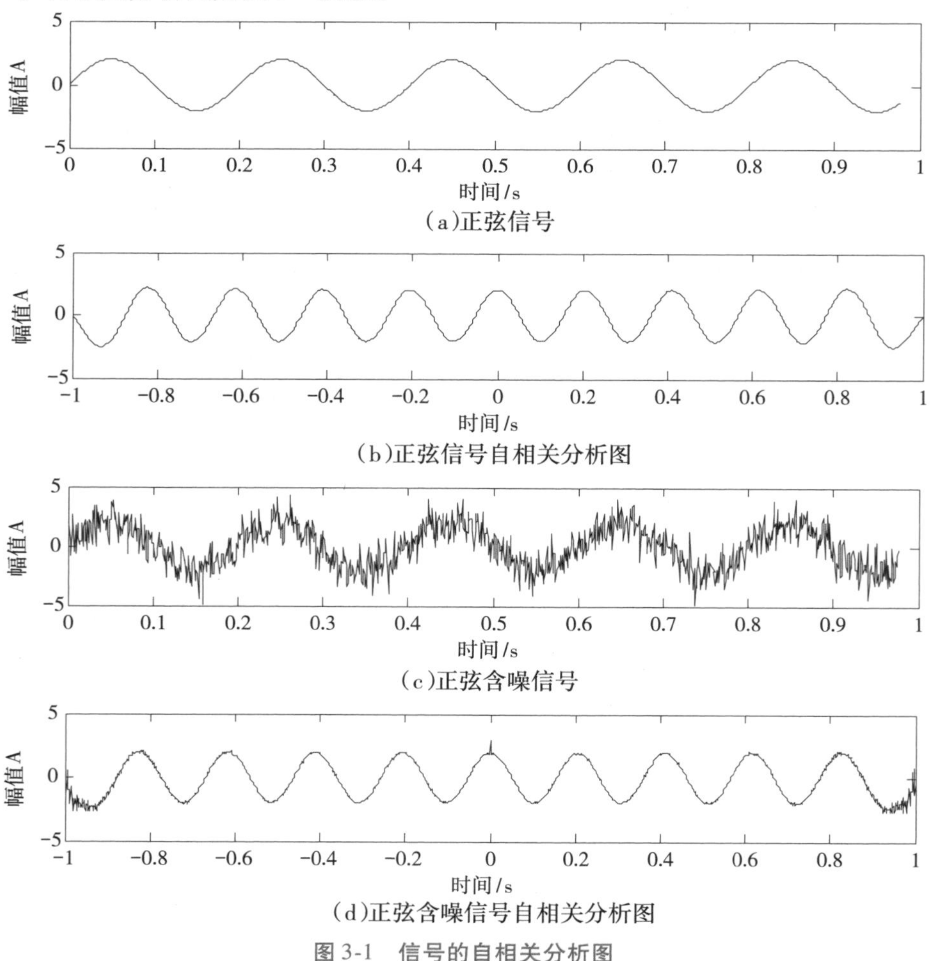

(a)正弦信号

(b)正弦信号自相关分析图

(c)正弦含噪信号

(d)正弦含噪信号自相关分析图

图 3-1 信号的自相关分析图

由图 3-1 可以看出，在自相关分析图中，信号中的周期性分量保持原来的周期不变，且幅值不会衰减。即自相关函数能够从含噪信号中获取周期性分量。

3.1.2.2　实测振动信号的自相关分析

采用美国凯斯西储大学电气工程实验室的滚动轴承故障模拟实验数据，从中选取与 2.3.2 节中相同的实验条件和实验数据进行双谱特征分析。

电机转轴由待测轴承支撑，驱动端和风扇端轴承均为深沟球滚动轴承，轴承结构及参数定义如图 3-2 所示。轴承型号、宽度和直径等具体参数如表 3-1 所示，6205 型和 6203 型轴承的滚动体个数分别为 9 个、8 个。

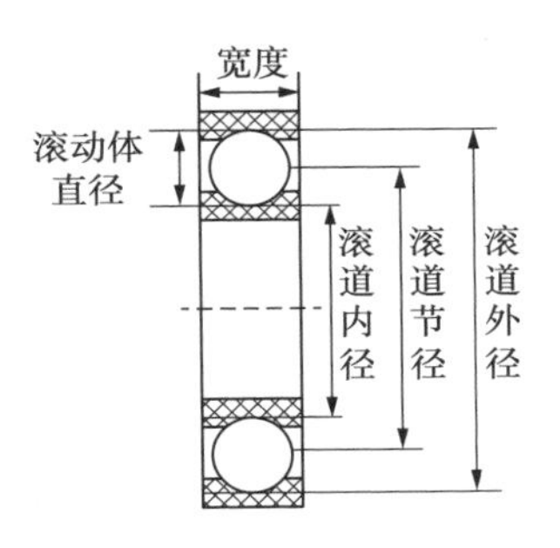

图 3-2　深沟球滚动轴承结构示意图

表 3-1　轴承振动测试相关参数　　单位：毫米

项目	轴承型号	宽　度	滚动体直径	内　径	节　径	外　径
驱动端	6 205	15	7.94	25	39.04	52
风扇端	6 203	12	6.75	17	28.5	40

振动信号由安置于风扇端、驱动端轴承座上方和机架上的多个加速度传感器进行多测点测量，由 16 通道的数据记录仪记录振动的加速度信号，采样频率为 12 kHz 和 48 kHz，分别在 1 797 转/分、1 772 转/分、1 750 转/分和 1 730 转/分的转速下进行实验。实验时，轴承故障是由电火花而产生的单点灼伤，灼伤直径分别有 0.016 mm、0.711 2 mm、0.533 4 mm、0.355 6 mm、0.177 8 mm 几种，灼伤点分别设置在 12 点、3 点、6 点三个位置。

选用驱动端 6025 型轴承在 1 797 转/分转速下，采集正常运行、内圈故障、外圈故障和滚动体故障四种状态下各 1 000 组振动信号数据样本，进行自相关分析，得到自相关图，如图 3-3—图 3-6 所示。

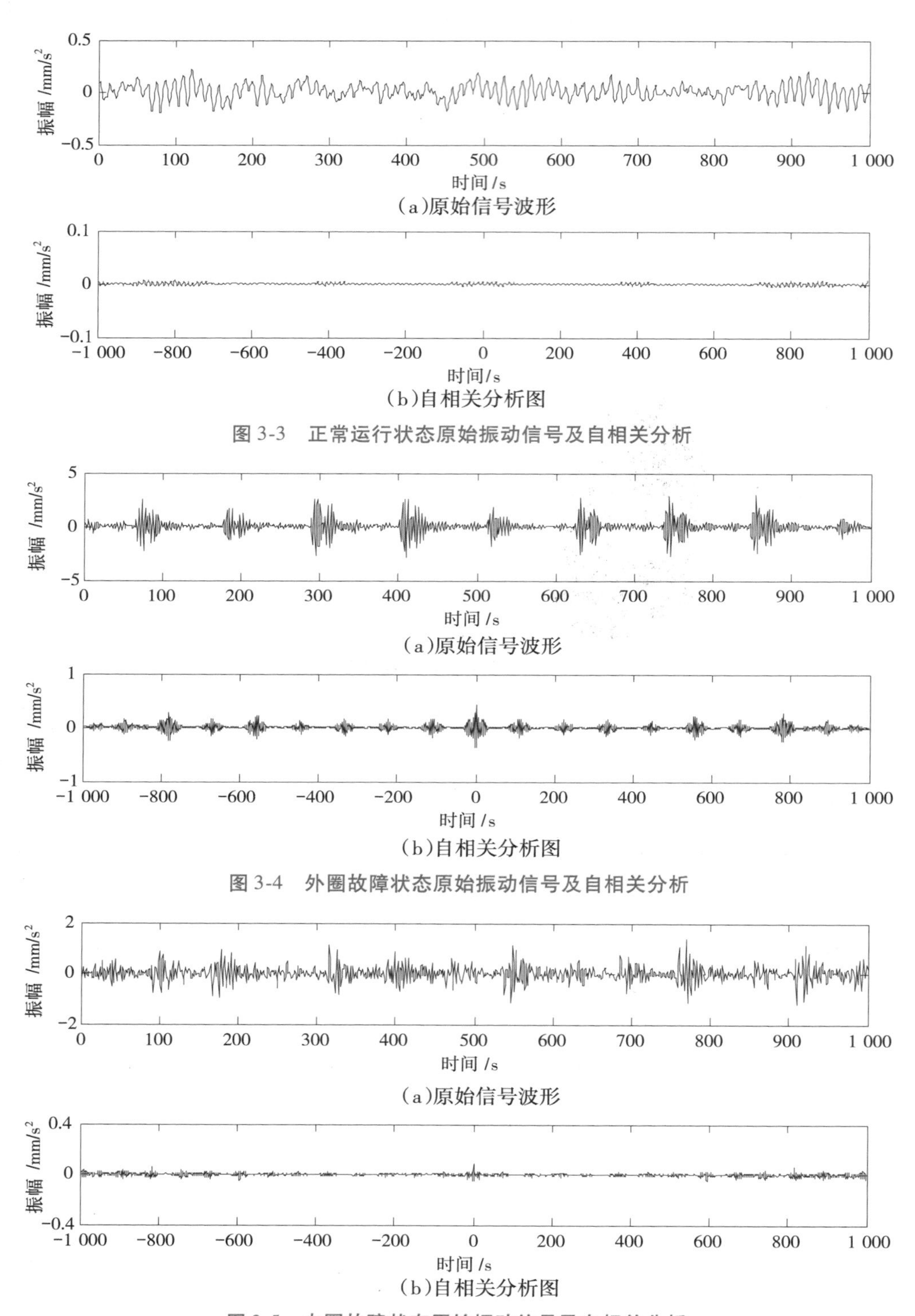

图 3-3　正常运行状态原始振动信号及自相关分析

图 3-4　外圈故障状态原始振动信号及自相关分析

图 3-5　内圈故障状态原始振动信号及自相关分析

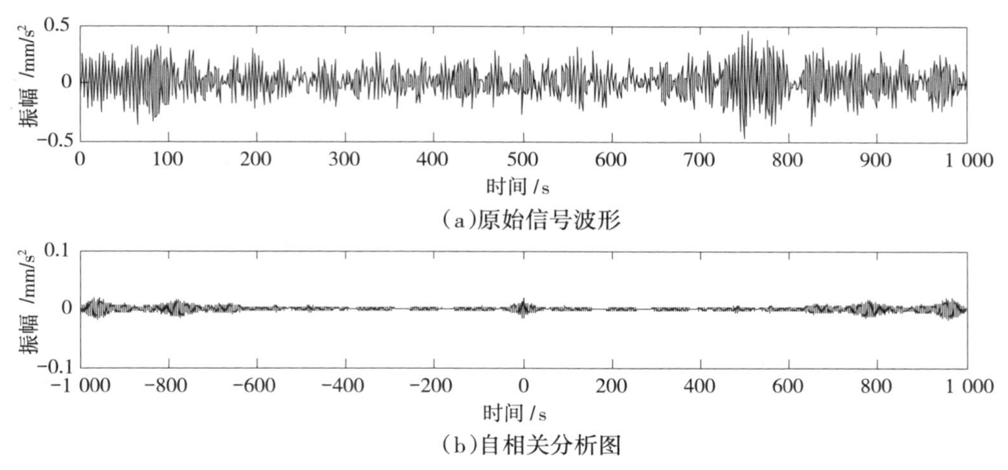

(a)原始信号波形

(b)自相关分析图

图 3-6　滚动体故障状态原始振动信号及自相关分析

由图 3-3 至图 3-6 可以看出，在自相关分析图中正常运行状态的振动信号基本无周期性分量，而外圈故障、内圈故障和滚动体故障的振动信号自相关性曲线都呈现了周期性，且振幅比正常运行状态时大很多。依据自相关分析，数据能够在测量信号中发现隐藏的周期分量，为进一步确定具体故障类型提供帮助。

3.2　频域故障特征提取方法

时域分析的缺陷是仅能反映信号的幅值随时间的变化情况，除了单频率分量的简谐波，难以揭示信号的频率组成及各频率分量的大小。为了获取更多信息，可将时域信号变换为频域信号进行分析得到其频谱。频谱是信号在频域上的重要特征，它能够反映信号的频率成分及其分布情况，它是一种信号特征更简练的描述，能够提供比时域波形更直观和丰富的信息[149,150]。

频域分析是信号分析中常用的一种方法，它借助傅里叶变换将时域信号转换到频域中，然后根据信号的频率分布特征和变化趋势来判断故障类型和故障程度。频域分析包括频谱分析、倒谱分析和包络分析等。频域信号处理方法是机械设备振动故障诊断的最重要的方法。如果仅在时域范围内进行故障振动信号特征值的提取，可能会因为时域内所反映出的信息量不足而难以诊断故障。信号在时域里所提取的信息特征值只能抽象地决定是否发生故障，偶尔也能提取到严重故障的特征值，但很难提取定位故障类型、故障部位及故障原因等。故时域内所提取的属性值通常只能用于设备的初步诊断和监测控制。对于设备监测和故障维修人员来说，知道设备故障仅仅是维修工作的初步阶段，更重要的是定位故障零件，判断发生何种类型故障，这样可以有目的性地去维护机组，消除故障、保障机组继续正常运行，或采取相应措施防止故障扩大化。因此，判断故障类型和判定故障部位在机组故障监测和故障诊断系统中是非常关键的，通常可以通过对故障信号进行频域分析，利用各种频域变换工具以频率为横坐标展开数值，从而得到特定的频率内所对应的幅值。这个对应的幅值和频率值与每个故障类型一一对应，这样就能提取到各种故障类型所对应的故障特征值，方便定位故障部位和判定故障类型[3]。

3.2.1　频域故障特征提取方法

傅里叶变换是振动分析的基本和重要工具。在工程现场采集到的信号通常是时域信号，采用傅里叶变换可实现信号时域和频域的相互转换。对于周期性信号，常采用傅里叶级数展开法进行分解，而非周期性信号采用傅里叶变换。

对于周期性信号 $x(t)$，依据傅里叶级数理论，将其展开为若干个简谐信号的叠加：

$$x(t) = a_o + \sum_{n=1}^{\infty}(a_n \cos n\omega_0 t + b_n \sin n\omega_0 t) = A_o + \sum_{n=1}^{\infty} A_n \sin(n\omega_0 t + \varphi_n) \tag{3-3}$$

其中，$A_0 = a_0$ 为静态分量；ω_0 为基波频率；$n\omega_0$ 为第 n 次谐波（$n=1,2,\cdots$）；$A_n = \sqrt{a_n^2 + b_n^2}$ 和 $\varphi_n = \arctan\dfrac{a_n}{b_n}$ 分别为第 n 次谐波的幅值和相位。

$$\begin{cases} a_0 = \dfrac{1}{T}\displaystyle\int_0^T x(t)\,\mathrm{d}t \\ a_n = \dfrac{2}{T}\displaystyle\int_0^T x(t)\cos n\omega_0 t\mathrm{d}t (n = 1,2,\cdots) \\ b_n = \dfrac{2}{T}\displaystyle\int_0^T x(t)\sin n\omega_0 t\mathrm{d}t \end{cases} \tag{3-4}$$

其中，T 是基本周期；ω_0 为基波频率；a_0、a_n、b_n 均为傅里叶级数的系数。

当周期信号 $x(t)$ 的周期 $T \to \infty$ 时，可看作非周期信号，其频谱是连续的，其傅里叶变换为：

$$X(\omega) = \int_{-\infty}^{+\infty} x(t)\,\mathrm{e}^{-j\omega t}\mathrm{d}t \tag{3-5}$$

时域信号的傅里叶变换能够真实反映不同频率谐波的振幅和相位。

对确定性的信号，特别是非周期的确定性信号，也常用能量谱来描述。而对于随机信号，由于持续期时间无限长，不满足绝对可积与能量可积的条件，其积分不能收敛，因此它的傅里叶变换是不存在的，无法像确定性信号那样用数学表达式进行精确描述，常用功率谱来描述。周期性的信号，也同样是不满足傅里叶变换的条件，常用功率谱来描述。

功率谱，也称功率谱密度，是用密度的概念表示信号功率在各频率点的分布情况，表示主要频率分量的功率对功率谱在频域上积分就可以得到信号的功率。功率谱分为自功率谱和互功率谱。自功率谱描述了信号的频率结构，能够反映振动能量在各频率上的分布情况，常用来确定结构或机械设备的自振特性，还可根据自功率谱的变化进行故障的判断和分析。

信号 $x(t)$ 的自功率谱密度函数的定义为：

$$S_x(\omega)=\int_{-\infty}^{+\infty}R_x(\tau)\mathrm{e}^{-j\omega\tau}\mathrm{d}\tau \tag{3-6}$$

$$R_x(\tau)=\lim_{T\to}\frac{1}{T}\int_0^T x(t)x(t+\tau)\mathrm{d}t$$

其中，$R_x(\tau)$ 为信号的自相关函数。

信号在某一频率的能量强度叫作能量谱密度，它是信号傅里叶变换谱 $X(\omega)$ 的平方，即 $|X(\omega)|^2$。类似的，也可以以均方根谱、对数谱、相位谱、尺度谱等频谱来表示信号的频率特征。

3.2.2　频域故障特征提取方法仿真分析

3.2.2.1　仿真信号的频谱分析

用 Matlab 软件仿真一个与式(2-19)相同的正弦信号 $s(t)=A\sin(wt+\varphi)$，其中 $A=2,w=10\pi,\varphi=3$。将 $s(t)$ 叠加白噪声信号 $z(t)$，构成含噪信号 $hz(t)$。正弦信号 $s(t)$ 及含噪信号 $hz(t)$ 的时域波形、幅频谱、均方根谱、功率谱、对数谱如图 3-7 和图 3-8 所示。

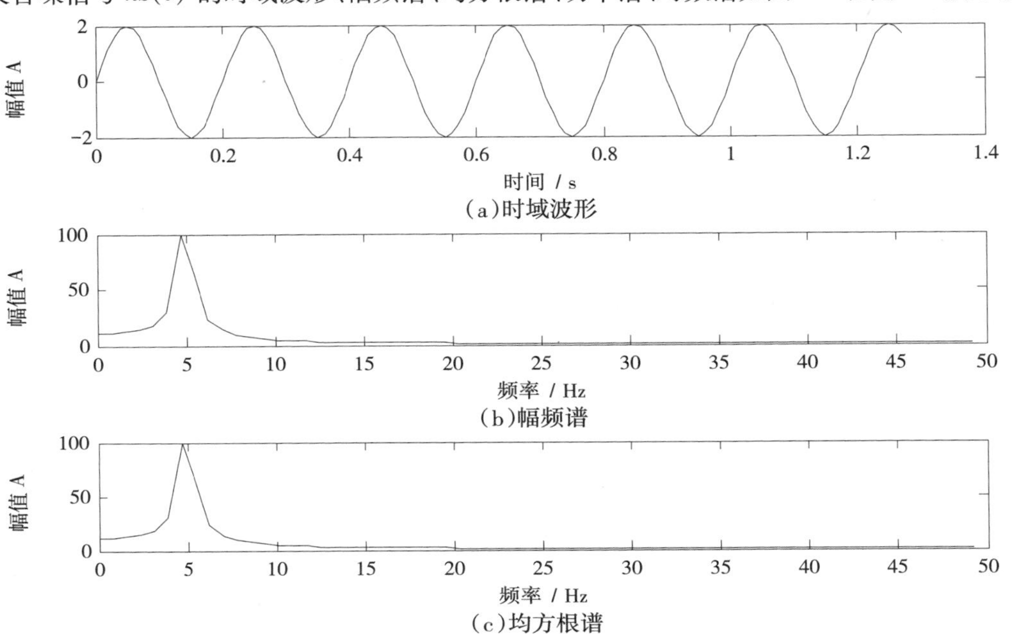

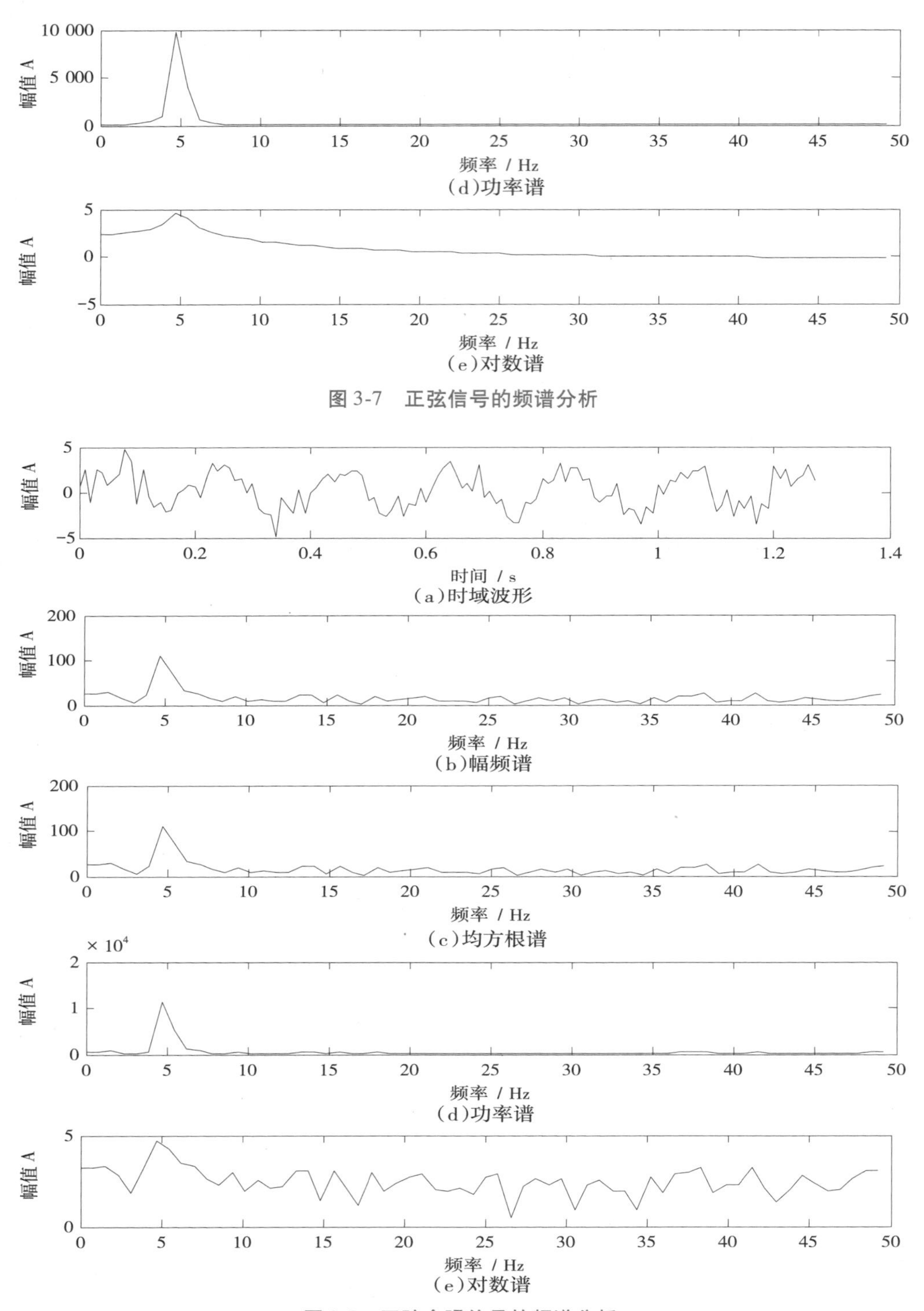

图 3-7　正弦信号的频谱分析

图 3-8　正弦含噪信号的频谱分析

由图 3-7 和图 3-8 中正弦信号及其含噪信号的各种频谱图可以看出，周期性信号经频谱分析后，能够识别出信号的频率，在频谱图中有明显的峰值，出现在 5 Hz 处，由此表征周期性信号的频率分量。

3.2.2.2　实测振动信号的频谱分析

以 3.1.2.2 节中的实验数据，进行频谱分析。对原始振动信号进行傅里叶变换，得到其频谱图，如图 3-9 所示，相应的功率谱图如图 3-10 所示。由公式计算可得：

轴承回转频率为：$f_r = \dfrac{r}{60} = 29\ \text{Hz}$

外圈故障特征频率：$f_w = \dfrac{r}{60} \cdot \dfrac{1}{2} \cdot n\left(1 - \dfrac{d}{D} \cdot \cos\alpha\right) = 104\ \text{Hz}$

内圈故障特征频率：$f_n = \dfrac{r}{60} \cdot \dfrac{1}{2} \cdot n\left(1 + \dfrac{d}{D} \cdot \cos\alpha\right) = 158\ \text{Hz}$

滚动体故障特征频率：$f_g = \dfrac{r}{60} \cdot \dfrac{1}{2} \cdot \dfrac{D}{d}\left[1 - \left(\dfrac{d}{D}\right)^2 \cdot \cos^2\alpha\right] = 69\ \text{Hz}$

从图 3-9 和图 3-10 的频谱分析图可以看出，三种故障在［80，120］Hz 中频段都存在多种频率成分；滚动体故障和内圈故障在［0，80］Hz 低频段也富含较多频率成分，内

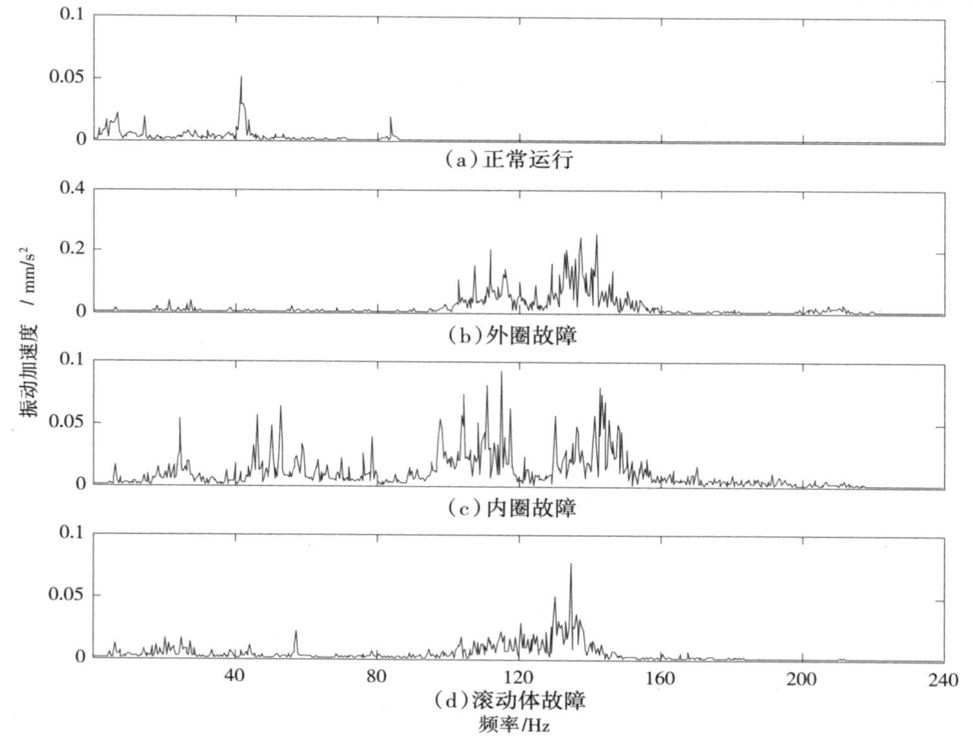

图 3-9　振动信号的傅里叶变换频谱图

圈故障在该频段幅值相对较大;正常运行状态在[0,20] Hz 低频段及 80 Hz 频率附近有较强干扰。引起上述现象的主要原因是轴承运行过程中的强噪声,它们在很大程度上将信号的真实故障信息淹没,难以有效表达故障特征。

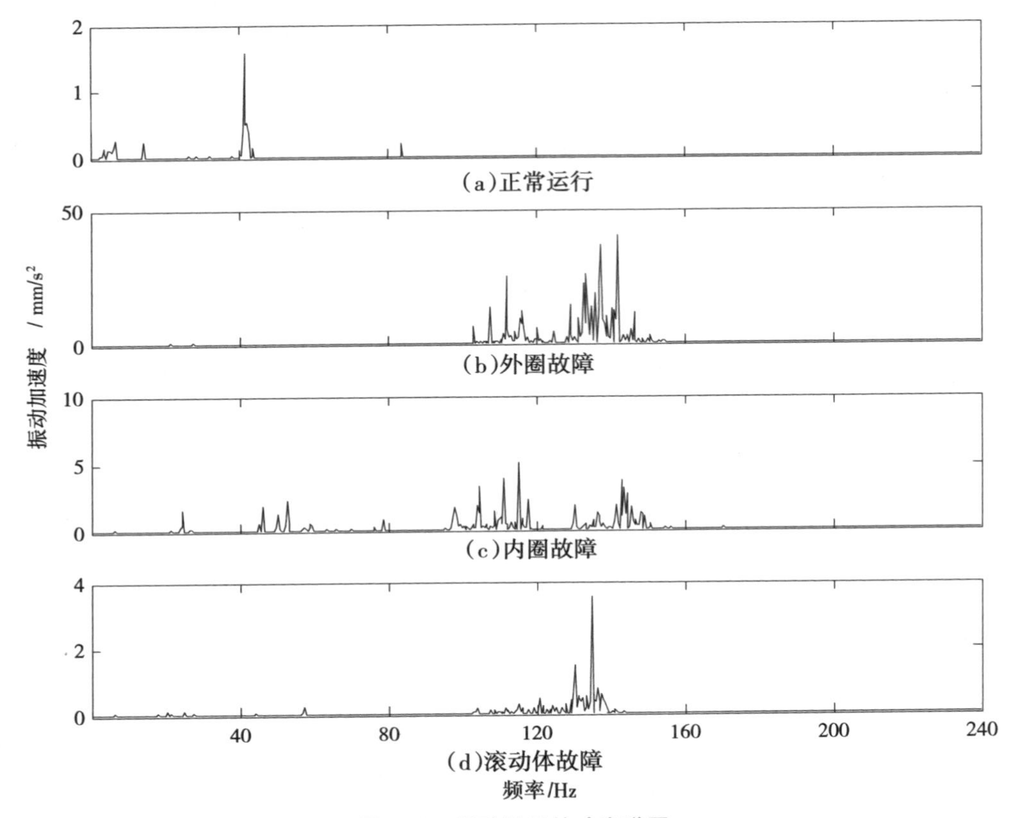

图 3-10 振动信号的功率谱图

功率谱表明了信号功率在频域的分布状况,将图 3-10 与图 3-9 对比分析可看出,傅里叶变换的频谱图中的混沌现象比功率谱严重许多。但外圈、内圈、滚动体故障的功率谱尖峰基本都分布于[80,160] Hz 范围的中频段,因此单纯凭借频谱图很难实现对各类故障的区分。

3.3 基于小波变换谱分析的故障特征提取方法

对于时域或频域的振动信号,其故障特征参数的幅值和频率对故障不敏感,而只与故障的类型有关。且单独的时域或频域统计特征是针对信号全域的统计,对瞬时特征没有意义。因此对于轴承振动信号这样的非线性、非平稳信号,单纯的时域或频域分析方法不能胜任。时频分析即时频联合域分析的简称,时频分析方法提供了时间域与频率域的联合分布信息,清楚地描述了信号频率随时间变化的关系。时频分析的主要方法包括窗口傅里叶变换(Gabor 变换)、连续小波变换、Wigner-Ville 分布、希尔伯特黄变换。基于小波变换的谱分析能够反映信号的时频信息,被广泛应用于非平稳信号的分析。

3.3.1　基于小波变换谱分析方法

依据式(2-3)和式(2-4)的小波变换公式,对于信号 $x(t)$,其尺度谱可定义为:

$$S(a,b;\psi) = W(a,b;\psi)W^*(a,b;\psi) = |W(a,b;\psi)|^2 \tag{3-7}$$

其中,$a,b \in R$,且 $a \neq 0$。称 a 是伸缩因子,b 是平移因子,ψ 为小波基。

当选择的小波函数为复函数时,其小波变换能够提供信号的相位信息,相位谱定义为:

$$P(a,b;\psi) = \arctan\frac{\text{Im}[W(a,b;\psi)]}{\text{Re}[W(a,b;\psi)]} \tag{3-8}$$

信号在尺度 a 时的能量值,即尺度 a 上的能量临界密度函数,称为小波能谱。其定义为:

$$W(a) = \int_{-\infty}^{\infty} W(a,b;\psi)W^*(a,b;\psi)\,\text{d}b \tag{3-9}$$

3.3.2　基于小波变换谱分析的故障特征提取方法仿真分析

3.3.2.1　仿真信号的小波变换谱分析

与前两节一致,选用式(2-19)的正弦信号 $s(t) = 2\sin(2\pi * 5t + 3)$ 进行仿真分析,其尺度谱、相位谱和能谱如图 3-11 和图 3-12 所示。

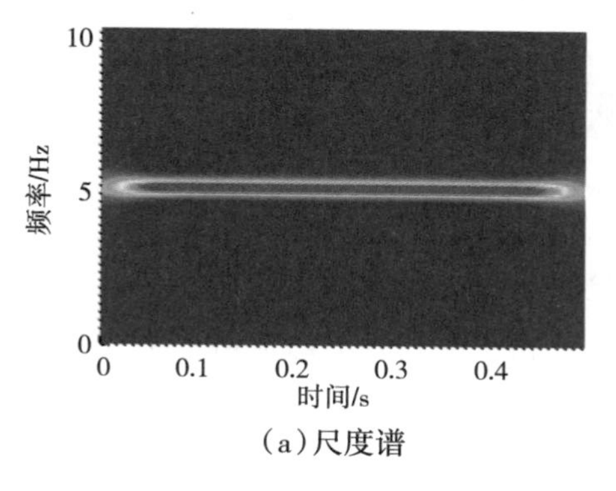

(a)尺度谱

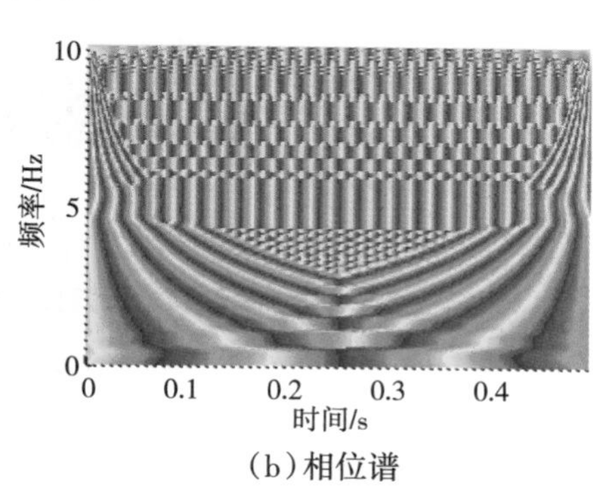

(b)相位谱

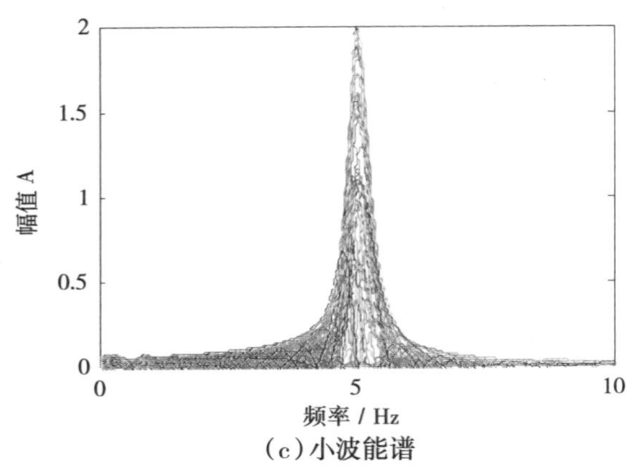

(c)小波能谱

图 3-11　正弦信号的小波时频谱图

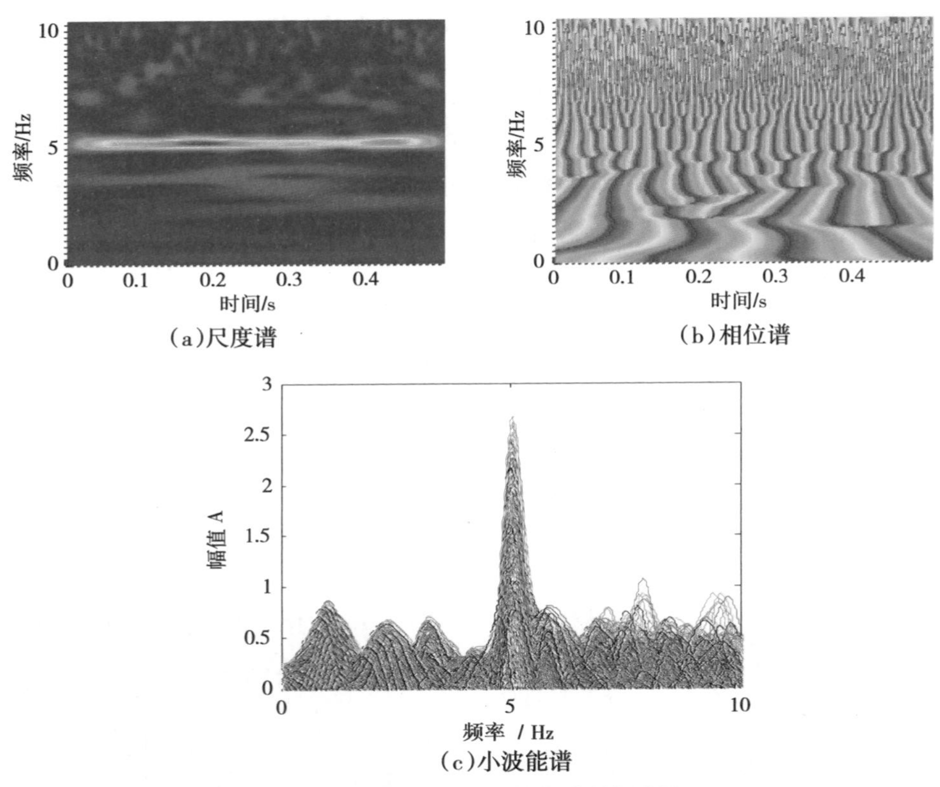

(c)小波能谱

图 3-12　正弦含噪信号的小波时频谱图

由图 3-11 和图 3-12 可以看到,小波尺度谱、相位谱和能谱都保留了小波变换的所有特性。尺度谱在信号频率附近的频域有较好的集中性,相位谱上的每条窄带宽度反映了信号在对应时间区域的周期。当频率为零时,窄带的宽度即为信号的长度,当频率增大时,窄带出现分裂,直至其宽度与频率成分的周期匹配。小波能谱相当于平滑的功率谱,从能谱图能够很方便地看出信号能量随频率变化的分布情况。

3.3.2.2　实测信号的小波变换谱分析

与前两节一致,以 3.1.2.2 节中的实验数据进行仿真分析,其小波尺度谱、相位谱和能谱如图 3-13—图 3-15 所示。

由图 3-13 和图 3-15 可以看到,正常运行状态时振动信号的尺度谱在低频段 20 Hz、60 Hz 附近有较好的集中性,外圈故障、内圈故障和滚动体故障的尺度谱主要集中于[120,200] Hz,因此易于区分正常运行和故障运行,但对于具体故障位置难以区分。从相位谱和能谱图上也反映出相似的情形。

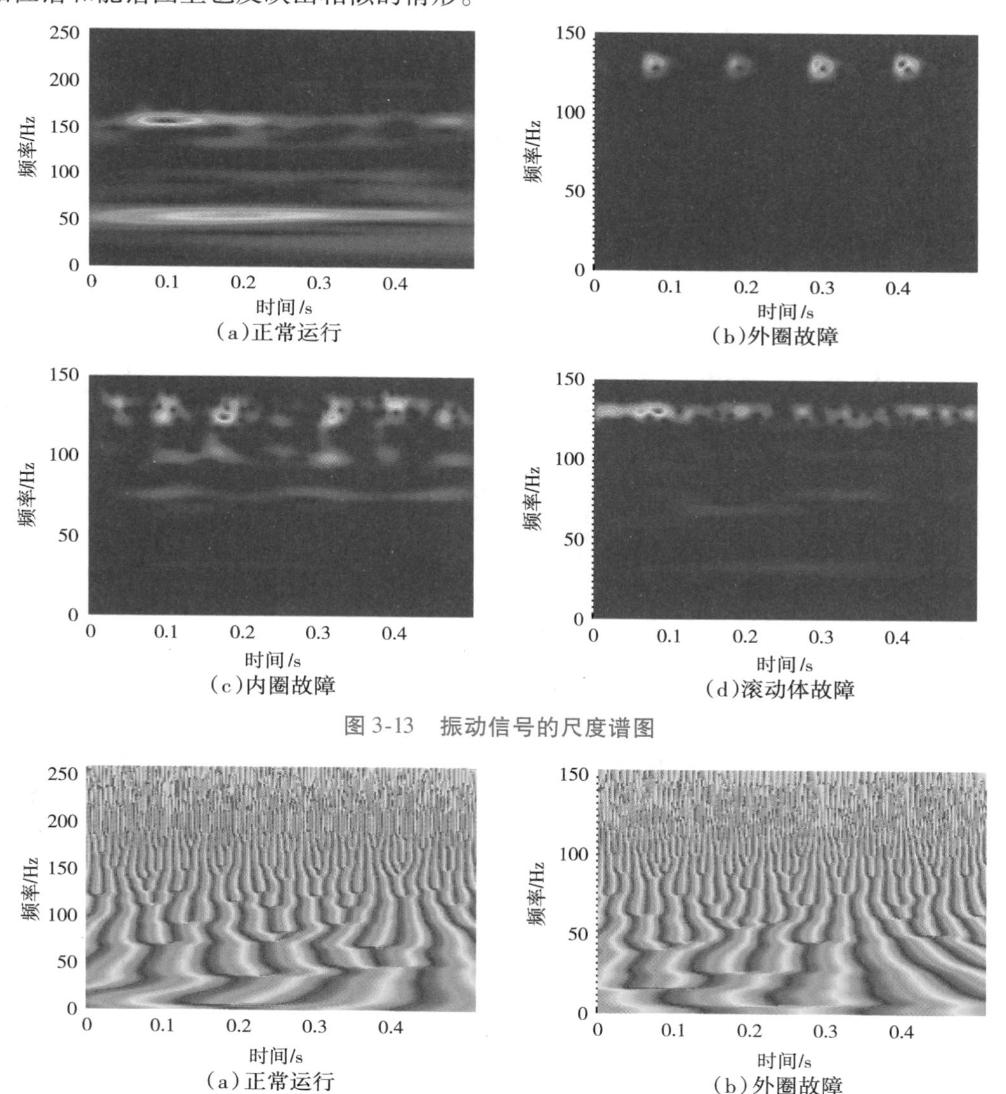

图 3-13　振动信号的尺度谱图

(a)正常运行　(b)外圈故障

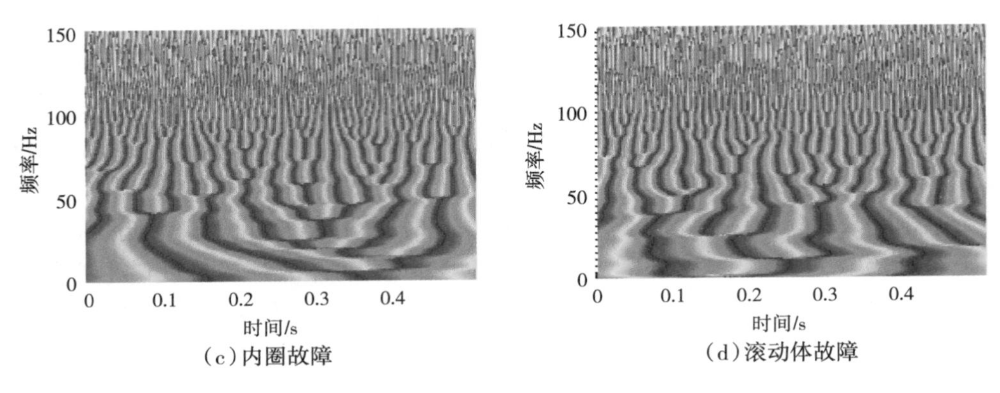

(c)内圈故障　(d)滚动体故障

图 3-14　振动信号的相位谱图

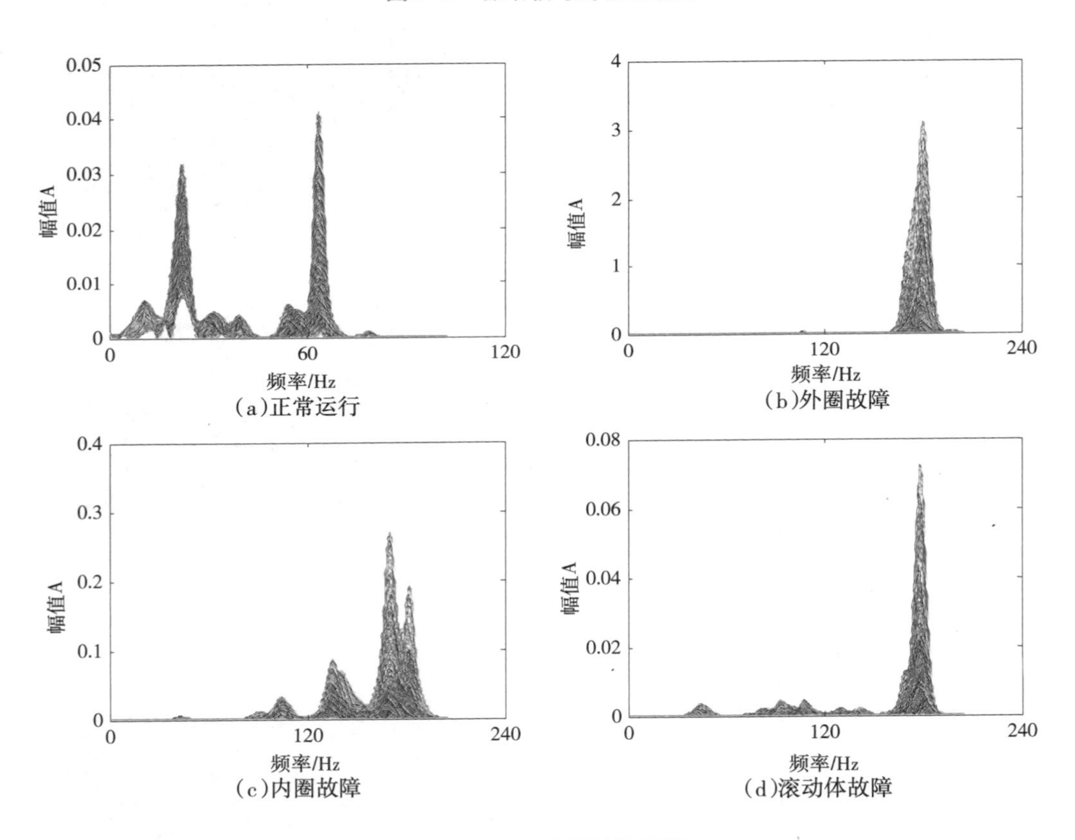

(a)正常运行　(b)外圈故障

(c)内圈故障　(d)滚动体故障

图 3-15　振动信号的能谱图

3.4 EMD 故障特征提取方法

3.4.1 EMD 故障特征提取方法

基于经验模态分解(Empirical Mode Decomposition, EMD)的时频分析方法,是一种优秀的时频信号分析方法,属于自适应时频分析的一种方法,最早是由美国国家宇航局的 Huang 提出的,称之为希尔伯特黄变换(Hilbert-Huang Tansformation, HHT),并认为 HHT 是二百年来对以傅里叶变换为基础的线性和稳态谱分析的一个重大突破。基于 EMD 的时频分析方法特别适合于非线性、非平稳信号的分析,也适合于线性、平稳信号的分析,并且对于线性、平稳信号的分析能够比其他时频分析方法更好地反映信号的物理意义。该方法既适用于长数据序列又适用于短数据序列的分析。

基于 EMD 的时频分析方法的最大特色是通过信号的 EMD 分解,使非平稳信号平稳化,从而使瞬时频率有意义,进而导出有意义的希尔伯特时频谱。

3.4.1.1　EMD 方法的基本原理

经验模式分解的实质是将一个多频率成分的信号分解为一系列的本征模函数,每个本征模函数是对一个相应的单频率成分信号的近似。从每个本征模函数上,可获得信号具有物理意义的瞬时频率,从而克服了傅里叶变换只能给出信号全局意义上的频率。

基于 EMD 的时频分析主要由两个步骤组成:首先,对时间序列数据进行 EMD,分解成本征模函数(Intrinsic Mode Function, IMF)组;然后对每个本征模函数进行希尔伯特变换再组成时频谱图进行分析。EMD 方法把一个信号进行平稳化处理,将信号中不同尺度的波动或趋势逐级分解开来,产生一系列具有不同特征尺度的数据序列,每一个序列即为一个本征模函数分量。所谓本征模函数,必须满足两个条件:①对于一列数据,极值点和过零点数目必须相等或至多相差一点;②在任意点,由局部极大点构成的包络线和局部极小点构成的包络线的平均值为零。对这些本征模函数进行希尔伯特变换便可得到信号的时频谱图,谱图能准确地反映出系统原有的特性。EMD 分解的最大优点是使希尔伯特变换后的瞬时频率具有物理意义,为非平稳信号进行有意义的希尔伯特变换起到了桥梁作用[151]。

由 Long 等所报道的简单的希尔伯特变换,在任意时间点上,数据可能包含多个波动模式,不能完全表征一般数据的频率特性。为了能把一般数据分解成本征模函数,Huang 等提出了 EMD 方法,能对非稳态的数据进行平稳化处理,并且与希尔伯特变换相结合获得时频谱图,所以这种方法能处理非稳态和非线性数据。与小波分解和以前的自适应时频分解等方法相比,这种方法是直观的、直接的、后验的和自适应的,因为基函数由数据本身所分解得到。

EMD 分解方法建立在以下的假设上:①信号至少有两个极值点,一个最大值和一个最小值;②特征时间尺度是通过两个极值点之间的时间定义;③若数据缺乏极值点但有变形点,则可通过数据微分一次或几次获得极值点,然后再通过积分来获得分解结果。

这种方法的本质是通过数据的特征时间尺度来获得本征波动模式,然后分解数据。根据 Drazin 的经验,有两种方法能直接区分不同尺度的波动模式:观察依次交替出现的极大、极小值点间的时间间隔;或观察依次出现的过零点的时间间隔。交织的局部极值点和过零点形成了复杂的数据:一个波动骑在另一个波动上,同时它们又骑在其他的波动上,依此类推,每个波动都定义了数据的一个特征尺度,这个特征尺度是内在的。采取依次出现的极值点间的时间作为本征波动模式的时间尺度,该方法对波动模式不但有更高的分辨率,而且能应用于非零均值的数据,例如没有过零点的,全部数据点是正的或负的数据。为了把各种波动模式从数据中提取出来,通常使用 EMD 方法经验模态分解,或形象地把这一过程称为"筛",该方法描述如下:

①分解方法可以分别用局部极大值和极小值的包络来进行。找出原数据序列 $x(t)$ 所有的极大值点并用三次样条插值函数拟合形成原数据的上包络线;同样,找出所有的极小值点,并通过三次样条插值函数拟合形成数据的下包络线,上包络线和下包络线的均值记作 m_1,将原数据序列 $x(t)$ 减去该平均包络 m_1,得到一个新的数据序列 h_1,即:

$$x(t) - m_l = h_1$$

在理想的情况下,h_1 应是一个本征模函数,但实际上,包络的拟合过冲(overshot)和不足(undershot)是很普遍的,这样就会产生新的极值点,移位或放大已存在的极值点。

对于非线性数据来说,包络平均并不等于局部平均。因此,有些数据无论经过多少次"筛"的过程,一些非对称的波形依旧存在,这主要是由于采用包络平均这个近似的方法所造成的。

除了这些理论上的困难外,在实际操作时,由于三次样条插值的端点处极值不确定引起的端点效应在端点处会产生很大的摆动,并且随着"筛"的过程,这些摆动会由端点逐渐向内传递甚至"污染"整个数据,尤其对于分解出来的低频组分来说,问题更加严重。

即使存在这些问题,Huang 等通过实际工作表明,"筛"的过程还是能把数据中内在的波动尺度分解出来。

②为了去除骑波和使数据更加对称,"筛"的过程必须多次进行。在第二次"筛"的过程中,把第一次的 h_1 看作数据,m_{11} 为 h_1 的包络平均,"筛"的过程表达为:

$$h_1 - m_{11} = h_{11}$$

第二次“筛”后，结果会得到一定程度的改善，但还有可能有局部极大值在零点以下，须继续下一次“筛”的过程，可以重复进行 k 次“筛”的过程，直到第 k 次的 k_{jk} 是本征模函数，表达为：

$$h_{1(k-1)} - m_{jk} = h_{jk}$$

把 h_{jk} 记作：$c_1 = h_{jk}$

这样就把第一个本征模函数组分 c_1 从原数据中提取出来了。

“筛”的过程有两个效果：一是去除骑波，使瞬时频率有意义；二是平滑不平稳的振幅，使两个相邻的波形振幅变化不会有太大的不同。然而，当第二个效果发挥到极致时，会去除有意义的振幅波动。为了保证本征模函数有较好的物理意义，必须定义使“筛”的过程停止的条件，这可以通过计算两个依次“筛”出的 $h_{1(k1)}(t)$ 和 $h_{1k}(t)$ 的标准差 SD 的值来定义：

$$\mathrm{SD} = \sum_{t=0}^{r} \frac{|h_{1(k1)}(t) - h_{1k}(t)|^2}{h_{1(k1)}^2(t)}$$

Huang 建议标准差 SD 的值取 0.2 ~0.3 时就停止“筛”的过程。若这两个“筛”出函数进行傅里叶变换后的区别是相当于 1 024 个点只移动了 5 点，因此，取 SD 在 0.2 ~0.3 是一个较严格的条件。

③由上面“筛”的过程可以看出，本征模函数 c_1 包含了原信号数据的最小尺度或最短周期成分。把原数据 $x(t)$ 减去第一个本征模函数 c_1 则得到残余 r_1：

$$x(t) - c_1 = r_1$$

若残余 r_1 还包含一些长周期的组合，那就把它作为一个新的数据进行如上所述的“筛”的过程，这样不断重复便可得：

$$r_1 - c_2 = r_2, \cdots, r_{n-1} - c_n = r_n$$

上述分解的过程可由以下条件停止：若残余 r_1 分解成一个单调函数则停止。因为单调函数不能再分解出本征模函数。即使数据是零均值的，分解最后的残余 r_n 也可能不为零，若数据具有趋势，则残余 r_n 就是趋势项。

最终，一个信号 $x(t)$ 被分解为若干本征模函数分量和残余量之和：

$$x(t) = \sum_{i=1}^{n} c_i(t) + r_n(t) \tag{3-10}$$

其中，$c_i(t)$ 为第 i 个本征模函数，$r_n(t)$ 为残余项。

这样，就把一个数据分解成本征模函数组和残余量之和。在具体应用中，数据并不需要零均值，因为 EMD 方法只需要各个极值点。每个本征模函数的局部零均值由“筛”的过程自动产生，这样，用 EMD 方法便可处理非零均值的有大的直流成分的数据。

3.4.1.2　EMD 方法的算法

由 EMD 方法的基本原理进行总结可得 EMD 方法的算法描述如下：

①初始化：$r_0(t)=x(t)$，$i=1$；

②获得第 i 个 IMF：

a. 初始化：$h_0(t)=r_i(t)$，$j=1$；

b. 找出 $h_{j-1}(t)$ 的局部极值点；

c. 对 $h_{j-1}(t)$ 的极大和极小值点分别进行插值，形成上下包络线；

d. 计算上下包络线的平均值 $m_{j-1}(t)$；

e. 计算 $h_j(t)=h_{j-1}(t)-m_{j-1}(t)$；

f. $\sum_{t=0}^{T}\frac{|h_j(t)-h_{j-1}(t)|^2}{h_j(t)^2}\leqslant 0.3$，则 $c_i(t)=h_j(t)$；否则 $j=j+1$，转到②；

③计算 $r_i(t)=r_{i-1}(t)-c_i(t)$；

④若 $r_i(t)$ 极值点数不少于 2 个，则 $i=i+1$，转到(2)；否则，分解结束，$r_i(t)$ 是残余分量。

在 EMD 算法中，$x(t)$ 为输入的随时间变化的信号，$c(t)$ 和 $h(t)$ 都为一维向量。

3.4.1.3 EMD 方法的完备性和正交性

所谓信号分解方法的完备性，就是把分解后的各个分量相加就能获得原信号的性质。通过 EMD 的过程，方法的完备性已给出，如式(3-10)所示。同时通过把分解后的本征模函数组和残余量相加后与原信号数据的比较也证明 EMD 方法是完备的。

EMD 分解后的各个本征模函数是正交的，但直到现在，也未能从理论上进行严格地证明。本征模函数间的正交性可以通过后验的数学方法给出。

将式(3-10)改写为：

$$X(t)=\sum_{i=1}^{n+1}c_i$$

该式把残余量 r_n 作为一个附加的组分 c_{n+1}。两边平方得：

$$X^2(t)=\sum_{i=1}^{n+1}c_i^2(t)+2\sum_{i=1}^{n-1}\sum_{j=1}^{n+1}c_i(t)c_j(t)$$

若分解是正交的，则其右边交叉项必须为零。这样，对于信号 $x(t)$ 的正交性指标可定义为：

$$IO=\sum_{t=0}^{T}\left(\sum_{i=1}^{n-1}\sum_{j=1}^{n+1}c_i(t)c_j(t)/X^2(t)\right)$$

Huang 经过大量的数字实验验证指出，一般的数据正交性指标不超过 1%，对于一些很短的数据序列，极限情况下可能达到 5%。数据的正交性和 EMD 分解的方法好坏密切相关。

3.4.2　EMD 故障特征提取方法仿真分析

3.4.2.1　仿真信号的 EMD 分析

用 Matlab 软件仿真一个正弦信号 $s(t)$：

$$s(t) = 20\ \sin(20\pi t) + 10\ \sin(70\pi t) + 8\ \sin(160\pi t) \tag{3-11}$$

将信号 $s(t)$ 截取 N = 1 024 个采样点，采样频率为 1 s，进行 EMD 仿真分析，其时域波形和各本征模函数如图 3-16 所示。

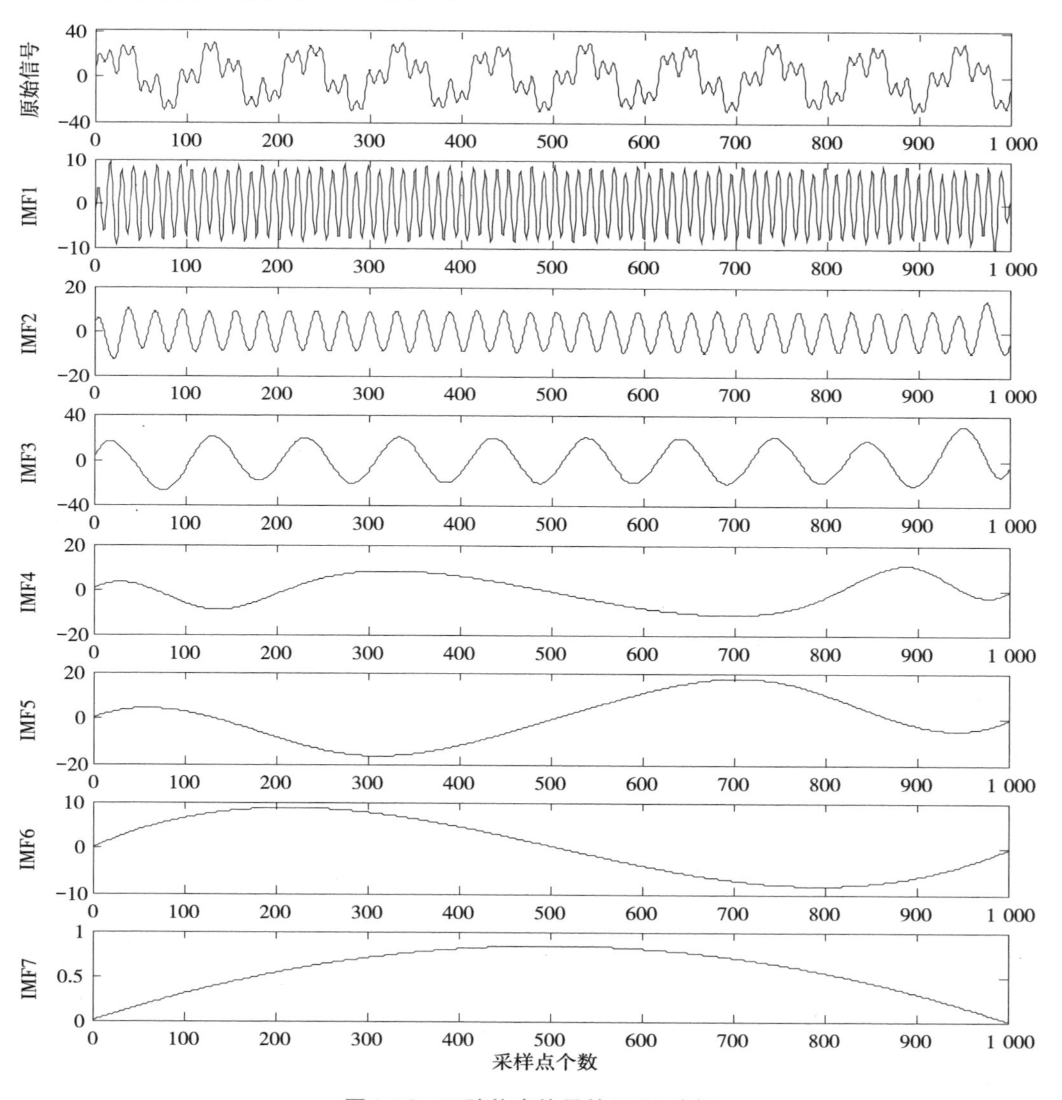

图 3-16　正弦仿真信号的 EMD 分解

从图 3-16 中正弦信号 $s(t)$ 的时域波形可以看出，其频率结构较简单，包含三个正弦分量。从 EMD 分解结果可以看出，信号被分解得到 7 个本征模值分量，其中 IMF1、IMF2 和 IMF3 分别对应 $s(t)$ 中的 80 Hz、35 Hz、10 Hz 三个频率成分分量，其余 IMF 都是假的本征模分量。由前三个本征模函数 IMF1、IMF2 和 IMF3 叠加合成的信号为 $s'(t) = \mathrm{IMF1}(t) + \mathrm{IMF2}(t) + \mathrm{IMF3}(t)$，如图 3-17 所示。

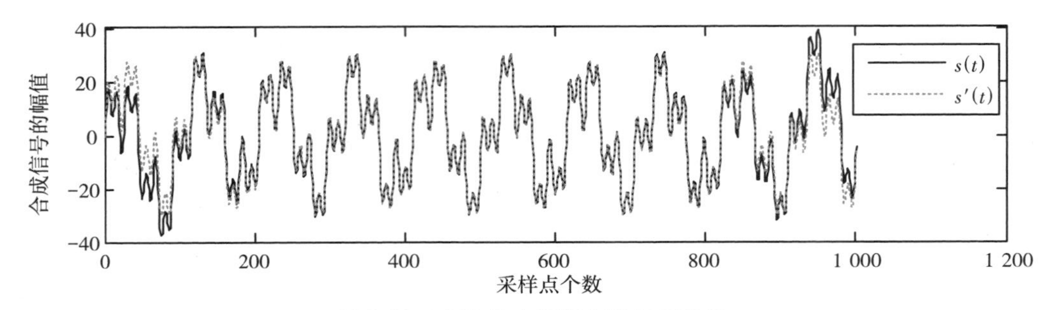

图 3-17　EMD 的本征模函数复原信号

由图 3-17 可见，选择能够表征原始信号频率特征的三个本征模分量对原始信号进行复原，效果良好。一般来说每个经验模式分解得到的本征模分量都是有意义的，因为它们的特征尺度是有意义的。但是，一些尺度下的现象是间歇发生的，一些本征模分量就会包含两个或两个以上的尺度属性。因此，经验模式分解的物理意义只能是来自全部本征模分量的谱。

在图 3-16 中，IMF4 ~ IMF7 都是假的本征模分量，它们是由求信号的上、下包络线时的端点振荡而引发的。在 EMD 分解过程中，获取信号准确的上、下包络线极其重要，当用三次样曲线对信号进行上、下包络时，不能保障信号的左右端点恰好是局部极值，因此信号的上、下包络线会在端点处产生较大波动，分解出的本征模函数出现失真。若这些假的本征模分量不被剔除，势必将误导对信号的准确分析。$s(t)$ 只是一个简单的信号，对于风电机组轴承振动实际测试信号这样的复杂信号，端点效应的问题将更为突出。因此，非常有必要将这些虚假的本征模分量剔除。可以本征模分量与原始引号的相关系数为指标，设定阈值来判定真实分量和虚假分量。图 3-16 中的 7 个本征模分量 IMF1 ~ IMF7 与原始正弦信号 $s(t)$ 的相关系数如表 3-2 所示。

表 3-2　7 个本征模分量与原始信号间的相关系数

本征模分量	IMF1	IMF2	IMF3	IMF4	IMF5	IMF6	IMF7
相关系数	0. 370 3	0. 404 8	0. 822 5	0. 004 8	0. 003 5	0. 004 2	0. 038 5

由表 3-2 中的相关系数可以看出，只有前三个本征模分量与原始信号具有很好的相关性，而其余四个本征模分量与原始信号的相关性很差，应将其剔除，加进残差量中。

3.4.2.2　实测振动信号的 EMD 分析

与前两节一致，以 3.1.2.2 节中的实验数据进行 EMD 方法仿真分析，结果如图 3-18—图 3-21 所示，相应的本征模分量与原始信号的相关系数如表 3-3—表 3-6 所示。

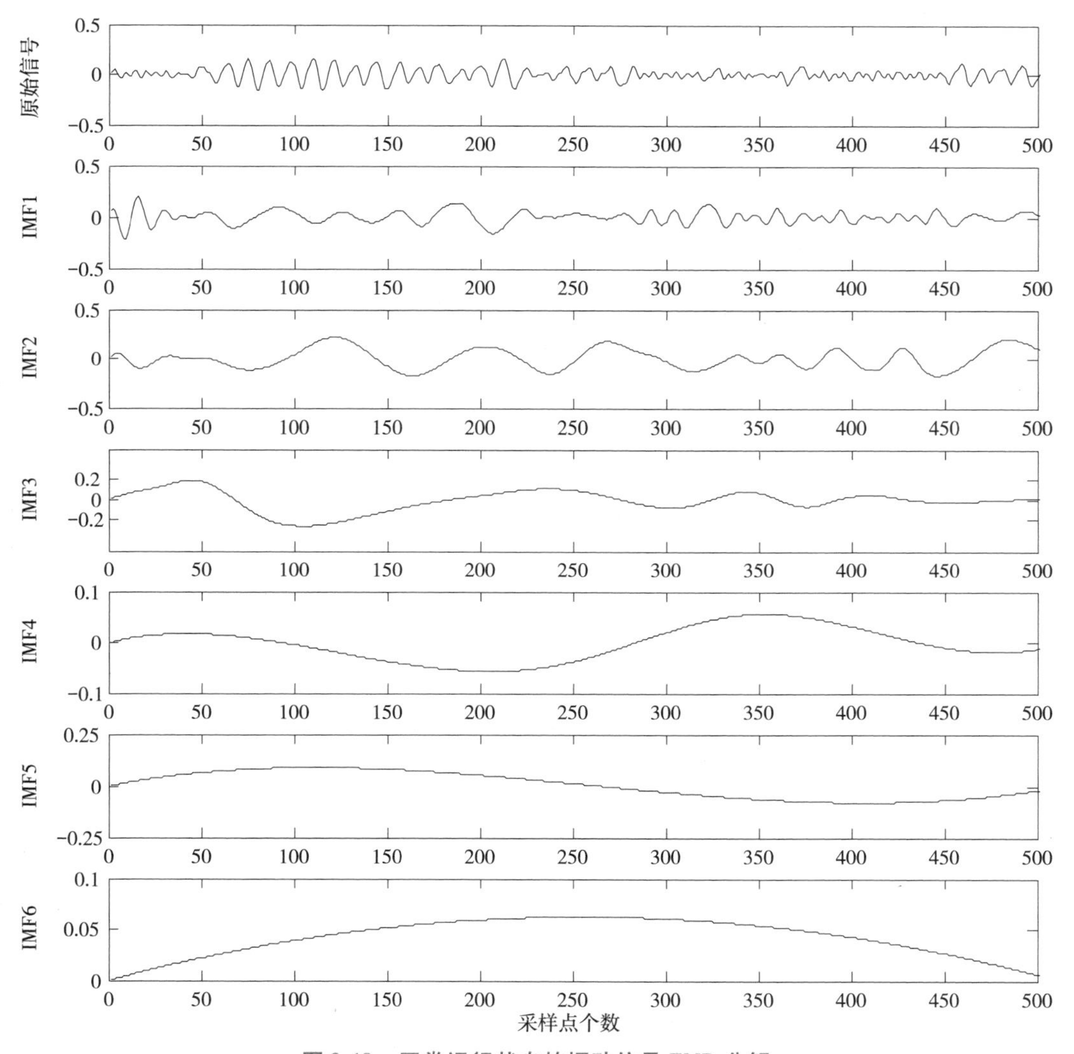

图 3-18　正常运行状态的振动信号 EMD 分解

表 3-3　6 个本征模分量与正常运行状态原始振动信号间的相关系数

本征模分量	IMF1	IMF2	IMF3	IMF4	IMF5	IMF6
相关系数	0. 779 0	0. 268 2	0. 480 2	0. 111 7	0. 039 5	0. 006 3

由图 3-18 和表 3-3 可以看出，前三个本征模分量与原始信号相关性较好，考虑将其保留，而其余本征模分量与原始信号的相关性很差，应将其剔除，加进残差量中。

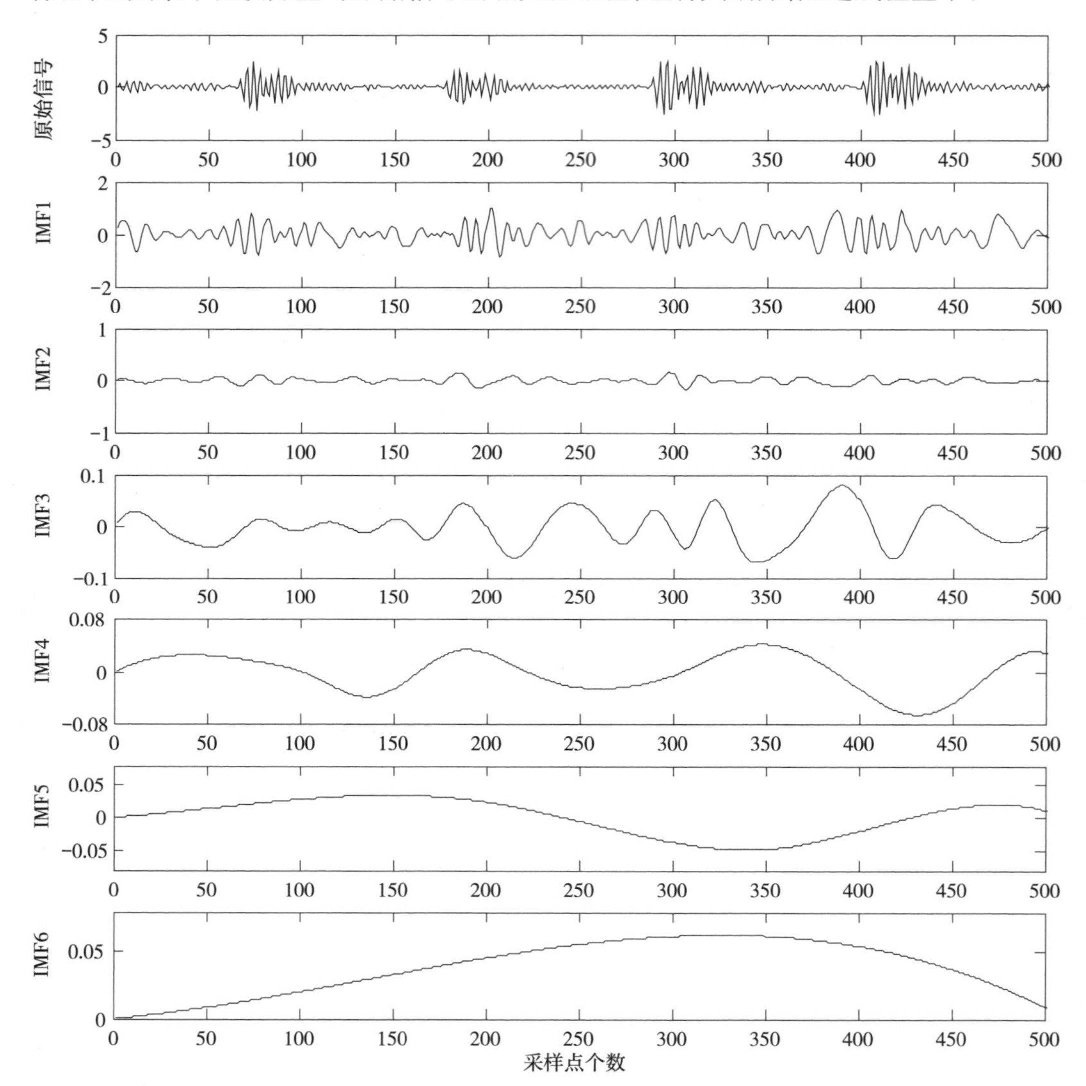

图 3-19　外圈故障的振动信号 EMD 分解

表 3-4　6 个本征模分量与外圈故障原始振动信号间的相关系数

本征模分量	IMF1	IMF2	IMF3	IMF4	IMF5	IMF6
相关系数	0.988 9	0.065 1	0.049 8	0.015 1	0.000 7	0.001 4

由图 3-19 和表 3-4 可以看出，第一个本征模分量与原始信号相关性极好，考虑将其保留，而其余本征模分量与原始信号的相关性很差，应将其剔除，加进残差量中。

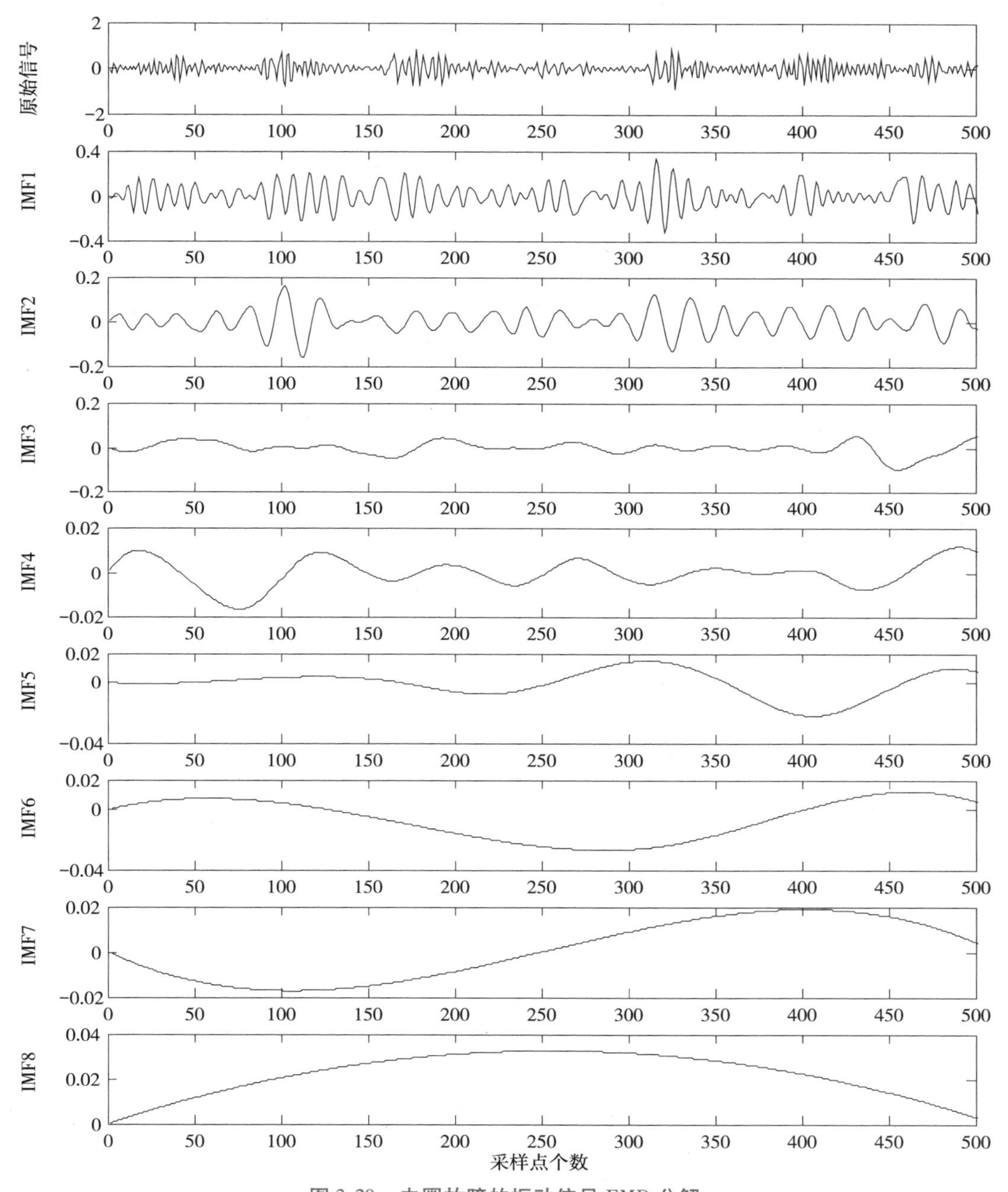

图 3-20　内圈故障的振动信号 EMD 分解

表 3-5　8 个本征模分量与内圈故障原始振动信号间的相关系数

本征模分量	IMF1	IMF2	IMF3	IMF4	IMF5	IMF6	IMF7	IMF8
相关系数	0. 906 1	0. 371 6	0. 191 4	0. 046 3	0. 016 9	0. 000 5	0. 002 0	0. 000 7

由图 3-20 和表 3-5 可以看出,前两个本征模分量与原始信号相关性极好,将其保留,而其余本征模分量与原始信号的相关性很差,应将其剔除,加进残差量中。

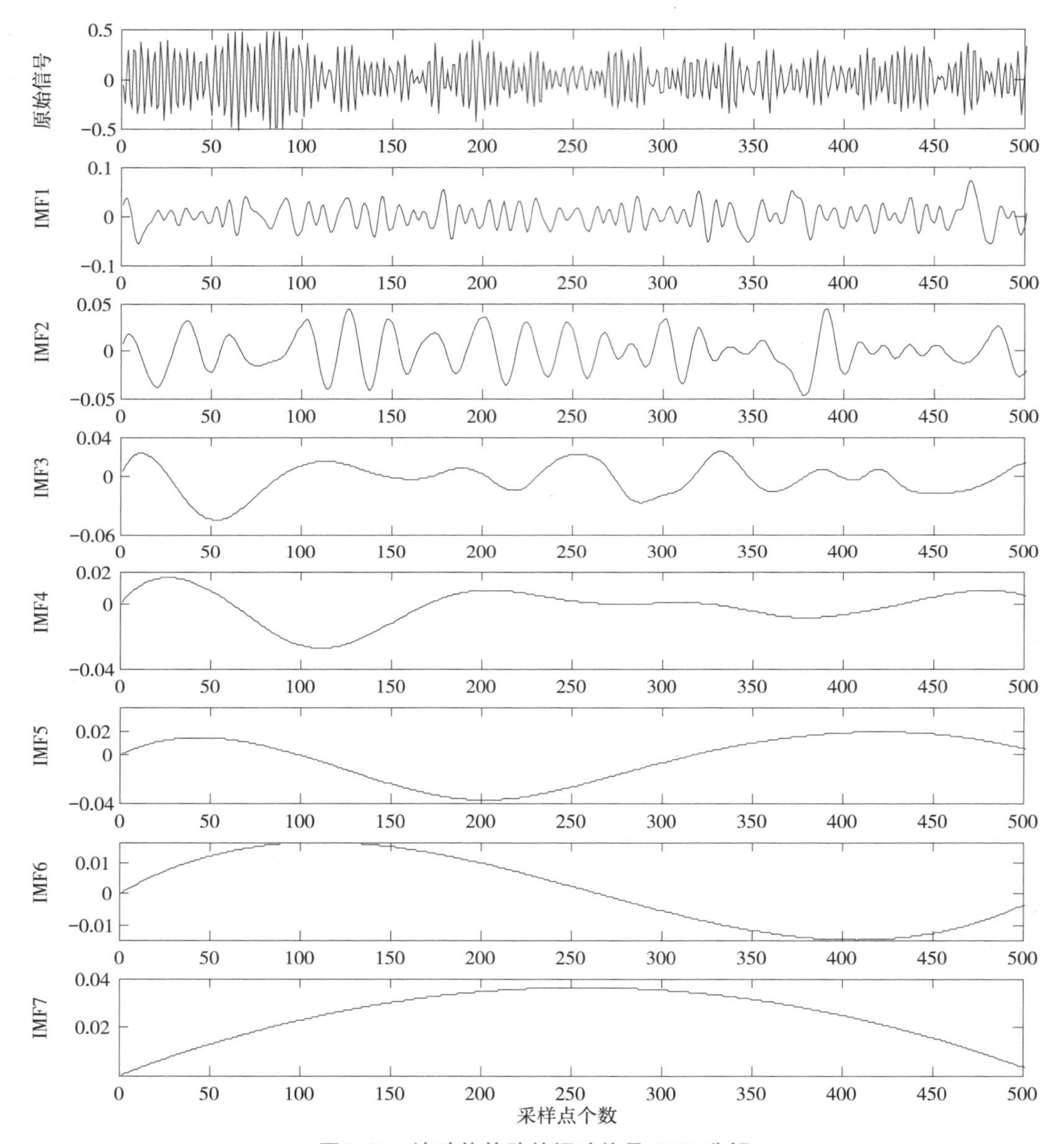

图 3-21　滚动体故障的振动信号 EMD 分解

表 3-6　7 个本征模分量与滚动体故障原始振动信号间的相关系数

本征模分量	IMF1	IMF2	IMF3	IMF4	IMF5	IMF6	IMF7
相关系数	0. 966 9	0. 215 8	0. 155 5	0. 060 2	0. 004 8	0. 004 3	0. 001 3

由图 3-21 和表 3-6 可以看出，第一个本征模分量与原始信号相关性极好，将其保留，第二、三两个本征模分量与原始信号的相关性较好，在设定阈值时，考虑最终是否保留。而其余本征模分量与原始信号的相关性很差，应将其剔除，加进残差量中。

EMD 方法是新近提出的信号分析方法，其理论还不完备，缺少严密的数学基础，在应用中还存在一些需要解决和改进的重要问题，如：端点效应、零均值问题、拟合问题、模函数筛选标准等，这些问题制约了 EMD 方法的特征提取效果。

3.5 VMD 故障特征提取方法

3.5.1 VMD 故障特征提取方法

变分模态分解（Variational Mode Decomposition，VMD）是由 Dragomiretskiy. K 在 2014 年提出的一种自适应时频分析方法，它是一种自适应、完全非递归的模态变分和信号处理的方法，该方法结合了维纳滤波算法、希尔伯特变换和频率混叠的概念，其整体框架为变分问题的求解过程[152]。

3.5.1.1 VMD 本征模态函数

VMD 算法将信号分解为多个分量，每个分量定义为一个本征模态函数（Intrinsic Mode Functions，IMF）$u_k(t)$，每个模态函数 $u_k(t)$ 都是一个有带宽限制的调频调幅信号，各分量趋向于平稳性。对于每一个 IMF 分量都有：

$$u_k(t)=A_k(t)\cos(\varphi_k(t))$$

$$\omega_k(t)=\varphi_k'(t)\ \frac{\mathrm{d}\varphi_k(t)}{\mathrm{d}t}\geqslant 0$$

其中，$A_k(t)$ 为本征模态函数 $u_k(t)$ 的包络，且 $A_k(t)\geqslant 0$，$\omega_k(t)$ 为其瞬时频率。

与其相位 $\varphi_k(t)$ 相比，各模态函数的包络 $A_k(t)$ 及其瞬时频率 $\omega_k(t)$ 的变化较缓慢。即：在一个足够长的区间 $[t-\delta,t+\delta]$ 里，$\varphi_k(t)\delta\approx 2\pi/\varphi_k'(t)$，各本征模态函数 $u_k(t)$ 可以被看作为一个幅值为 $A_k(t)$ 且瞬时频率为 $\omega_k(t)$ 的纯谐波信号。

3.5.1.2 维纳滤波

维纳（Wiener）滤波是设计一个最小平方的滤波器，使输出信号与期望输出最佳逼近。该滤波结构是用来从噪声中提取有用信号的一种滤波算法，可以将其看作一种线性估计问题。

对于一个线性系统，如果它的单位样本响应为 $h(n)$，当输入一个随机信号 $x(n)$，有：

$$x(n) = s(n) + v(n)$$

其中，$s(n)$ 表示信号，$v(n)$ 表示噪声，则输出 $y(n)$ 为：

$$y(n) = x(n) \times h(n)$$

我们希望信号 $x(n)$ 通过线性系统 $h(n)$ 后得到的 $y(n)$ 尽量接近 $s(n)$，因此称 $y(n)$ 为 $s(n)$ 的估计值，衡量接近程度的通用方法是均方误差准则，即令 ξ 最小。

$$\xi = E\{e^2(n)\} = E\{[y(n) - s(n)]^2\}$$

由于 $y(n) = x(n) \times h(n)$，所以实际上是令 ξ 相对于 $y(n)$ 为最小。

在 VMD 算法中，考虑原始信号 $f(t)$ 受到高斯白噪声信号污染得到一个含噪信号 $f_0(t)$，其中：

$$f_0(t) = f(t) + \eta$$

用李雅谱诺夫正则化对该信号进行恢复，获取原始信号：

$$\min_f \left\{ \| f - f_0 \|_2^2 + \alpha \| \partial_1 f \|_2^2 \right\}$$

最终得到：

$$\hat{f}(t) = \frac{\hat{f}_0}{1 + \alpha\omega^2}$$

其中，$\hat{f}(t)$ 是原始信号 $f(t)$ 在频域内的表达式，从上式可以看出，恢复的信号实际上是输入信号 $f_0(t)$ 在 $\omega = 0$ 附近的低通窄带部分。在该方案中，α 为白噪声的方差，其系数是一个低通功率谱为 $\frac{1}{\omega^2}$ 滤波器，与维纳滤波器中的卷积相一致。

3.5.1.3 VMD 分解原理

VMD 方法在获取 IMF 分量时，与传统 EMD 方法的原理有很大区别，它完全摒弃了 EMD 方法中循环筛选的处理手段，将信号的分解引入到变分模型中解决，利用寻找约束变分模型的最优解的过程实现信号的分解。在此过程中，各 IMF 分量的中心频率和带宽不断地相互交替迭代更新，最后自适应地分解信号的频带，得到预设的 K 个窄带 IMF 分量。

(1)变分问题的构造

VMD 将变分问题描述为：在约束条件为各个本征模态函数之和等于信号 f 的条件下，寻找得到 K 个本征模态函数 $u_k(t)$，最终实现模态函数的估计带宽之和最小。为了评估每一个模态的带宽，其具体的操作步骤如下：

①对每个本征模态函数 $u_k(t)$ 进行希尔伯特变换，即：

$$\left[\delta(t)+\frac{j}{\pi t}\right]u_k(t)$$

其中，t 表示时间常量，为大于 0 的正数，$\delta(t)$ 为冲击函数。

②求解步骤①得到解析函数的单边谱，并且将每一个模态 $u_k(t)$ 的频谱进行调制，即：

$$\left\{\left[\delta(t)+\frac{j}{\pi t}\right]u_k(t)\right\}\mathrm{e}^{-j\omega_k t}$$

式中，$\{\omega_k\}=\{\omega_1,\cdots,\omega_k\}$ 表示各 IMF 分量 $u_k(t)$ 的中心频率。

③通过转换成求解约束变分问题的形式，估计出各个 IMF 模态分量的有效带宽。约束性条件为：

$$\min_{\{u_k(t)\},\{\omega_k\}}\left\|\frac{\partial\left\{\left[\partial(t)+\frac{j}{\pi t}\right]\right\}}{\partial t}\mathrm{e}^{-j\omega_k t}\right\|^2$$

$$\sum_{k=1}^{K}u_k(t)=f(t)$$

(2)变分模型的求解过程

①为有效求取上述约束性的变分问题，将其转换成非约束性的变分问题。在求解过程中引入二次惩罚因子 α 与 Lagrange 乘法算子 $\lambda(t)$。其中 α 为足够大的正数，具有较好的收敛性，Lagrange 算子有较强的约束力，从而保证求解过程中具有严格的约束性，扩展的 Lagrange 可用如下表达式表示：

$$L(\{u_k(t)\},\{\omega_k\},\lambda(t))=a\sum_{k=1}^{K}\left\|\frac{\partial\left\{\left[\partial(t)+\frac{j}{\pi t}\right]\right\}}{\partial t}\mathrm{e}^{-j\omega_k t}\right\|_2^2+$$
$$\left\|f(t)-\sum_{k=1}^{K}u_k(t)\right\|_2^2+\left[\lambda(t),f(t)-\sum_{k=1}^{K}u_k(t)\right]$$

②交替更新 $u_k^{n+1}(t)$、ω_k^{n+1}、$\lambda^{n+1}(t)$ 求取扩展的 Lagrange 表达式的解。其中，$u_k^{n+1}(t)$ 为第 $n+1$ 次循环时的模态函数，ω_k^{n+1} 为当前模态函数功率谱的重心，$\lambda^{n+1}(t)$ 为第 $n+1$ 次循环时乘法算子。$u_k^{n+1}(t)$ 的求解过程可表述为：

$$u_k^{n+1}(t)=\operatorname{argmin}\{\alpha\left\|\frac{\partial\left\{\left[\partial(t)+\frac{j}{\pi t}\right]\right\}}{\partial t}\mathrm{e}^{-j\omega_k t}\right\|_2^2+\left\|f(t)-\sum_{i\neq k}^{K}u_i(t)+\frac{\lambda t}{2}\right\|_2^2$$

式中，$i\in\{1,2,\cdots,K\}$ 且 $i\neq k$，利用傅里叶等距变换，将上式转变到频域后用 $\omega-\omega_k$ 代替 ω。

将得到的结果转换为负频率区间积分的形式，优化问题的解为：

$$\hat{u}_k^{n+1}(\omega)=\frac{\hat{f}(\omega)-\sum_{i<k}\hat{u}_k(\omega)-\sum_{i>k}\hat{u}_k(\omega)+\frac{\hat{\lambda}^n(\omega)}{2}}{1+2\alpha(\omega-\omega_k)^2}$$

中心频率更新公式：

$$\omega_k^{n+1}=\frac{\int_0^{\infty}\omega\mid\hat{u}_k(\omega)\mid^2\mathrm{d}\omega}{\int_0^{\infty}\mid\hat{u}_k(\omega)\mid^2\mathrm{d}\omega}\quad k\in\{1,2,\cdots,K\}$$

(3) VMD 算法步骤

①初始化模态函数 $\{\hat{u}_k^1\}$、中心频率 $\{\omega_k^1\}$、Lagrange 乘法算子，初始循环次 $n=0$；

②执行循环 $n=n+1$；

③更新 u_k^{n+1} 和 ω_k^{n+1}；

④更新 $\hat{\lambda}^{n+1}(\omega)$：

$$\hat{\lambda}^{n+1}(\omega)=\hat{\lambda}^{n}(\omega)+\tau\left(\hat{f}(\omega)-\sum_k\hat{u}_k^{n+1}(\omega)\right)$$

式中，τ 为时间常数，常为 0。

⑤给定判别精度 $\varepsilon>0$，重复上述步骤，直到满足迭代停止条件：

$$\sum_{k=1}^{K}\frac{\left\|\hat{u}_k^{n+1}(\omega)-\hat{u}_k^{n}(\omega)\right\|}{\left\|\hat{u}_k^{n}(\omega)\right\|_2^2}<\varepsilon$$

VMD 的核心思想是构建和求解变分问题。与 EMD 相比，VMD 方法克服了诸多缺陷，可以确定模态分解个数，自适应性表现在根据实际情况确定所给序列的模态分解个数，搜索和求解过程中可以自适应地匹配每种模态的最佳中心频率和有限带宽，并且可以实现固有模态分量的有效分离和信号的频域划分，进而得到给定信号的有效分解成分，最终获得变分问题的最优解。

3.5.2 VMD 故障特征提取方法仿真分析

3.5.2.1 仿真信号的 VMD 分析

用 Matlab 软件仿真一个正弦信号 $s(t)$：

$$s(t)=20\sin(20\pi t)+10\sin(70\pi t)+8\sin(160\pi t)$$

将信号 $s(t)$ 截取 N=1 024 个采样点，采样频率为 1 s，进行 VMD 仿真分析，其时域波形和各本征模函数如图 3-22 所示。

从图 3-22 中正弦信号 $s(t)$ 的时域波形可以看出，其频率结构较简单，包含 3 个正弦分量。从 VMD 分解结果可以看出，信号被分解得到 3 个本征模态分量，其中 IMF1、IMF2 和 IMF3 分别对应 $s(t)$ 中的 10 Hz、80 Hz、35 Hz 3 个频率成分分量。由这 3 个本征模函数叠加合成的信号 $s'(t)=\mathrm{IMF1}(t)+\mathrm{IMF2}(t)+\mathrm{IMF3}(t)$，如图 3-23 所示。

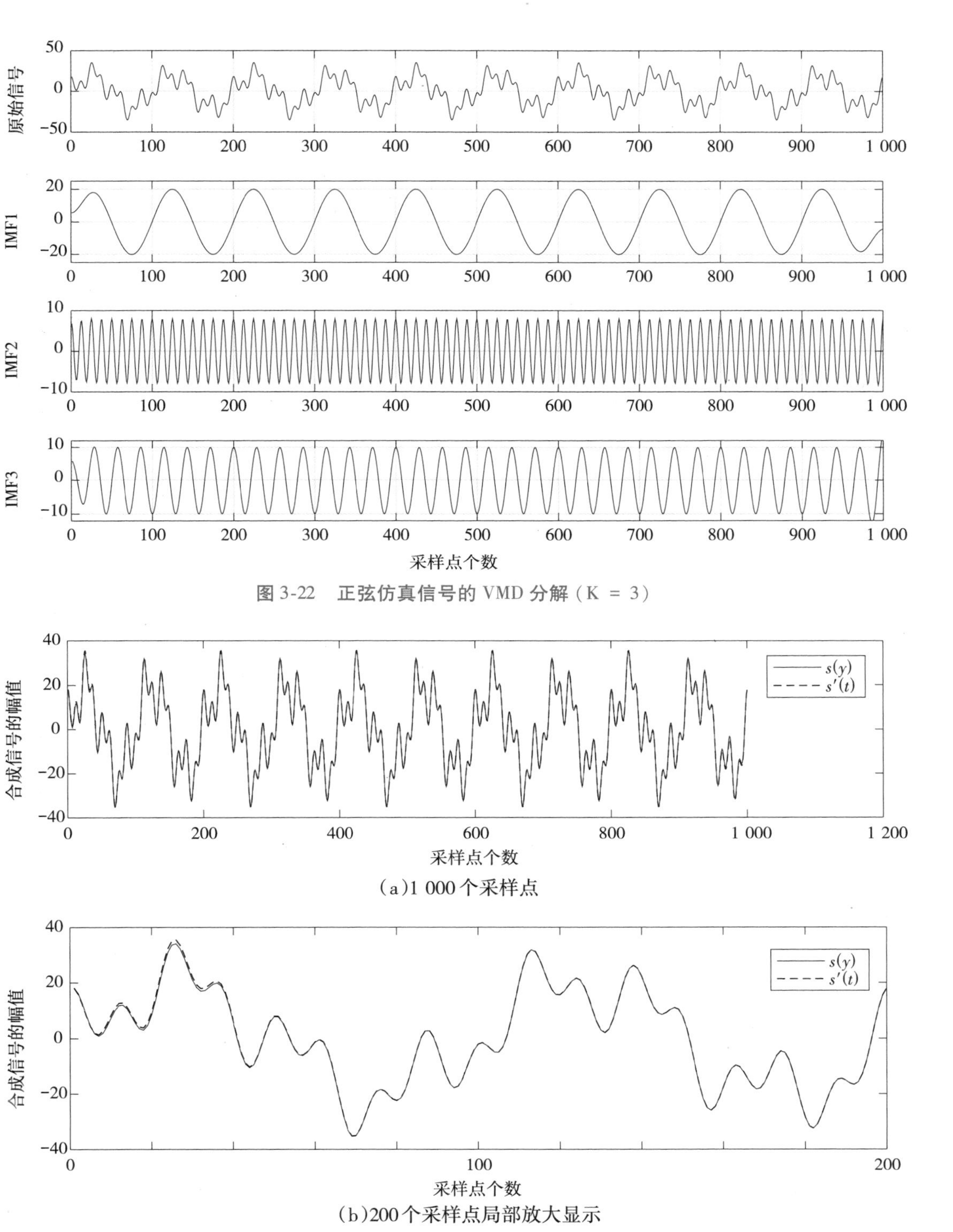

图 3-22　正弦仿真信号的 VMD 分解（K = 3）

(a)1 000 个采样点

(b)200 个采样点局部放大显示

图 3-23　VMD 的本征模函数复原信号(K=3)

由图 3-23(a)可见,由 3 个本征模态分量对原始信号进行复原,复原信号与原始信号基本重合,效果良好。图 3-23(b)为(a)图的局部放大效果,从图中可以看出,VMD 方法克服了 EMD 方法存在端点效应和模态分量混叠的问题,对信号能够实现很好的复原效果,能够有效提取信号特征。

为了与图 3-16 的 EMD 方法作比较,将 K 取值为 7,对原始信号进行 7 个模态分量的分解,结果如图 3-24 所示。

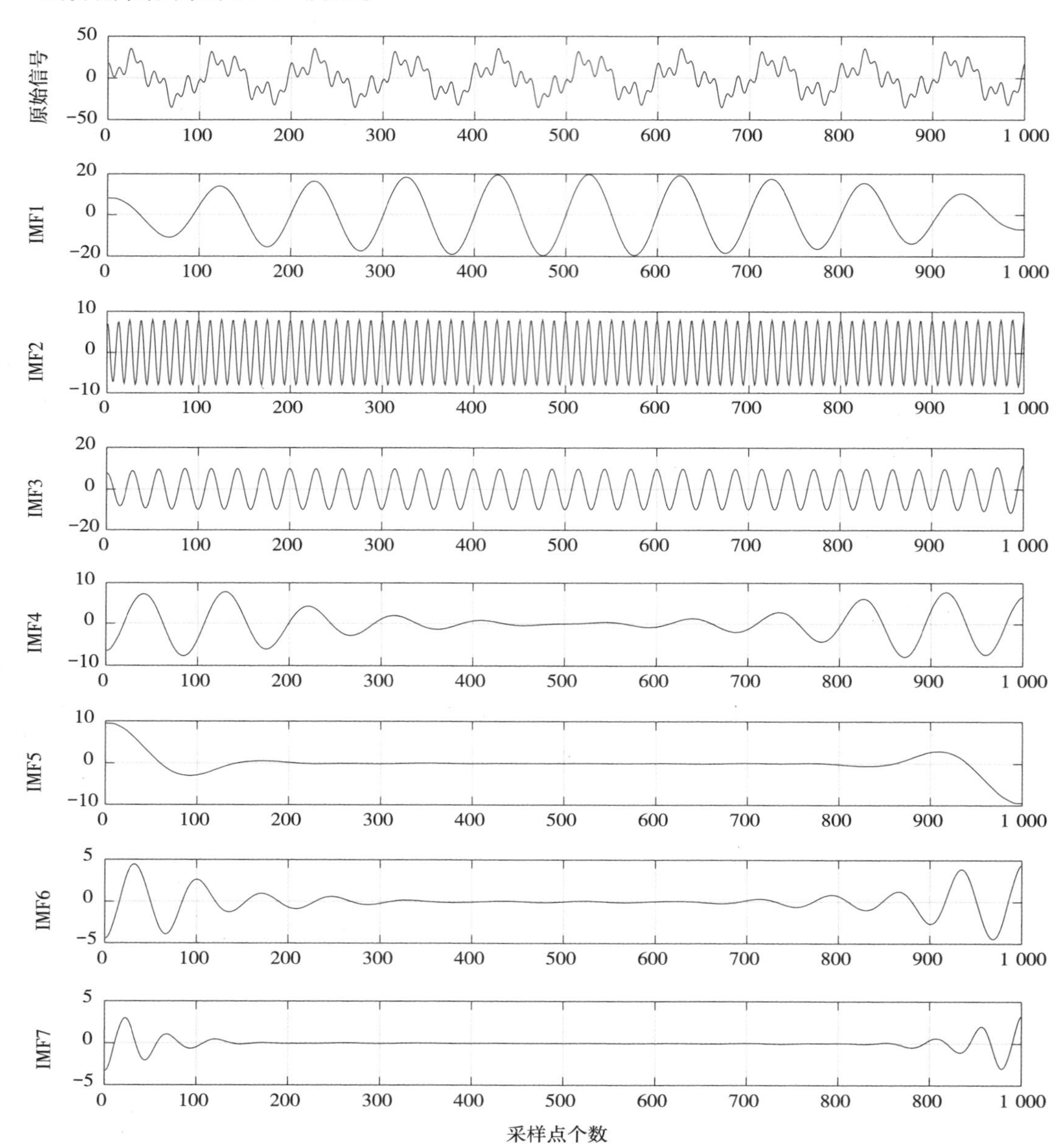

图 3-24 VMD 的本征模函数复原信号(K=7)

图3-24中，正弦信号 $s(t)$ 被分解得到7个本征模态分量，其中前3个模态分量IMF1、IMF2和IMF3分别对应 $s(t)$ 中的10 Hz、80 Hz、35 Hz 3个频率成分分量。由这3个本征模函数叠加合成的信号 $s'(t)$，如图3-25所示。

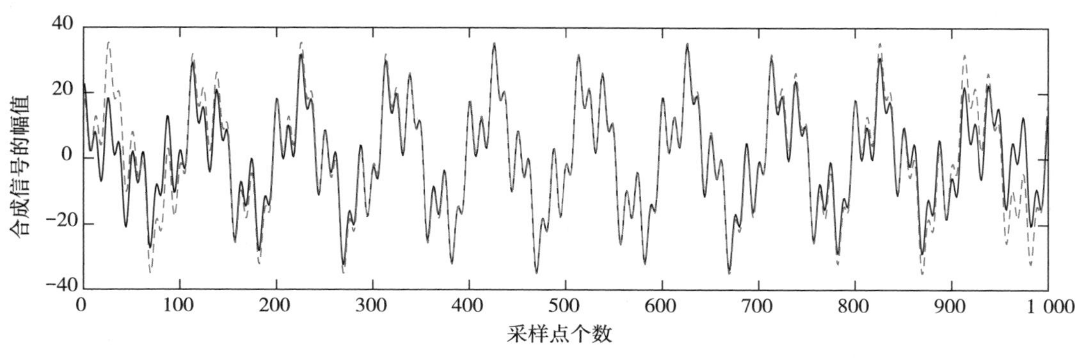

图3-25　VMD的本征模函数复原信号($K=7$)

对比图3-17、图3-23和图3-25可知，模态分量 K 的取值对VDM分解与重构复原信号和特征提取结果有很大影响，这是VDM方法最大的缺陷。

3.5.2.2　实测信号的VMD分析

与前三节一致，以3.1.2.2节中的实验数据进行VMD方法仿真分析(模态分量 K 的取值参照EMD方法中相关)，结果如图3-26—图3-29所示。

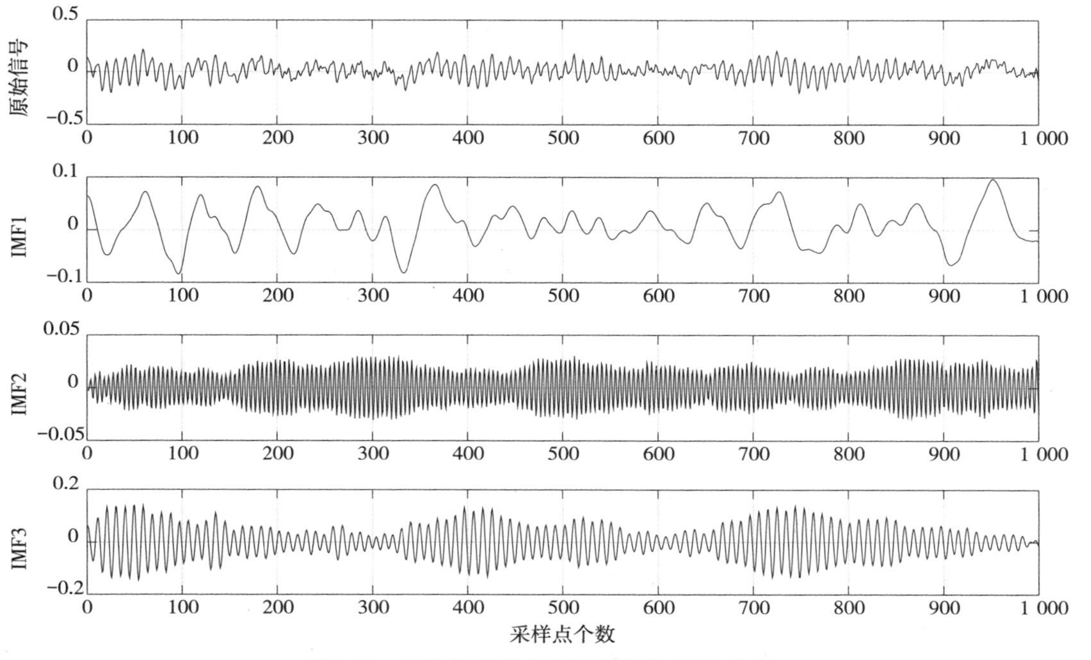

图3-26　正常运行状态的振动信号VMD分解

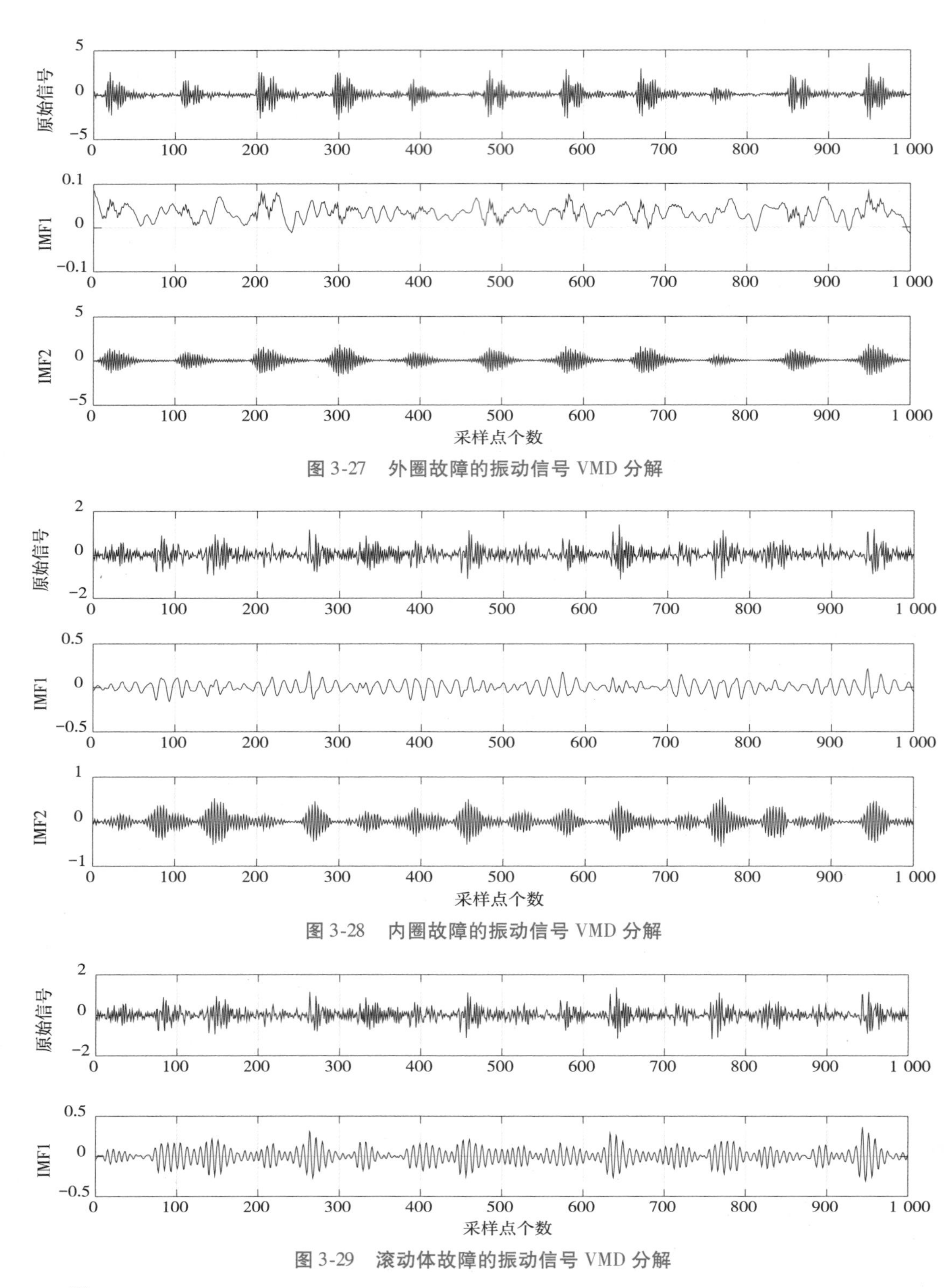

图 3-27　外圈故障的振动信号 VMD 分解

图 3-28　内圈故障的振动信号 VMD 分解

图 3-29　滚动体故障的振动信号 VMD 分解

由图 3-22 至图 3-29 的仿真结果分析可知,VMD 方法克服了 EMD 方法存在端点效应和模态分量混叠的问题,并且具有更坚实的数学理论基础,可以降低复杂度高和非线性强的时间序列非平稳性,分解获得包含多个不同频率尺度且相对平稳的子序列,适用于非平稳性的序列。其最大的局限性是边界效应和突发信号;要求预先定义模态分量数 K,且模态分量数 K 的取值对 VDM 分解与重构复原信号和特征提取结果有很大影响,如何选取最优 K 值是 VMD 方法的难点。

3.6 双谱分析故障特征提取方法

高阶统计量分析是处理非线性、非高斯、非最小相位、非因果、含高斯噪声信号的有力工具,它能够弥补功率谱不包含相位信息的缺陷,定量地描述相位耦合现象,常用于从非高斯信号中提取有用信息,检测和分析系统的非线性特征,以及提取非高斯信号的相位信息,被广泛应用于物理、生物医学、图像处理、谐波恢复、机械故障诊断、雷达目标识别等领域[153-157]。三阶统计量又被称为双谱,用以表达两个频率分量与谱值构成的三个谱元间的相关性,从而揭示信号的非线性和非高斯性。双谱分析方法在机械故障诊断领域用得不多,在风电领域,尤其是在振动信号的特征提取中更少[158-161]。

风电机组工作在非平稳的风速环境中,其旋转部件在升降速过程中包含了丰富的状态信息,一些平稳运行时不易反映的故障特征将会充分表现出来,呈现非高斯、非线性特性。加上恶劣工作环境带来的不可避免的背景噪声,使信号的监测与故障诊断受到很大程度的影响。双谱分析法,利用信号的高阶累计量对非高斯噪声不敏感,能够检测出信号的非高斯性,并具有抑制高斯干扰、保留信号相位信息的能力,可以很好地检测相位耦合现象,去除无耦合的频率成分[162]。

3.6.1 高阶谱与双谱

在谱估计信号处理方法中,通常使用二阶统计量(时域为自相关函数,频域为功率谱)作为数学分析工具。但是,它们不能辨识非最小相位系统,对加性噪声敏感,只能处理加性白噪声的观测数据。因此,对于非线性、非高斯性的信号,使用三阶或更高阶数的统计量,将它们统称高阶统计量。

高阶统计量(Higher-Ordered Statistics)方法是近年来发展较快的现代信号处理方法之一,它在非高斯性、非线性、非因果性、非最小相位、非平稳性、高斯有色噪声或盲信号处理中发挥了重要的作用。特别地,高阶统计量对附加高斯有色噪声的抑制;仅利用输出数据识别系统相位响应以及对非高斯过程或非线性系统进行特性识别有很大的用途。双谱是高阶统计量的一个子集，主要揭示信号的非线性和非高斯性。与功率谱不同的是双谱保留了信号的相位信息，可以定量地描述信号中与故障密切联系的非线性相位耦合。双谱有很强的消噪能力，理论上可以抑制高斯噪声[163]。

设 m_{kx} 表示随机变量 x 的 k 阶矩，c_{kx} 表示随机变量 x 的 k 阶累积量，则 1 ~4 阶矩和累积量谱为：

$$m_{1x} = E[x], m_{2x} = E[x^2], m_{3x} = E[x^3], m_{4x} = E[x^4]$$

$$c_{1x} = m_1, c_{2x} = m_2 - m_1^2, c_{3x} = m_3 - 3m_2m_1 - 2m_1^2,$$

$$c_{4x} = m_4 - 4m_3m_1 - 3m_2^2 + 12\, m_2m_1^2 - 6m_1^4$$

其中，$E[\ ]$表示求取数学期望。

高阶矩谱和高阶累计量谱定义：

定义 1：若高阶矩 $m_{Kx}(\tau_1, \cdots, \tau_{K-1}) = E[x(n)\ x(n+\tau_1)\cdots x(n+\tau_{n-1})], (n=1, 2, \cdots, K)$，是绝对可求和的，即

$$\sum_{\tau_1=-\infty}^{\infty} \cdots \sum_{\tau_{k-1}=-\infty}^{\infty} |m_{Kx}(\tau_1, \cdots, \tau_{K-1})| < \infty$$

则 K 阶矩谱定义为 K 阶矩的 $(K-1)$ 维离散傅里叶变换，即

$$M_{Kx}(\omega_1, \cdots, \omega_{K-1}) = \sum_{\tau_1=-\infty}^{\infty} \cdots \sum_{\tau_{k-1}=-\infty}^{\infty} m_{Kx}(\tau_1, \cdots, \tau_{K-1}) \mathrm{e}^{-j(\omega_1\tau_1+\cdots+\omega_{k-1}\tau_{k-1})} \tag{3-12}$$

定义 2：若高阶累积量 $c_{kx}(T_1, \cdots, T_{K-1})$ 是绝对可求和的，即

$$\sum_{t_1=-\infty}^{\infty} \cdots \sum_{t_{k-1}=-\infty}^{\infty} |c_{Kx}(\tau_1, \cdots, \tau_{K-1})| < \infty$$

则 K 阶累积量谱定义为 K 阶累积量的 $(K-1)$ 维离散傅里叶变换，即

$$C_{kx}(\omega_1, \cdots, \omega_{K-1}) = \sum_{\tau_1=-\infty}^{\infty} \cdots \sum_{\tau_{k-1}=-\infty}^{\infty} c_{kx}(\tau_1, \cdots, \tau_{K-1}) \mathrm{e}^{-j(\omega_1\tau_1+\cdots+\omega_{k-1}\tau_{k-1})} \tag{3-13}$$

高阶矩、高阶累积量、高阶矩谱和高阶累积量谱是四种主要的高阶统计量。一般情况下，常使用高阶累积量和高阶累积量谱，而高阶矩和高阶矩谱很少使用，因此，常将高阶累积量谱简称高阶谱。

高阶谱是多个频率的谱，也称为多谱。其中三阶谱 $C_{3x}(\omega_1, \omega_2)$ 又被称为双谱（Bispectrum），用 $B_x(\omega_1, \omega_2)$ 表示：

$$B_x(\omega_1, \omega_2) = \sum_{\tau_1=-\infty}^{\infty} \sum_{\tau_{k-1}=-\infty}^{\infty} c_{3x}(\tau_1, \tau_2) \mathrm{e}^{-j(\omega_1\tau_1+\omega_2\tau_2)} \tag{3-14}$$

双谱具有如下性质：

①双谱一般为复数，包含相位信息，即：

$$B_x(\omega_1, \omega_2) = |B_x(\omega_1, \omega_2)| \mathrm{e}^{j\varphi_B(\omega_1, \omega_2)}$$

式中，$|B_x(\omega_1, \omega_2)|$ 和 $\mathrm{e}^{j\varphi_B(\omega_1, \omega_2)}$ 分别表示双谱的幅值和相位，是两个独立频率变量 ω_1, ω_2 的函数。

②双谱是双周期函数，有两个周期，均为 2π，即：

$$B_x(\omega_1,\omega_2)=B_x(\omega_1+2\pi,\omega_2+2\pi)$$

③双谱具有对称性。

$$\begin{aligned}B_x(\omega_1,\omega_2)&=B_x(\omega_2,\omega_1)=B_x^*(-\omega_1,-\omega_2)=B_x^*(-\omega_2,-\omega_1)\\&=B_x(-\omega_1-\omega_2,\omega_2)=B_x(\omega_2,-\omega_1-\omega_2)\\&=B_x(-\omega_1-\omega_2,\omega_1)=B_x(\omega_1,-\omega_1-\omega_2)\end{aligned}$$

其中，* 表示共轭运算。

④零均值高斯信号的双谱等于零。

⑤三阶平稳零均值非高斯白噪声信号的双谱为常数。

⑥对于持续时间有限的随机信号 $x(t)$，如果其傅里叶变换 $X(\omega)$ 存在，则双谱可由下式确定：

$$B_x(\omega_1,\omega_2)=X(\omega_1)X(\omega_2)X^*(\omega_1,\omega_2)=X(\omega_1)X(\omega_2)X(-\omega_1,-\omega_2)$$

3.6.2 双谱估计算法

因双谱具有对称性，取模运算后，只需对其中一部分区间进行分析即可，使计算和分析工作量得以简化。双谱的估计值为复数，按下述步骤求取双谱值。

①将测试数据分成 K 段，每段包含 M 个样本，记为：

$$X^{(k)}(0),\ X^{(k)}(1),\cdots,X^{(k)}(M-1)$$

其中，相邻的段可以有重叠的部分。

②计算离散傅里叶变换系数：

$$X^{(k)}(\lambda)=\frac{1}{M}\sum_{n=0}^{M-1}x^{(k)}(n)\mathrm{e}^{-j2\pi n\lambda/M}$$

其中，$\lambda=0,1,\cdots,M/2;k=1,2,\cdots,K$

③由离散傅里叶变换系数，计算其三重相关：

$$\bar{b}_k(\lambda_1,\lambda_2)=\frac{1}{\Delta_0^2}\sum_{i_1=-L_1}^{L_1}\sum_{i_2=-L_1}^{L_1}X^{(k)}(\lambda_1+i_1)X^{(k)}(\lambda_2+i_2)X^{(k)}(-\lambda_1-\lambda_2-i_1-i_2)$$

$$(k=1,\cdots,K)\tag{3-15}$$

其中，$0\leqslant\lambda_2\leqslant\lambda_1,\lambda_1+\lambda_2\leqslant f_s/2$，$f_s$ 为采样频率；$\Delta_0=f_s/N_0$，N_0 和 L_1 须满足 $M=(2L_1+1)N_0$。

④由式(3-16)对 K 段双谱估计进行统计平均，即可得式(3-17)的双谱估计值：

$$\bar{c}(i,j)=\frac{1}{K}\sum_{k=1}^{K}c^{(k)}(i,j)\tag{3-16}$$

$$\bar{B}_D(\omega_1,\omega_2)=\frac{1}{K}\sum_{k=1}^{K}\bar{b}_k(\omega_1,\omega_2)\tag{3-17}$$

其中，$\omega_1 = \dfrac{2\pi f_s}{N_0}\lambda_1, \omega_2 = \dfrac{2\pi f_s}{N_0}\lambda_2$

本文采用基于自适应阈值小波消噪的双谱分析方法，在提取故障特征时，先将信号进行自适应阈值小波消噪处理，再按照上述流程对去噪信号求取双谱估计值，由 Matlab 软件平台编写程序，得到相应的双谱图，作为故障特征。

3.6.3 仿真分析

3.6.3.1 仿真信号的双谱分析故障特征提取

用 Matlab 软件仿真一个与式(2-19)相同的正弦信号 $s(t)$，将其叠加随机白噪声信号 $z(t)$，构成含噪信号 $hz(t)$。将含噪信号 $hz(t)$ 截取 $N = 1\ 024$ 个采样点，采样频率为 1 s。

(1)直接双谱分析法提取信号特征

将正弦信号 $s(t)$ 分别叠加三种随机噪声 $z_1(t)$、$z_2(t)$ 和 $z_3(t)$，构成三种含噪信号 $hz_1(t)$、$hz_2(t)$ 和 $hz_3(t)$，采用直接双谱分析法进行信号特征提取。在分析过程中，先将所有数据做归一化处理，得其双谱图，如图 3-30 所示。

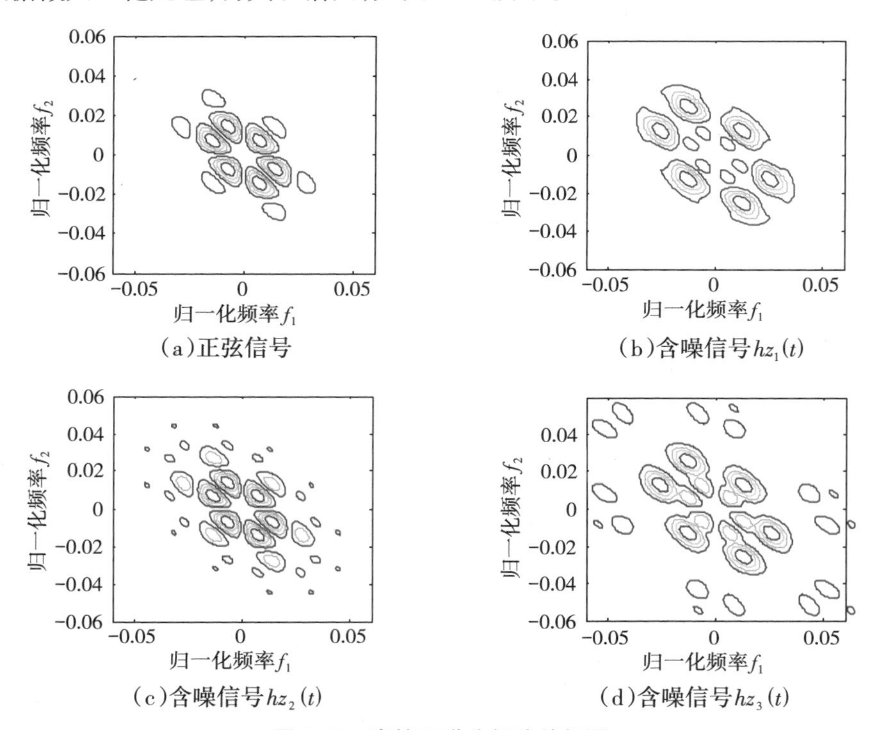

(a)正弦信号　(b)含噪信号 $hz_1(t)$

(c)含噪信号 $hz_2(t)$　(d)含噪信号 $hz_3(t)$

图 3-30　直接双谱分析法特征图

由图 3-30 可以看出，(a)图正弦信号与(b)、(c)、(d)三种含噪信号的双谱图有明显差别，且三种不同的含噪信号，其双谱图也存在很大差异。由此可知：不同的信号由双谱分析得到的特征图不同，双谱图能够作为反映信号特征的依据；噪声对信号的双谱特征存在很大的影响。

（2）基于自适应阈值小波消噪的双谱分析方法提取信号特征

将三种随机噪声 $z_1(t)$、$z_2(t)$ 和 $z_3(t)$ 干扰下的含噪信号 $hz_1(t)$、$hz_2(t)$ 和 $hz_3(t)$，先进行自适应阈值小波消噪后，再求取双谱估计值，得到相应的双谱图，如图 3-31 所示。

由图 3-31 中（a）～（d）图可以看出，在三种不同随机噪声的干扰下，通过自适应阈值小波变换消噪法进行去噪处理后，得到的双谱图在很大程度上具有相似性。在精度要求不高的情况下，甚至可粗略地认为它们与正弦信号的双谱图具有完全相同的特征，抗噪能力强。

对比分析图 3-30 和图 3-31 中（a）～（d）各图，可得出如下结论：

①进一步表明，上一章中提出的自适应阈值小波变换消噪法具有良好的去噪性能；

②基于自适应阈值小波消噪的双谱分析法是一种有效的信号特征提取方法，其双谱图能够很好地反映信号的特征；

③基于自适应阈值小波消噪的双谱分析法在进行信号特征提取时，具有良好的抗噪性能。

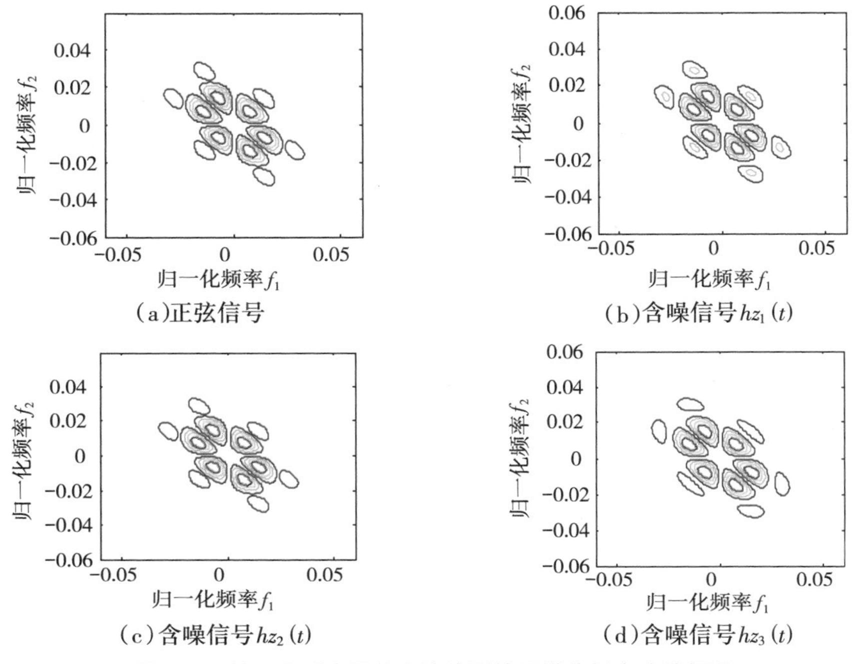

图 3-31　基于自适应阈值小波消噪的双谱分析方法特征图

为进一步分析和证明上述结论，用实验测量所得数据进行分析处理，由双谱图分析和研究滚动轴承的故障特征。

3.6.3.2 实测振动信号的双谱分析故障特征提取

选取与2.3.2节中相同的实验条件和实验数据进行双谱特征分析。

(1)直接双谱分析法提取信号特征

选用驱动端6025型轴承在1 797转/分转速下,分别对正常运行、内圈故障、外圈故障和滚动体故障四种状态下各2 000组振动信号数据样本,进行故障特征提取分析。原始信号波形如图2-6所示。在分析过程中,先将所有数据做归一化处理,得到双谱特征图,如图3-32所示。

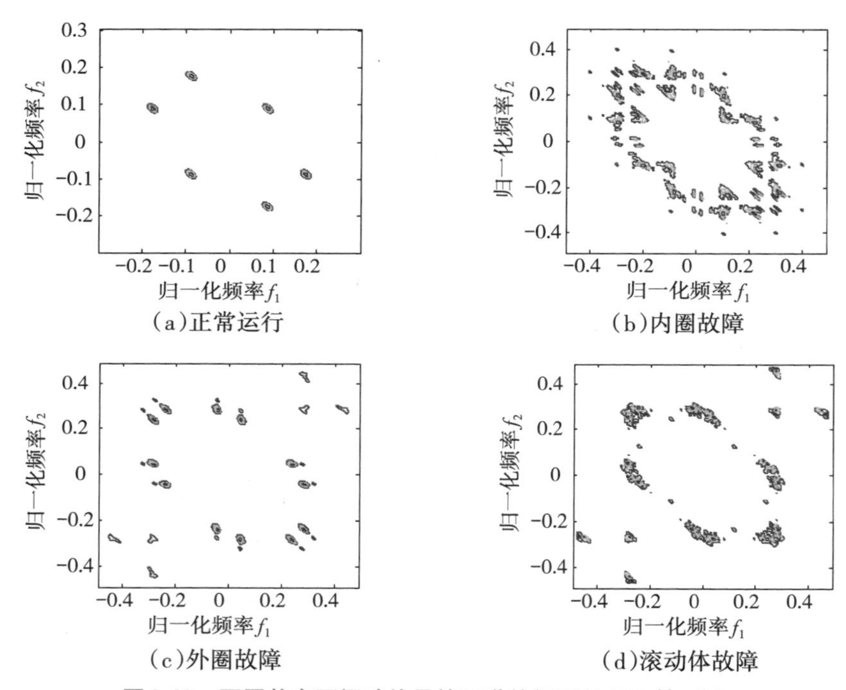

图3-32 不同状态下振动信号的双谱特征图(1 797转/分)

从图3-32中可以看出,在1 797转/分的同一转速时,正常运行、内圈故障、外圈故障、滚动体故障四种状态的双谱图特征存在明显差别。正常状态的双谱谱线主要集中于低频区域,而故障状态的双谱谱线呈对称的中空分布,且主要集中于高频区域,所占频带范围较宽。

由此可知,由双谱图能够反映和区分不同故障类型(为了叙述方便,将正常运行状态也视作一种故障类型,和内圈故障、外圈故障、滚动体故障具有不同特征)的特征,把振动信号的双谱作为故障特征,成为故障模式分类的依据是切实可行的。

为了进一步对比分析,对同一种故障类别在不同转速下(1 730转/分、1 750转/

分、1 772 转/分、1 797 转/分)的采样数据也进行双谱分析,其双谱特征如图 3-33—图 3-36 所示。

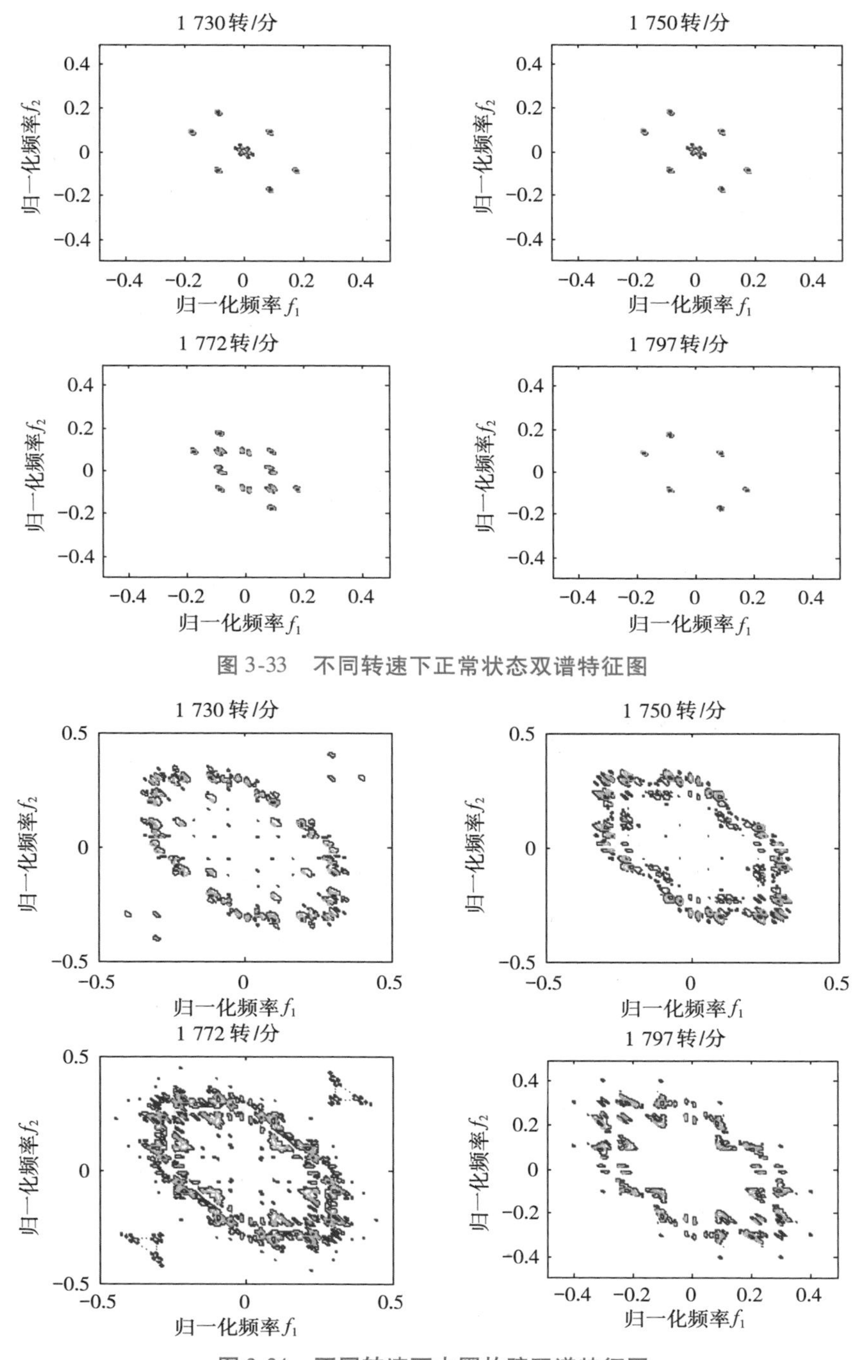

图 3-33　不同转速下正常状态双谱特征图

图 3-34　不同转速下内圈故障双谱特征图

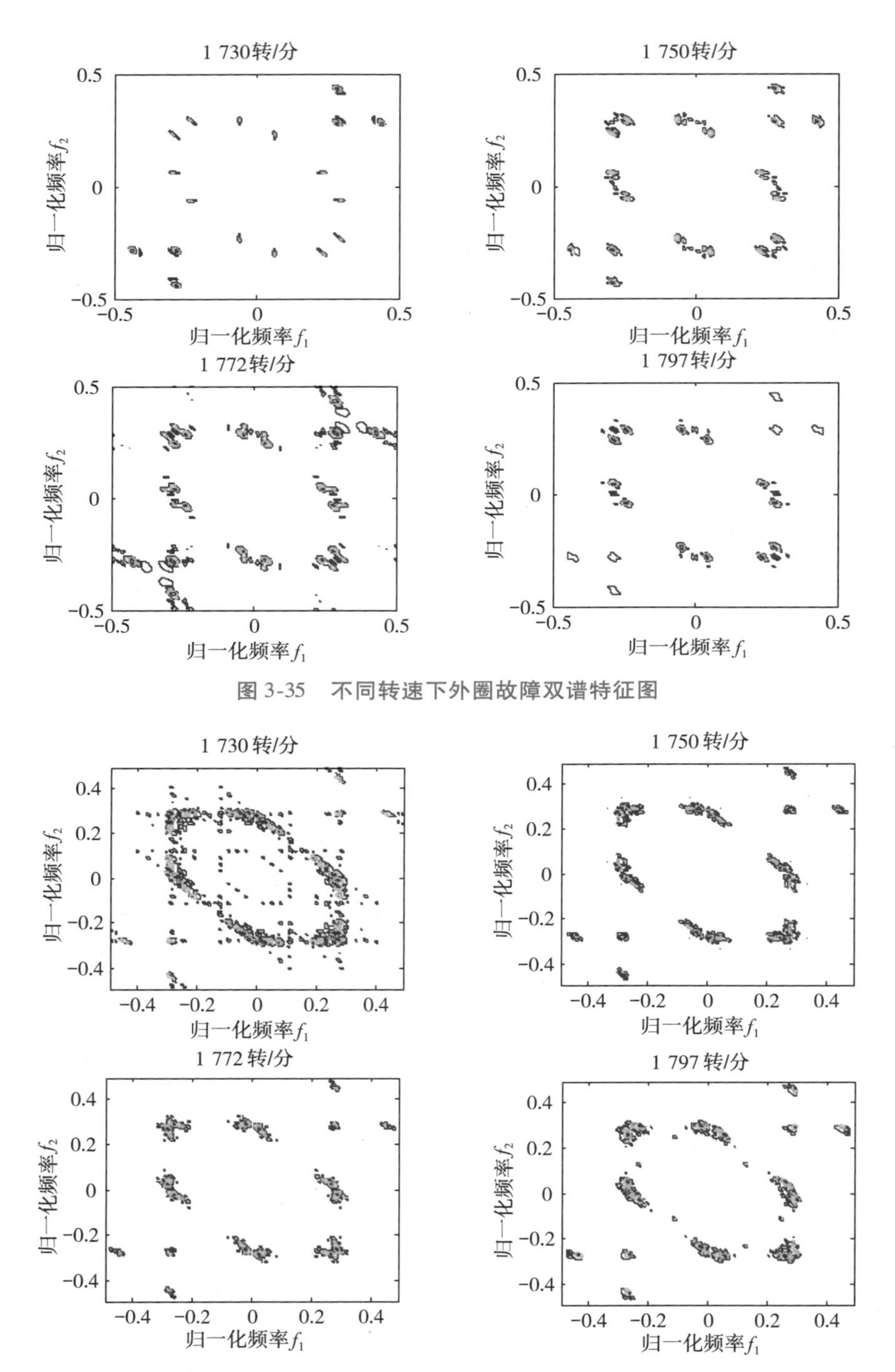

图 3-35　不同转速下外圈故障双谱特征图

图 3-36　不同转速下滚动体故障双谱特征图

从图 3-33—图 3-36 可知，不同转速下相同类型的故障其双谱特征具有很大程度的相似性，转速对同一类型故障的双谱特征影响不是很大。

综上可得，通过双谱分析能够较好地表述不同故障类型的振动信号特性，双谱特征与轴承故障模式之间具有一种映射关系。但是，还存在一些不足之处：内圈故障的双谱谱线多而繁杂，给后续的模式识别环节带来困扰；1 750 转/分和 1 772 转/分时，外圈故障与滚动体故障的双谱图有很大程度的相似性，不利于完成二者的模式分类。

（2）基于自适应阈值小波消噪的双谱分析方法提取信号特征

将原始样本数据先进行自适应阈值小波消噪处理，再求取双谱估计值。1 797 转/分转速下，正常运行、内圈故障、外圈故障和滚动体故障四种状态双谱特征如图 3-37 所示。

对同一种故障类别在不同转速下（1 730 转/分、1 750 转/分、1 772 转/分、1 797 转/分）的采样数据，采用基于自适应阈值小波消噪的双谱分析方法提取信号特征，其双谱特征如图 3-38—图 3-41 所示。

从图 3-37—图 3-41 可以看出，滚动轴承振动信号的样本数据采用基于自适应阈值小波变换消噪的双谱分析法，得到的双谱图谱线更简单，特征更明显。图 3-38—图 3-41 分别为正常状态、内圈故障、外圈故障、滚动体故障四种故障类型，在不同转速（1 730 转/分、1 750 转/分、1 772 转/分、1 797 转/分）下的双谱图。从图中可知，相同故障类

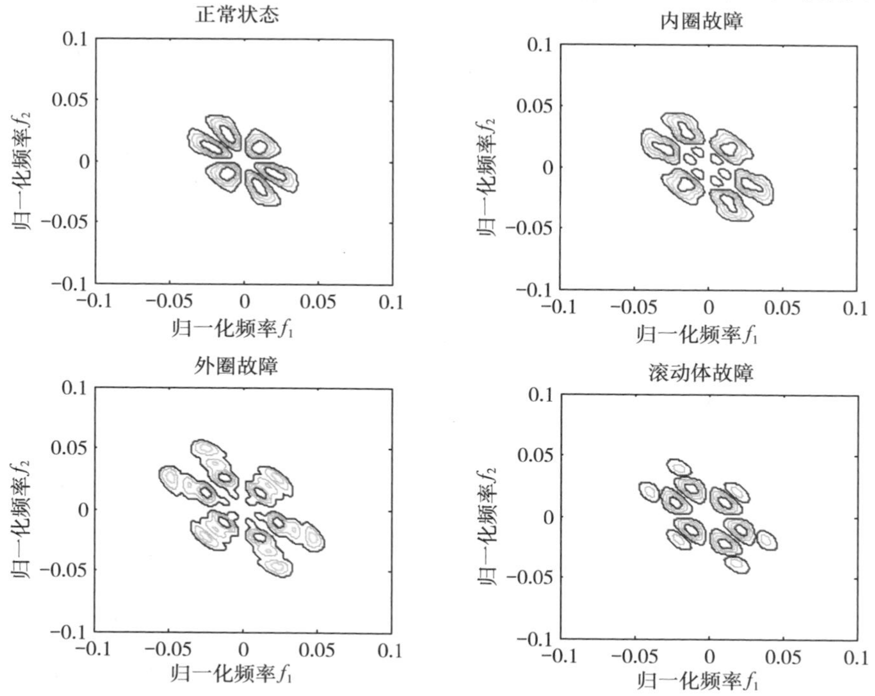

图 3-37　不同状态下振动信号的双谱特征图（1 797 转/分）

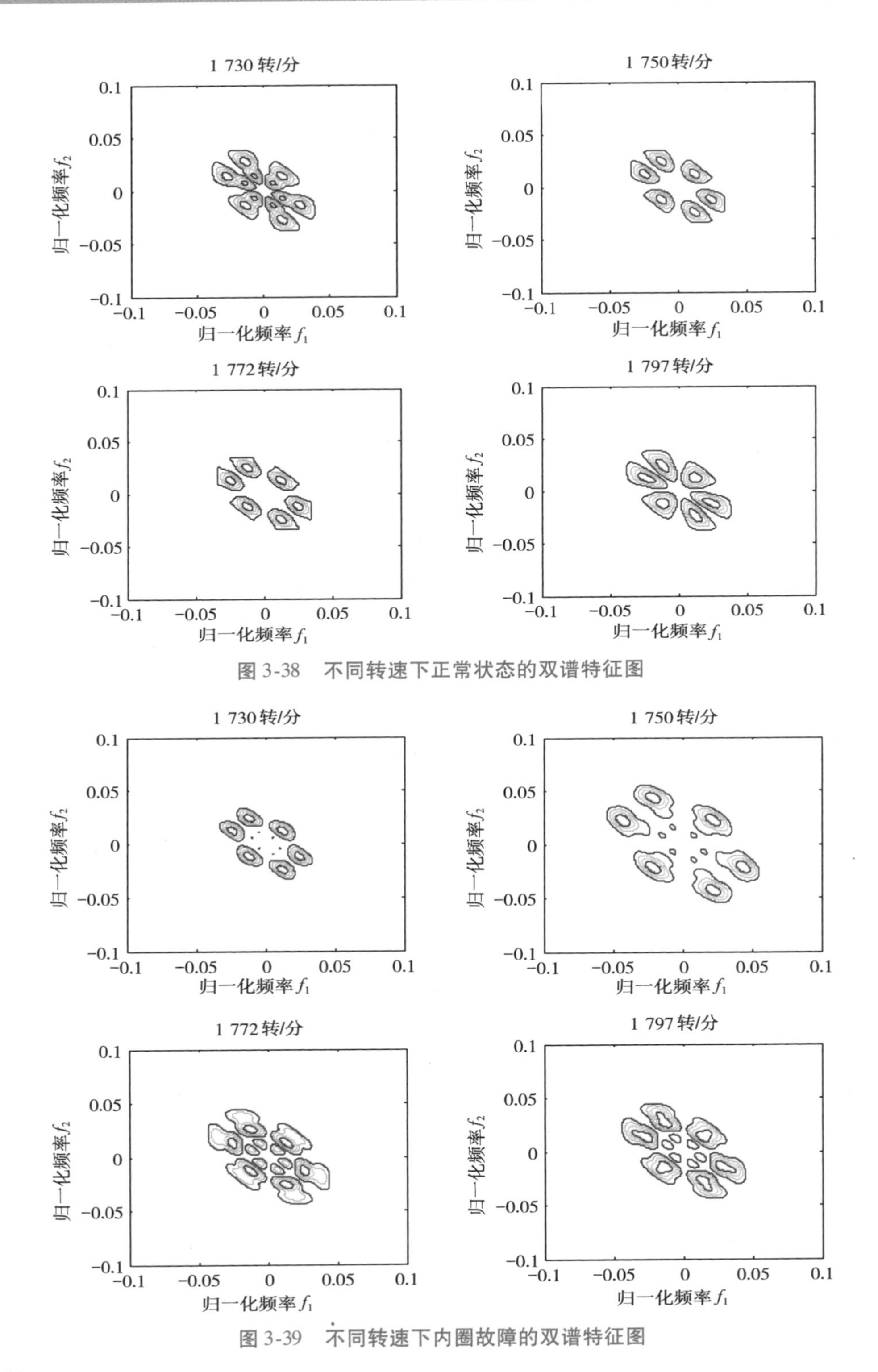

图 3-38　不同转速下正常状态的双谱特征图

图 3-39　不同转速下内圈故障的双谱特征图

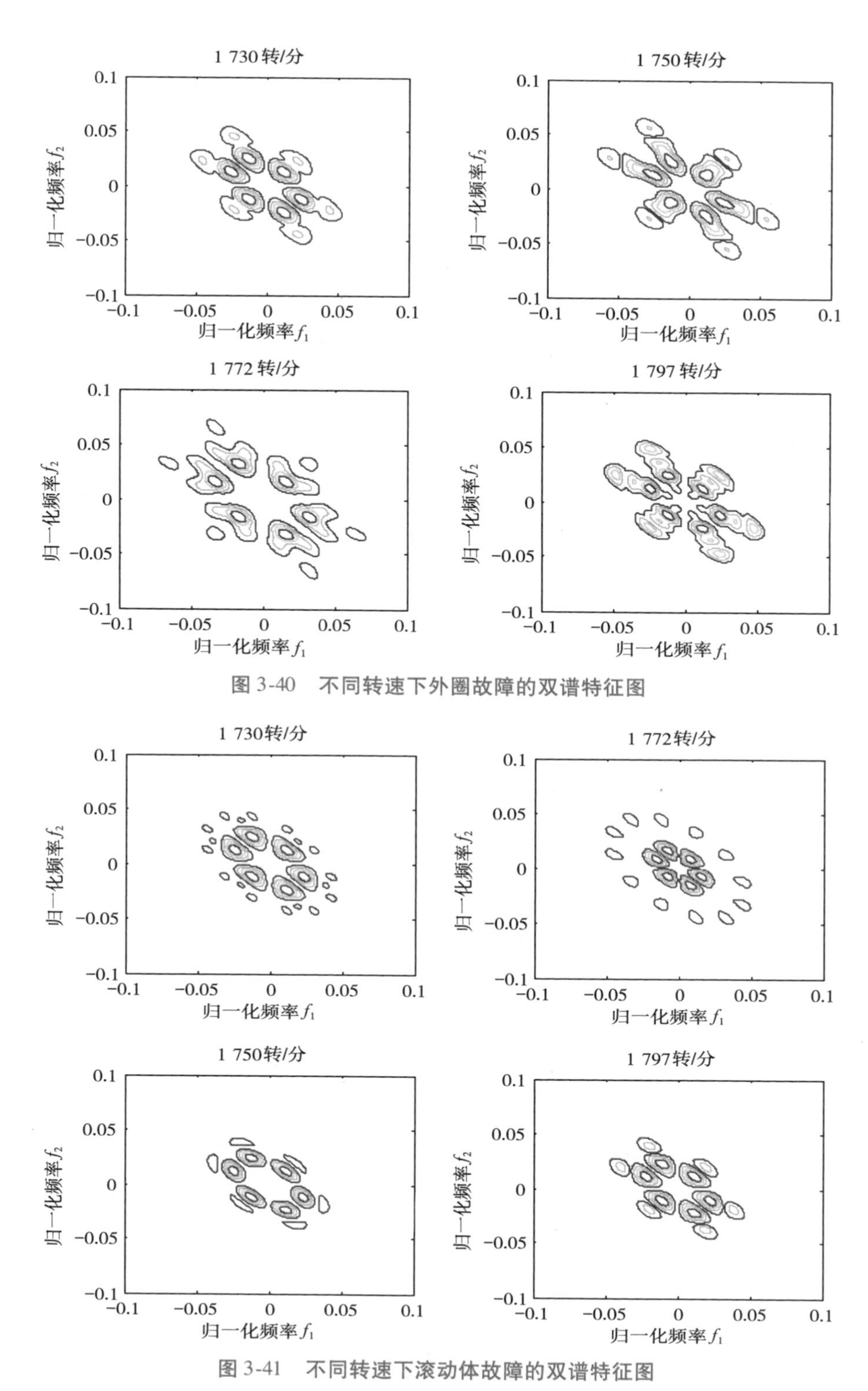

图 3-40 不同转速下外圈故障的双谱特征图

图 3-41 不同转速下滚动体故障的双谱特征图

型的双谱图具有相似的特征,不同故障类型的双谱图其特征存在明显差异,即双谱特征具有“类内相似,类间差异”的特性,双谱特征与轴承故障模式之间具有一种映射关系,它符合模式分类问题中“类内密集,类间分离”的要求,即同类内部关系密切,相似性强,不同类之间相似性弱,具有明显的类别区分性能,能够很好地反映类内相似性和类间差异性。因此,对滚动轴承振动信号采用基于自适应阈值小波变换消噪的双谱分析法,提取其故障特征,以此进行下一步的故障模式分类是可行的。

3.7 小　结

风力发电机组在非平稳的风速环境中工作,一些平稳运行时不易反映的故障特征将会充分表现出来,呈现非高斯、非线性特性。加上恶劣工作环境带来的不可避免的背景噪声,使信号的监测和特征提取受到严重影响。传统的振动信号特征提取方法各有不足之处。对于时域或频域的振动信号,其故障特征参数的幅值和频率对故障不敏感,而只与故障的类型有关。且单独的时域或频域统计特征是针对信号全域的统计,对瞬时特征没有意义。因此对于轴承振动信号这样的非线性、非平稳信号,单纯的时域或频域分析方法不能胜任。在时-频域,短时傅里叶变换方法中,假设信号具有分段平稳特性,加之分辨率受短时窗的影响,窗口越窄分辨率越高,窗口越宽分辨率越小,能够满足平稳特性要求的窗函数不易求得;小波变换方法由于受基函数长度的限制,存在信号能量泄露的现象,难以定量定义和分析其时-频-能量分布;EMD 方法对信号进行分解时,可能产生低频虚假 IMF 分量,信号的分解层数和算法的迭代次数及准则函数有关,IMF 分量的数目不可控,且 IMF 分量存在模式混淆的现象,以及端点效应;VMD 方法克服了 EMD 方法存在端点效应和模态分量混叠的问题,并且具有更坚实的数学理论基础,可以降低复杂度高和非线性强的时间序列非平稳性,分解获得包含多个不同频率尺度且相对平稳的子序列,适用于非平稳性的序列。但是,要求预先定义模态分量数 K,且模态分量数 K 的取值对 VDM 分解与重构复原信号和特征提取结果有很大影响,如何选取最优 K 值是 VMD 方法的难点。而常用于图像处理、谐波恢复等领域的高阶谱分析法,对非高斯噪声不敏感,能够检测出信号的非高斯性,并具有抑制高斯干扰、保留信号相位信息的能力,可以很好地检测相位耦合现象,去除无耦合的频率成分,适应风电轴承振动信号的故障特征提取和故障诊断的要求。

本章最后针对风电机组滚动轴承振动信号的非线性、非高斯性,引入三阶谱(即双谱)分析法,以一种基于自适应阈值小波消噪的双谱分析方法,对振动信号进行特征提取。分别以正弦波仿真信号和实测振动信号进行验证,求取信号的双谱图,结果表明,双谱图能够有效反映信号的特征。进一步地,针对“不同故障类型”和“不同转速下同一故障类型”,分别以“直接双谱分析法”和“基于自适应阈值小波消噪的双谱分析法”求取各双谱图,经对比分析,结果表明基于自适应阈值小波消噪的双谱分析方法是一种有效的故障特征提取方法,能够很好地反映滚动轴承各种故障类型的特征,故障特征简单分明,且具有“类内相似,类间差异”的特性,具备良好的可分类性能,为下一步实现简洁快速的故障模式识别和分类打下良好基础。

第4章　风电滚动轴承的故障模式识别

基于自适应阈值小波消噪的双谱分析方法对轴承振动信号的故障特征提取，形成了合适的特征空间，为设计性能优越的模式分类器奠定了良好的基础。本章针对风电滚动轴承振动信号的非线性、非高斯性，首先以信号的双谱特征为基础，提出一种基于二值双谱特征的模糊聚类模式识别方法，对轴承的典型故障进行分类与识别。又提出一种基于核函数的投影寻踪分析方法，将核函数与投影寻踪方法相结合，将高维故障特征进行降维，构建特征评价体系，实现良好的分类效果。

4.1　引　言

在风力发电机滚动轴承的故障诊断研究工作中，相关技术人员和科研工作者已通过观察和实验积累了一定的数据信息。研究者对收集的数据和信息进行处理和分析，从中找到其内在规律，准确地描述、辨认、解释、分类研究对象的实际特征，与先验知识相结合，揭示现象或故障发生的机理，是故障诊断工作的核心与实质。常规的数学方法已经不能解决此问题，而需通过模式识别技术来完成。

4.1.1　模式识别

模式识别(Pattern Recognition)就是机器识别、计算机识别或机器自动识别，目的在于让机器自动识别事物[164]。模式识别研究的内容是使机器能做以前只能由人类才能做的事，具备人所具有的对各种事物与现象进行分析、描述与判断的部分能力。模式识别是直观的、无所不在的，人类在日常生活的每个环节，都从事着模式识别的活动。人和动物较容易做到的模式识别，但对计算机来说却是非常困难的。让机器能识别、分类，就需要研究识别的方法。

模式识别是信号处理与人工智能的一个重要分支。人工智能是专门研究用机器人模拟人的动作、感觉和思维过程与规律的一门科学，而模式识别则是利用计算机专门对物理量及其变化过程进行描述与分类，通常用来对图像、文字、相片以及声音等信息进行处理、分类和识别。它所研究的理论和方法在很多科学和技术领域中得到了广泛的重视与应用，推动了人工智能系统的发展，扩大了计算机应用的可能性。自 20 世纪 20 年代诞生以来，随着第三次科技革命——计算机的出现以及人工智能的兴起，模式识别迅速成长为一门新的学科，在许多领域得到了重视和应用，给人们的生产和生活带来了方便。其研究的目的是利用计算机对物理对象进行分类，在错误概率最小的条件下，使识别的结果尽量与客观物体相符合。让机器辨别事物的最基本方法是计算，原则上是对计算机要分析的事物与标准模板的相似程度进行计算。模式识别技术作为一种高效的信息处理技术，能够解决工程实践中的很多难点问题，已被广泛应用于生物医学工程、水利水电、军事目标识别、人工智能、系统控制、环境质量评估及机械故障诊断等领域。

（1）模式的描述方法

在模式识别技术中，被观测的每个对象称为样品。例如，在手写数字识别中每个手写数字可以作为一个样品，如果共写了 N 个数字，我们把这 N 个数字叫做 N 个样品（$X_1,X_2,\cdots,X_j,\cdots,X_N$），其中 0 有 N_0 个样品，1 有 N_1 个样品，2 有 N_2 个样品，3 有 N_3 个样品，……，一共有（$M=10$）个不同的类别。

对于一个样品来说，必须确定一些与识别有关的因素作为研究的根据，每一个因素称为一个特征。模式就是样品所具有的特征的描述。模式的特征集又可写成处于同一个特征空间的特征向量，特征向量的每个元素称为特征，该向量也因此称为特征向量。如果一个样品 $\boldsymbol{X}$ 有 n 个特征，则可把 $\boldsymbol{X}$ 看作一个 n 维列向量，该向量 $\boldsymbol{X}$ 称为特征向量，记作：

$$\boldsymbol{X}=\begin{pmatrix} x_1 \\ x_2 \\ \vdots \\ x_n \end{pmatrix}=(x_1,x_2,\cdots,x_n)^{\mathrm{T}}$$

若有一批样品共 N 个，每个样品有 n 个特征，这些数值可以构成一个 n 行 N 列的矩阵，称为原始资料矩阵，如表 4-1 所示。

表 4-1　原始资料矩阵

特征＼样品	X_1	X_2	…	X_j	…	X_N
x_1	x_{11}	x_{21}	…	x_{j1}	…	x_{N1}
x_2	x_{12}	x_{22}	…	x_{j2}	…	x_{N2}

续表

样品 / 特征	X_1	X_2	…	X_j	…	X_N
⋮	⋮	⋮	⋮	⋮	⋮	⋮
x_i	x_{1i}	x_{2i}	…	x_{ji}	…	x_{Ni}
⋮	⋮	⋮	⋮	⋮	⋮	⋮
x_n	x_{1n}	x_{2n}	…	x_{jn}	…	x_{Nn}

模式识别问题就是根据 X 的 n 个特征来判别模式 X 属于 $\omega_1,\omega_2,\cdots\omega_M$ 类中的哪一类。待识别的不同模式都在同一特征空间中考察，不同模式由于性质上的不同，它们在各特征取值范围上有所不同，因而会在特征空间的不同区域中出现。向量的运算是建立在各个分量基础之上的。因此，模式识别系统的目标是在特征空间和解释空间之间找到一种映射关系。特征空间由从模式得到的对分类有用的度量、属性或基元构成的空间。解释空间由 M 个所属类别的集合构成。

如果一个对象的特征观察值为 $\{x_1,x_2,\cdots,x_n\}$，它可构成一个 n 维的特征向量值 $\boldsymbol{X}$，即：

$$\boldsymbol{X}=(x_1,x_2,\cdots,x_n)^{\mathrm{T}}$$

式中，$x_1,x_2,\cdots,x_n$ 为特征向量 $\boldsymbol{X}$ 的各个分量。一个模式可以看作 n 维空间中的向量或点，此空间称为模式的特征空间 Rn。在模式识别过程中，要对许多具体对象进行测量，以获得更多观测值。其中有均值、方差、协方差与协方差矩阵等。

(2)模式识别系统

模式识别技术是在事物的大量特征信息基础上，通过对特征进行学习和分类，以此来对事物进行区别和判别，在人工智能领域发挥着重要的作用。一个模式识别系统通常是由信息采集、数据预处理、特征提取和分类器等几个环节组成，一个典型的模式识别系统结构框图如图 4-1 所示。

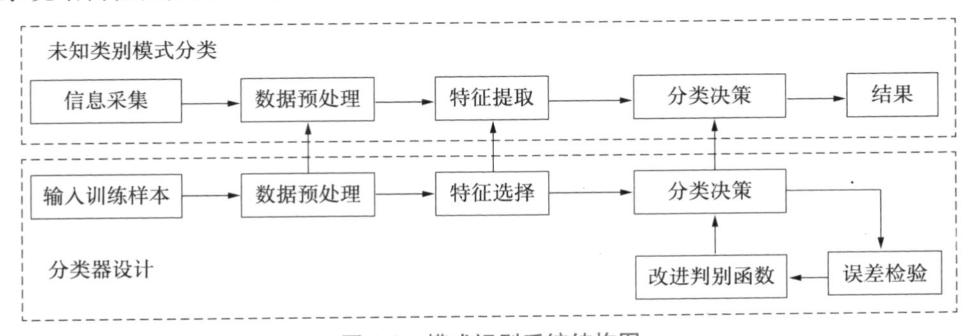

图 4-1　模式识别系统结构图

它从已知样本数据出发,依据相关的物理模型或数学模型,得到一批反映样本特征的特征向量,通过去粗取优提取有效特征,形成特征空间,通过模式识别方法与具体算法进行样本训练,寻求某种判别准则或判别函数,最后将其分到某一类别中去,为研究者提供有用的决策和优化信息。数据预处理是对含有噪声的原信号进行去噪处理,方便后续去噪工作。特征提取是模式识别最为重要的一步,该环节完成的是由数据空间到特征空间的转换工作。在特征提取中有两类工作:一是数据与类别映射关系的各种变换;二是去除冗余信息的特征压缩。分类器是模式识别系统的终端,对提取到的特征进行判别,确定其归属。

在设计模式识别系统时,需要注意模式类的定义、应用场合、模式表示、特征提取和选择、聚类分析、分类器的设计和学习、训练和测试样本的选取、性能评价等。针对不同的应用目的,模式识别系统各部分的内容可以有很大的差异,特别是在数据处理和模式分类这两部分,为了提高识别结果的可靠性往往需要加入知识库(规则)以对可能产生的错误进行修正,或通过引入限制条件大大缩小待识别模式在模型库中的搜索空间,以减少匹配计算量。在某些具体应用中,除了要给出被识别对象是什么物体外,还要求出该物体所处的位置和姿态以引导机器人的工作。

4.1.2　模式识别的基本方法

模式识别方法是一种借助于计算机对信息进行处理、判决分类的数学统计方法。应用模式识别方法的首要步骤是建立模式空间。所谓模式空间是指在考察一客观现象时,影响目标的众多指标构成的多维空间。模式识别就是对多维空间中各种模式的分布特点进行分析,对模式空间进行划分,识别各种模式的聚类情况,从而作出判断或决策。分析方法就是利用“映射”和“逆映射”技术。映射是指将多维模式空间通过数学变换到二维平面,多维空间的所有模式(样本点)都投影在该平面内。在二维平面内,不同类别的模式分布在不同的区域之间有较明显的分界域。由此确定优化方向返回到多维空间(原始空间),得出真实信息,帮助人们找出规律或作出决策,指导实际工作或实验研究。

在 n 维特征空间已经确定的前提下,讨论分类器设计问题,其实是一个选择什么准则、使用什么方法,并将已确定的 n 维特征空间划分成决策域的问题。针对不同的对象和不同的目的,可以用不同的模式识别理论或方法,目前基本的技术方法有统计模式识别、句法模式识别。

4.1.2.1　统计模式识别

统计模式识别方法是发展较早也比较成熟的一种方法。被识别对象首先数字化,变换为适于计算机处理的数字信息。一个模式常常要用很大的信息量来表示。许多模式识别系统在数字化环节之后还要进行预处理，用于除去混入的干扰信息并减少某些变形和失真。随后再进行特征抽取，即从数字化或预处理后的输入模式中抽取一组特征，模式可用特征空间中的一个点或一个特征矢量表示。所谓特征是选定的一种度量，它对于一般的变形和失真保持不变或几乎不变，并且只含尽可能少的冗余信息。特征抽取过程将输入模式从对象空间映射到特征空间。这种映射不仅压缩了信息量，而且易于分类。在决策理论方法中，特征抽取占有重要的地位，但尚无通用的理论指导，只能通过分析具体识别对象决定选取何种特征。特征抽取后可进行分类，即从特征空间再映射到决策空间。为此引入鉴别函数，由特征矢量计算出相应的各类别的鉴别函数值，通过鉴别函数值的比较实行分类。

统计模式识别方法适用于给定的有限数量样本集，其基本思想是将特征提取阶段得到的特征向量定义在一个特征空间中，这个空间包含了所有的特征矢量。不同的特征向量，或者说不同类别的对象，都对应于此空间中的一点。在分类阶段，则利用统计决策的原理对特征空间进行划分，从而达到识别不同特征对象的目的。已知研究对象统计模型或已知判别函数类条件下，根据一定的准则通过学习算法能够把 n 维特征空间划分为 m 个区域，每一个区域与每一类别相对应，模式识别系统在进行工作时只要判断被识别的对象落入哪一个区域，就能确定出它所属的类别。统计识别中应用的统计决策分类理论相对比较成熟，研究的重点是特征提取。基于统计模式识别的方法有多种，通常较为有效，现已形成了完整的体系。尽管方法很多，但从根本上讲，都是直接利用各类的分布特征，即利用各类的概率分布函数、后验概率或隐含地利用上述概念进行分类识别。其中基本的技术为聚类分析、判别类域界面法、统计判决等。

(1)聚类分析

在聚类分析中，利用待分类模式之间的“相似性”进行分类，更相似的作为一类，不相似的作为另外一类。在分类过程中不断地计算所分划的各类的中心，下一个待分类模式以其与各类中心的距离作为分类的准则。聚类准则的确定，基本上有两种方式。一种是试探方式，即凭直观和经验，针对实际问题定义一种相似性测度的阈值，然后按最近邻规则指定某些模式样本属于某一聚类类别。例如欧氏距离测度，它反映样本间的近邻性，但将一个样本分到两个类别中的一个时，必须规定一距离测度的阈值作为聚类的判别准则，按最近邻规则的简单试探法和最大最小聚类算法就是采用这种方式。另一种是聚类准则函数法，即规定一种准则函数，其函数值与样品的划分有关。当取得极小值时，就认为得到了最佳划分。实际工作中采用最多的聚类方法之一是系统聚类法。它将模式样本按距离准则逐步聚类，类别由多到少，直到满足合适的分类要求为止。

(2)判别类域界面法

判别类域界面法中，用已知类别的训练样本产生判别函数，这相当于学习或训练。

根据待分类模式代入判别函数后所得值的正负而确定其类别。判别函数提供了相邻两类判决域的界面，最简单、最实用的判别函数是线性判别函数。利用线性判别函数进行决策就是用一个超平面对特征空间进行分割。超平面的方向由权向量决定，而位置由阈值权的数值确定，超平面把特征空间分割为两个决策区域。

(3)统计判决

在统计判决中，在一些分类识别准则下严格地按照概率统计理论导出各种判决准则，这些判决准则要用到各类的概率密度函数、先验概率或条件概率，即贝叶斯法则。

基于统计模式识别方法有多种方法：模板匹配法、判别函数法、神经网络分类法、基于规则推理法等。这些方法各有特点及其应用范围，它们不能相互取代，只能共存，相互促进、借鉴、渗透。一个较完善的识别系统很可能是综合利用上述各类识别方法的观点、概念和技术而形成的。

①模板匹配

模板匹配的原理是选择已知的对象作为模板，与待测物体进行比较，从而识别目标。将待分类样品与标准模板进行比较，看与哪个模板匹配程度更好些，从而确定待测试样品的分类。而近邻法则在原理上属于模板匹配。它将训练样品集中的每个样品都作为模板，用测试样品与每个模板做比较，看与哪个模板最相似(即为近邻)，就按最近似的模板的类别作为自己的类别。从原理上讲近邻法是最简单的。但是近邻法有一个明显的缺点就是计算量大，存储量大，要存储的模板很多，每个测试样品要对每个模板计算一次相似度，因此在模板数量很大时，计算量也会更大。模板匹配的另一个缺点是由于匹配的点很多，理论上最终可以达到最优解，但在实际中却很难做到。模板匹配主要应用于图像中对象物位置的检测、运动物体的跟踪，不同光谱或者不同摄影时间所得的图像之间位置的配准等。模板匹配的计算量很大，相应数据的存储量也很大，而且随着图像模板的增大，运算量和存储量以几何级数增长。如果图像和模板大到一定程度，就会导致计算机无法处理，随之也就失去了图像识别的意义。

②判别函数

设计判别函数的形式有两种方法：基于概率统计的分类法和几何分类法。

a. 基于概率统计的分类器

基于概率统计的分类器主要有基于最小错误率的贝叶斯决策、基于最小风险的贝叶斯决策。

直接使用贝叶斯决策首先需要得到有关样品总体分布的知识，包括各类先验概率及类条件概率密度函数，计算出样品的后验概率，并以此作为产生判别函数的必要数据，设计出相应的判别函数与决策面。当各类样品近似于正态分布时，可以算出使错误率最小或风险最小的分界面，以及相应的分界面方程。因此如果能从训练样品估计出各类样品服从近似的正态分布，可以按贝叶斯决策方法对分类器进行设计。

这种通过利用训练样品的概率分布进行估计,再对它进行分类器设计的方法,称为参数判别方法。它的前提是对特征空间中的各类样品分布十分清楚,一旦要测试分类样品的特征向量值已知,就可以确定其对各类的后验概率,也就可按相应的准则进行计算与分类。所以判别函数等的确定取决于样品统计分布的有关知识。因此参数分类判别方法一般只能用在有统计知识的场合,或能利用训练样品估计出参数的场合。

贝叶斯分类器可以用一般的形式给出数学上严格的分析证明:在给出某些变量的条件下,能使分类所造成的平均损失最小,或者分类决策的风险最小。因此能计算出分类器的极限性能。贝叶斯决策采用分类器中最重要的指标——错误率作为产生判别函数和决策面的依据,因此它给出了最一般情况下适用的“最优”分类器设计方法,对各种不同的分类器设计技术在理论上都有指导意义。

b. 判别函数分类法

由于一个模式通过某种变换映射为一个特征向量后,该特征向量可以理解为特征空间的一个点,在特征空间中,属于一个类的点集,总是在某种程度上与属于另一个类的点集相分离,各个类之间确定可分,因此如果能够找到一个判别函数(线性或非线性函数),把不同类的点集分开,则分类任务就解决了。判别分类器不依赖于条件概率密度的知识,可以理解为通过几何方法,把特征空间分解为对应于不同类别的子空间。而且呈线性的分离函数,将使计算简化。分离函数又分为线性判别函数和非线性判别函数。

③神经网络分类

人工神经网络的研究起源于对生物神经系统的研究。它将若干处理单元(即神经元)通过一定的互连模型联结成一个网络,这个网络通过一定的机制可以模仿人神经系统的动作过程,以达到识别分类的目的。人工神经网络区别于其他识别方法的最大特点是它对待识别的对象不要求有过多的分析与了解,具有一定的智能化处理特点。神经网络侧重于模拟和实现人认知过程中的感知觉过程、形象思维、分布式记忆、自学习和自组织过程,与符号处理是一种互补的关系。但神经网络具有大规模并行、分布式存储和处理、自组织、自适应和自学习的能力,特别适用于处理需要同时考虑许多因素和条件的、不精确和模糊的信息处理问题。

神经网络可以看成从输入空间到输出空间的一个非线性映射,它通过调整权重和阈值来“学习”或发现变量间的关系,实现对事务的分类。由于神经网络是一种对数据分布无任何要求的非线性技术,它能有效解决非正态分布、非线性的评价问题,因而得到广泛的应用。由于神经网络具有信息的分布存储,并行处理及自学习能力等特点,它在泛化处理能力上显示出较高的优势,可处理一些环境信息十分复杂,背景知识不清楚,推理规则不明确的问题。允许样品有较大的缺损、畸变。缺点是目前能识别的模式类还不够多,模型还在不断丰富与完善中。

④基于规则推理法

基于规则推理法是对客体运用统计(或结构、模糊)识别技术,或人工智能技术,获得客体的符号性表达即知识性事实后,运用人工智能技术对知识的获取、表达、组织、推理方法,确定该客体所归属的模式类(进而使用)的方法。它是一种与统计模式识别、句法模式识别相并列(又相结合)的基于逻辑推理的智能模式识别方法。它主要包括知识表示、知识推理和知识获取三个环节。

通过样本训练集构建推理规则进行模式分类的方法主要有:决策树和粗糙集理论。决策树学习是以实例为基础的归纳学习算法。它着眼于从一组无次序、无规则的实例中推理出决策树表示形式的分类规则。决策树整体为一棵倒长的树,分类时,采用自顶向下的递归方式,在决策树的内部结点进行属性值的比较,并根据不同属性判断从该结点向下的分支,在决策树的叶结点得到结论。粗糙集理论反映了认知过程在非确定、非模型信息处理方面的机制和特点,是一种有效的非单调推理工具。粗糙集以等价关系为基础,用上、下近似两个集合来逼近任意一个集合,该集合的边界区域被定义为上近似集和下近似集之差集,边界区域就是那些无法归属的个体。上、下近似两个集合可以通过等价关系给出确定的描述,边界域的元素数目可以被计算出来。这两个理论在数据的决策和分析、模式识别、机器学习与知识发展等方面有着成功的应用,已成为信息科学最活跃的研究领域之一。

基于规则推理法适用于已建立了关于知识表示与组织、目标搜索及匹配的完整体系。对需通过众多规则的推理达到识别确认的问题,有很好的效果。但是当样品有缺损,背景不清晰,规则不明确甚至有歧义时,效果不好。

⑤模糊模式识别法

模糊模式识别的理论基础是模糊数学。它根据人辨识事物的思维逻辑,吸取人脑的识别特点,将计算机中常用的二值逻辑转向连续逻辑。模糊识别的结果是用被识别对象隶属于某一类别的程度即隶属度来表示的,一个对象可以在某种程度上属于某一类别,而在另一种程度上属于另一类别。一般常规识别方法则要求一个对象只能属于某一类别。基于模糊集理论的识别方法有:最大隶属原则识别法、择近原则识别法和模糊聚类法。由于用隶属度函数作为样品与模块间相似程度的度量,故往往能反映它们整体和主要的特性,从而允许样品有相当程度的干扰与畸变。但准确合理的隶属度函数往往难以建立,故限制了它的应用。伴随着各门学科,尤其是人文、社会学科及其他"软科学"的不断发展,数字化、定量化的趋势也开始在这些领域中显现。模糊模式识别不再简单局限于自然科学领域,同时也被应用到社会科学领域,特别是经济管理学科方面。

⑥支持向量机的模式识别

支持向量机方法是求解模式识别和函数估计问题的有效工具,是由 Vapnik 领导的

AT & Bell 实验室研究小组在1963 年提出的一种新的非常有潜力的分类技术，其基本思想是先在样本空间或特征空间中构造出最优超平面，使得超平面与不同类样本集之间的距离最大，从而达到最大的泛化能力。支持向量机结构简单，并且具有全局最优性和较好的泛化能力，自提出以来就得到了广泛的研究。

支持向量机在数字图像处理方面的应用是寻找图像像素特征之间的差别，即从像素点本身的特征和周围的环境（邻近的像素点）出发，寻找差异，然后将各类像素点区分出来。

上述的各种方法各有特点及应用范围，它们不能相互取代，可以取长补短，互相补充、促进、借鉴、渗透。一个较完善的识别系统很可能是综合利用上述各类识别方法的观点、概念和技术而形成的。

统计模式识别研究的主要问题有：特征的选择与优化、分类判别及聚类判别。

①特征的选择与优化

如何确定合适的特征空间是设计模式识别系统一个十分重要的问题，对特征空间进行优化有两种基本方法：一是特征选择，如果所选用的特征空间能使同类物体分布具有紧致性，可为分类器设计成功提供良好的基础；反之，如果不同类别的样品在该特征空间中混杂在一起，再好的设计方法也无法提高分类器的准确性。二是特征的组合优化，通过一种映射变换改造原特征空间，构造一个新的精简的特征空间。

②分类判别

已知若干个样品的类别及特征，对分类问题需要建立样品库。根据这些样品库建立判别分类函数，这一过程是由机器来实现的，称为学习过程，然后分析一个未知新对象的特征，决定它属于哪一类。这是一种监督分类的方法。

③聚类判别

已知若干对象和它们的特征，但不知道每个对象属于哪一个类，而且事先并不知道究竟分成多少类，用某种相似性度量的方法，即“物以类聚，人以群分”，把特征相同的归为一类。

机器识别也往往借鉴人的思维活动，进行分析、判断，然后加以分门别类，即识别它们。模式识别的方法很多，很难将其全部概括，也很难说哪种方法最佳，常常需要根据实际情况运用多种方法进行实验，然后选择最佳的分类方法。

4.1.2.2 句法结构模式识别

句法识别是对统计识别方法的补充。统计方法用数值来描述图像特征，句法方法则用符号来描述图像特征。它模仿了语言学中句法的层次结构，采用分层描述的方法，其基本思想是把一个模式描述为较简单的子模式的组合，子模式又可描述为更简单的子模式的组合，最终得到一个树形的结构描述，在底层的最简单的子模式称为模式基元。在句法方法中选取基元的问题相当于在决策理论方法中选取特征的问题。通常要求所选的基元能为模式提供紧凑的反映其结构关系的描述,又要易于用非句法方法加以抽取。显然,基元本身不应该含有重要的结构信息。模式以一组基元和它们的组合关系来描述,称为模式描述语句,这相当于在语言中,句子和短语用词组合,词用字符组合一样。基元组合成模式的规则,由所谓语法来制定。一旦基元被鉴别,识别过程可通过句法分析进行,即分析给定的模式语句是否符合制定的语法,满足某类语法的即被分入该类。

句法结构模式识别又称结构方法或语言学方法,主要用于文字识别、遥感图形的识别与分析,以及纹理图像的分析。该方法的特点是识别方便,能够反映模式的结构特征,能够描述模式的性质,对图像畸变的抗干扰能力较强。如何选择机缘是本方法的一个关键问题,尤其是当存在干扰及噪声时,抽取基元更困难,且易失误。把复杂图像分解为单层或多层的简单子图像,突出了识别对象的结构信息。图像识别是从统计方法发展而来的,而句法方法扩大了识别的能力,使其不局限于对象物的分类,还用于景物的分析和物体结构的识别。

模式识别方法的选择取决于问题的性质。如果被识别的对象极为复杂,而且包含丰富的结构信息,一般采用句法方法,当被识别对象不复杂或不含明显的结构信息时,一般采用决策理论方法。统计方法发展较早,比较成熟,取得了不少应用成果,能考虑干扰、噪声等影响,识别模式基元能力强;但是它对结构复杂的模式抽取特征困难,不能反映模式的结构特征,难以描述模式的性质,对模式本身的结构关系很少利用,难以从整体角度考虑识别问题。而很多识别问题,并不是用简单的分类就能解决的,更重要的是要弄清楚这些模式的结构关系。句法结构模式识别能反映模式的结构特性,识别方便,可从简单的基元开始,由简至繁。另一方面,单纯的句法模式识别方法没有考虑到模式所受到的环境、噪声等不稳定因素的影响,当存在干扰及噪声时,抽取基元困难,且易失误。

在应用中,常常将这两种方法结合起来,分别施加于不同的层次,会得到较好的效果。两者的结合已是模式识别问题的一个研究方向,在这方面,还提出了随机文法、属性文法等一些新的研究方向,并取得了一定的成果。

模式识别问题的关键是分类器设计,或准则函数的制定。目前,常用的模式识别分类方法有:贝叶斯分类法、线性分类法、神经网络分类法、决策树分类法、聚类分析法等。如文献[165]中,提出了一种基于贝叶斯网络的统计学习算法,实现参数学习,对某一化工过程故障进行分类和诊断;文献[166]中结合多种分类方法识别故障,先用支持向量机将特征参数分类,将其中故障情况对应的特征参数再作主成分分析,实现降维,最后采用山形聚类方法判别轴承故障;文献[167]提出一种基于最大类间方差和样本密度相结合的核聚类方法,分析诊断轴承故障,能够克服样本数据边界噪声的影响;文献[168]中将补偿距离评估用于向量降维,结合小波核主成分分析法,进行轴承故障诊断,取得了较好的聚类效果;文献[169]中采用了模糊熵和 GG 聚类的方法,将信号按时间尺度分解,从得到的趋势项中选取具有代表性的分量作为特征向量,再进行聚类模式识别,其效果比模糊 C 均值算法和 GK 聚类好;文献[170]中针对轴承的点蚀故障,采用了基于小波包和 BP 神经网络的模式识别方法,取得了良好的识别结果;文献[171]中依据模糊粗糙集理论,将方差分析法和动态聚类法引入模糊决策过程,进行轴承故障的模式识别,有效提高了识别精度。

如上,形形色色的模式识别方法被提出,在具体应用时各有千秋。贝叶斯分类器以概率统计为基础,能够对分类决策从一般形式上给出严格的数学证明,并能计算出分类效果的概率极限值,但其决策过程必须以已知样本总体分布为前提。线性分类器只能有效处理线性关系,而滚动轴承的故障特征与故障类别往往是非线性关系。神经网络方法能够适用于求解非线性、容错性等问题。但需要先训练样本,训练过程中输入输出层、隐含层、神经元个数等参数的选择和确定是个难题,对训练结果影响很大。迄今为止还没有一种统一的理论或方法能够有效地适用于所有模式的识别问题,即不存在适用于所有模式识别问题的单一模型或单一技术。因此,在实际应用中,常常把多种识别方法同具体问题相结合,互相取长补短,使其效果更完善,应用性更强。

4.2 模糊聚类分析法

聚类分析用于样本分类未知或不具备可利用的先验知识,根据样本特征,利用某种相似性度量,将特征相近或相同的样本归为一类,实现分类。基于聚类分析的思想,常用的算法有:遗传算法、蚁群算法、粒子群算法等。本章针对风力发电机滚动轴承振动信号的非线性、非高斯性,引用聚类思想,提出一种基于二值双谱特征的模糊聚类模式识别方法,对轴承的典型故障进行分类与识别。

模糊聚类分析法是一种引入聚类分析思想的模糊模式识别方法。基于“模糊划分”的概念,有很多聚类方法被提出,其核心内容都是利用模糊关系进行聚类分析,以此实现模式分类。模糊模式识别主要有两种常用的方法:最大隶属度原则识别方法和择近原则识别方法。模糊聚类分析法基于择近原则,适宜对未知分类的样本进行聚类分析。其分类思想是:在多维空间中,同类样本之间距离较小,靠得较近;而不同类的样本之间距离较大,离得较远,即按照“类内密集,类间分离”的规则,将特性相似的样本归为同一类别,从而实现分类。

模糊聚类分析的关键是相似度问题,包括两个方面:一是样本之间的相似程度如何度量,即模式相似度;二是何种程度的相似度可被视为同类,即聚类准则。

4.2.1 模式相似度

相似度用于衡量同类样本之间的相似性以及不同类样本之间的差异性。两种类别之间的相似度常以距离来表示:欧氏距离、马氏距离、余弦距离等。

假设具有 N 个特性指标的 M 个样本为 $X_1, X_2, \cdots, X_M$,形成 N 维空间中的 M 个点,D_{ij} 表示第 i 个样本 X_i 和第 j 个样本 X_j 之间的距离,x_{ik}, x_{jk} 分别为两个样本的第 k 项指标,即 X_i 和 X_j 的第 k 维坐标。则有:

①欧式距离:

$$D_{ij} = (X_i - X_j)^{\mathrm{T}}(X_i - X_j) = \sqrt{\sum_{k=1}^{N}(x_{ik} - x_{jk})^2} \tag{4-1}$$

②马氏距离:

$$D_{ij}^2 = (X_i - X_j)^{\mathrm{T}} S^{-1}(X_i - X_j) \tag{4-2}$$

$$\boldsymbol{S} = \frac{1}{M-1}\sum_{k=1}^{M}(X_i - \bar{X})^{\mathrm{T}}(X_i - \bar{X})$$

其中,$\bar{X}$ 为 M 个样本的平均值,$\boldsymbol{S}$ 为协方差矩阵。

③余弦距离:

$$D_{ij} = \cos\theta = \frac{\sum_{k=1}^{N}(x_{ik}x_{jk})}{\sqrt{\sum_{k=1}^{N}x_{ik}^2}\sqrt{\sum_{k=1}^{N}x_{jk}^2}} \tag{4-3}$$

其中,θ 为两点构成的两个向量之间的夹角。

显然,无论采用哪种距离公式来衡量,D_{ij} 越小则表明两个样本越相似。

4.2.2 聚类准则

模式分类过程中,聚类的方式有很多种,因此需要确定一种聚类准则对聚类效果作以评价,某种聚类方法的好坏依据一种聚类准则来衡量。常用的聚类准则有两大类:试探方式和聚类准则函数法。试探方式是一种凭借经验设定模式相似度阈值从而实现聚类的方法。聚类准则函数则是通过制定目标,确定一种准则函数,当函数值达到极值时,实现样本的最佳模式分类。常用的聚类准则有:误差平方和准则、类间距离和离散度准则。

假设具有 N 个特性指标的 M 个样本为 $X_1, X_2, \cdots, X_M$,形成 N 维空间中的 M 个点,被划分为 K 个类别 $\omega_1, \omega_2, \cdots, \omega_K$,其中某一类别 ω_i 的均值用 $\bar{X}_{\omega i}$ 表示,J 表示某种准则

的准则函数。

①误差平方和准则：

$$J = \sum_{i=1}^{K} \sum_{X_i \in \omega_i} \| X_i - \bar{X}_{\omega i} \|^2 \tag{4-4}$$

计算各样本与自身类别中心的距离平方和，当 J 最小时，这种分类为最佳划分结果。

②离散度准则：

类内距离定义为：

$$J = \sum_{i=1}^{K} (\bar{X}_{\omega i} - \bar{X})^{\mathrm{T}} (\bar{X}_{\omega i} - \bar{X}) \tag{4-5}$$

其中，$\bar{X}$ 为全体样本的均值。

“类内距离和”与“类间距离和”统称为离散度矩阵。

类内离散度矩阵为：

$$\boldsymbol{S}_W = \sum_{X_i \in \omega_i} (X_i - \bar{X}_{\omega i})(X_i - \bar{X}_{\omega i})^{\mathrm{T}} \tag{4-6}$$

类间离散度矩阵为：

$$\boldsymbol{S}_B = \sum_{i=1}^{K} n_i (\bar{X}_{\omega i} - \bar{X})(\bar{X}_{\omega i} - \bar{X})^{\mathrm{T}} \tag{4-7}$$

其中，n_i 表示被划分为 K 个类别的样本中，第 i 个类别的样本数目。

总体离散度矩阵为：

$$\boldsymbol{S}_T = \sum_{i=1}^{M} (X_i - \bar{X})(X_i - \bar{X})^{\mathrm{T}} \tag{4-8}$$

“类内距离和”与“类间距离和”分别是寻找最小类内离散度、最大类间离散度的准则函数。

4.3 基于二值双谱特征的模糊聚类故障模式识别

从第 3 章的分析和结论可知，轴承各类故障的双谱特征具有很好的“类内密集，类间分离”特性，非常适合于用聚类方法进行故障模式识别。

本文将采用基于目标函数的模糊聚类方法，由振动信号的二值双谱特征构造目标模板，再设计最邻近分类器，依据最邻近规则训练样本，进行判决和分类，最后由检验样本检验分类结果。该方法的具体流程如图 4-2 所示。

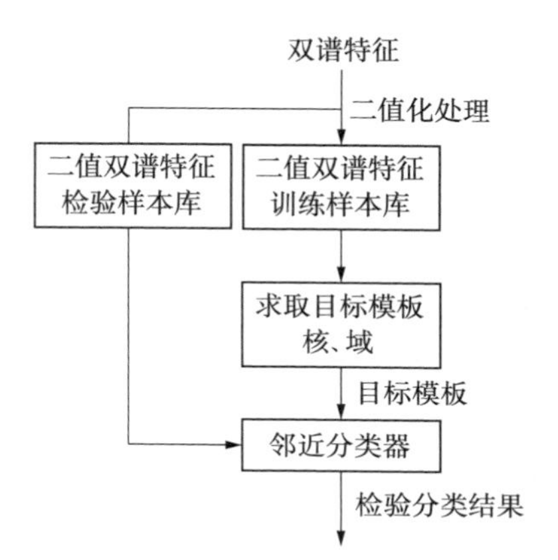

图 4-2　模糊聚类故障模式识别流程图

按照图 4-2 的流程,详细过程和具体步骤叙述如下。

4.3.1　构造二值双谱特征目标模板

双谱特征是二维数据,若直接以此进行聚类分析,将会引起巨大的计算量和数据量,给分析过程带来麻烦。另外,从双谱特征图可以看出,某些区域为空白,即双谱谱线的幅值为零,若选择全体数据作为特征向量,会产生大量的冗余计算。因此,先将双谱特征图进行阈值处理,转换为二值图。在图像处理领域,二值图即只有黑、白二值的图像,黑色用"0"表示,白色用"1"表示。依据二值图像处理的原理,将双谱特征图中幅值非零的谱线数据用 1 表示,从而大大减少计算量,并使不同类别故障的特征更突出。因此,先将双谱特征经过二值化处理,转换成二值双谱特征,以此构造目标模板。

如图 4-3 所示,在聚类分析构造目标模板的过程中,将 M 个样本全体 $\{X_1, X_2, \cdots, X_M\}$ 称为目标库,每一种故障类型 $w_1, w_2, \cdots, w_K$ 组成目标库中的一个目标,即目标库中含有 K 个目标,每个目标中有 n_i 个样本,即:

$$n_1 + n_2 + \cdots + n_K = M$$

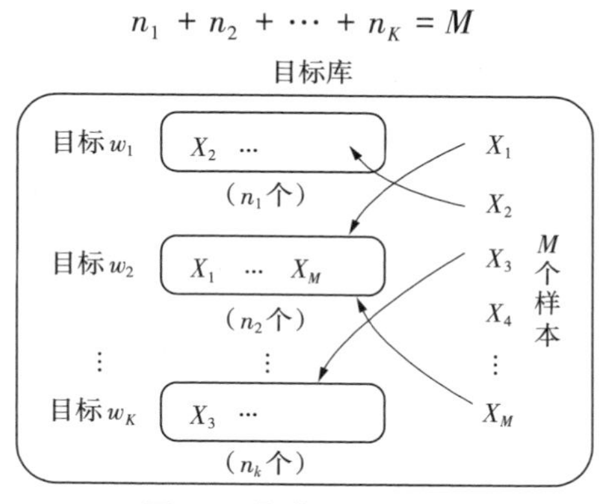

图 4-3　聚类分析目标库

每个目标有一个聚类中心,即为该分类中所有样本的均值。

则目标模板:

$$M_i = \{H_i, Y_i\} \quad (i = 1, 2, \cdots, K) \tag{4-9}$$

其中,H_i 为第 i 个分类的核,Y_i 为第 i 个分类的域。核 H_i 是某一分类中所有样本共有的特征,即样本的交集;域 Y_i 是某一分类中所有样本的特征总集,即样本的并集。

对于滚动轴承故障模式识别问题,其第 i 种故障类型二值双谱特征图的核和域为:

$$H_i = \bigcap_{k=1}^{n_i} B_{ik}(\omega_1, \omega_2) \quad (i = 1, 2, \cdots, K) \tag{4-10}$$

$$Y_i = \bigcup_{k=1}^{n_i} B_{ik}(\omega_1, \omega_2) \quad (i = 1, 2, \cdots, K)$$

其中,$B_{ik}(\omega_1, \omega_2)$ 是第 i 种故障分类中第 k 个样本,它是一个二值双谱特征图。

由此可知,目标模板的核体现了相同类别其二值双谱特征的共性,而域表示了这一类别中所有样本的范围,即若某一样本 X_j 若被归为第 w_i 类,则它必定在大于 H_i 又小于 Y_i 的范围内。

4.3.2 邻近分类器的设计

最邻近规则常用于样本分类未知的情况。假设将样本库中的前 $p(p<M)$ 个样本已划分为 $q(q \leqslant K)$ 个类别,对第$(p+1)$个样本进行分类时,若将其归为 w_a 类,则应满足:

$$|X_{p+1} - \bar{X}_{w_a}| \leqslant |X_{p+1} - \bar{X}_{w_b}| \quad (1 \leqslant b \leqslant K) \tag{4-11}$$

即第$(p+1)$个样本若归为 w_a 类,则该样本到 w_a 类的距离是到所有类别距离中最小的。若这个最小距离仍然大于设定的阈值,则建立一个新的分类。

这种分类方法具有一般性和通用性,算法简单。但分类效果与样本排列顺序、样本分布,第一个分类中心的选取,阈值的确定等因素有关,且分类结果严重受到上述因素影响。

对于滚动轴承故障诊断问题,因已将故障划分为:内圈故障、外圈故障、滚动体故障,特殊地,将正常状态也归为一个类别。因此,有 4 个分类,即 4 个目标。由此,可将上述最邻近规则作以简化,即:

若将某一样本 X_i 划分至 w_a 类($w_a \in \{w_1, w_2, w_3, w_4\}$),则应满足:

$$|X_i - \bar{X}_{w_a}| \leqslant |X_i - \bar{X}_{w_b}| \quad (1 \leqslant b \leqslant 4) \tag{4-12}$$

即计算 X_i 到每个聚类中心的距离,距哪个聚类中心的距离最小,就将其划分至哪个类别。

将式(4-11)的邻近规则用于计算样本 X_i 到某一目标模板 $M_j = \{H_j, Y_j\}$ 的聚类中心距离时,具体计算公式为:

$$D(X_i, M_j) = \sum_{m=1}^{M} \sum_{n=1}^{M} \operatorname{sgn}(B_{x_i}(m,n) - H_j(m,n)) +$$

$$\sum_{m=1}^{M}\sum_{n=1}^{M}\operatorname{sgn}(Y_j(m,n)-B_{x_i}(m,n)) \tag{4-13}$$

其中，sgn(x) 为符号函数：

$$\operatorname{sgn}(x)=\begin{cases}1, & x<0\\ 0, & x\geqslant 0\end{cases}$$

$B_{x_i}(m,n)$ 即为样本 X_i 的二值双谱特征图表示;每一双谱特征样本包含 $m\times n$ 个数据点。

如图 4-4 所示，$\sum_{m=1}^{M}\sum_{n=1}^{M}\operatorname{sgn}(B_{x_i}(m,n)-H_j(m,n))$ 表示样本包含目标模板核的程度。

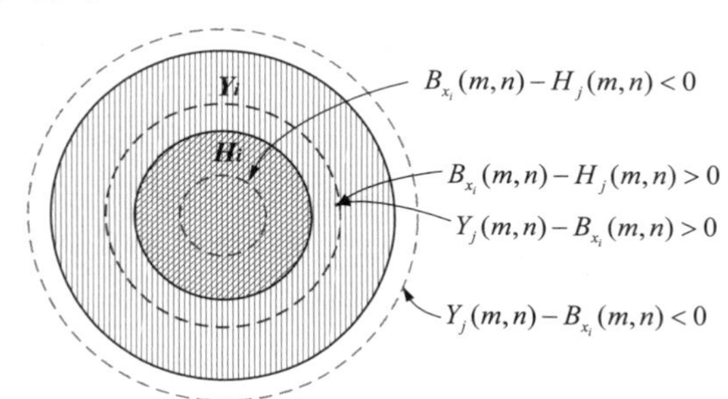

图 4-4　测试样本与目标模板核和域的距离关系

若 $B_{x_i}(m,n)-H_j(m,n)>0$，表明测试样本包含了目标核，具有该类别的共性;若 $B_{x_i}(m,n)-H_j(m,n)<0$，则表明测试样本在目标核的区域之内，它失去了一部分该类别应具备的共性，二者的距离体现了样本失去该类别共性的程度。

$\sum_{m=1}^{M}\sum_{n=1}^{M}\operatorname{sgn}(Y_j(m,n)-B_{x_i}(m,n))$ 表示目标模板域包含样本的程度。如果 $Y_j(m,n)-B_{x_i}(m,n)>0$，则表明目标域包含测试样本，即测试样本属于目标域的范围，在该类别的特性范围之内。如果 $Y_j(m,n)-B_{x_i}(m,n)<0$，表明测试样本包含了目标域，即样本超出了目标核的区域，二者的距离体现了样本超出该类别范围的程度。

4.3.3　模糊聚类算法

构造目标模板和分类器的设计是模糊聚类分析模式识别方法的两个重要环节，按照上述分类方案，具体算法和步骤如下：

以轴承各种故障状态振动信号的二值双谱特征作为样本，M 个样本：$X_1,X_2,\cdots,X_M$，其中 $X_i=B_{x_i}(m,n)$。

①构造轴承正常状态、内圈故障、外圈故障、滚动体故障四种工况的目标模板 $M_i=\{H_i,Y_i\}$，$(i=1,2,3,4)$，其中：

$$H_i=\bigcap_{k=1}^{n_i}B_{ik}(\omega_1,\omega_2)\,,\quad Y_i=\bigcup_{k=1}^{n_i}B_{ik}(\omega_1,\omega_2)$$

②按照邻近分类规则,计算样本 X_i 到某一目标模板 $M_j=\{H_j,Y_j\}$ 的聚类中心距离:

$$D(X_i,M_j)=\sum_{m=1}^{M}\sum_{n=1}^{M}\operatorname{sgn}(B_{x_i}(m,n)-H_j(m,n))+\sum_{m=1}^{M}\sum_{n=1}^{M}\operatorname{sgn}(Y_j(m,n)-B_{x_i}(m,n))$$

③与样本距离最小的目标模板编号,即为样本被分类的标号:

令 $a=1$,从 $j=1$ 到 $j=3$,若 $D(X_i,M_j)\geqslant D(X_i,M_{j+1})$,则 $a=j$。最终得到的 a 值即为分类号,样本 X_i 被划分为 w_a 类。

4.3.4 仿真分析

对 3.4 节所述的实验过程及特征提取结果,按照二值双谱特征提取和模糊聚类故障模式识别方法,对滚动轴承进行故障分类。选取正常状态、内圈故障、外圈故障和滚动体故障的样本数据各 10 组,每组样本包含 2 000 个振动采样数据,其中 8 组作为训练样本,2 组用作测试样本,对分类结果进行检验。

先将四种分类的 40 组样本数据进行双谱分析,提取振动信号的故障特征,再进行二值化处理,获得 40 个二值化双谱特征图,从中选择四种故障各一组,如图 4-5 所示。

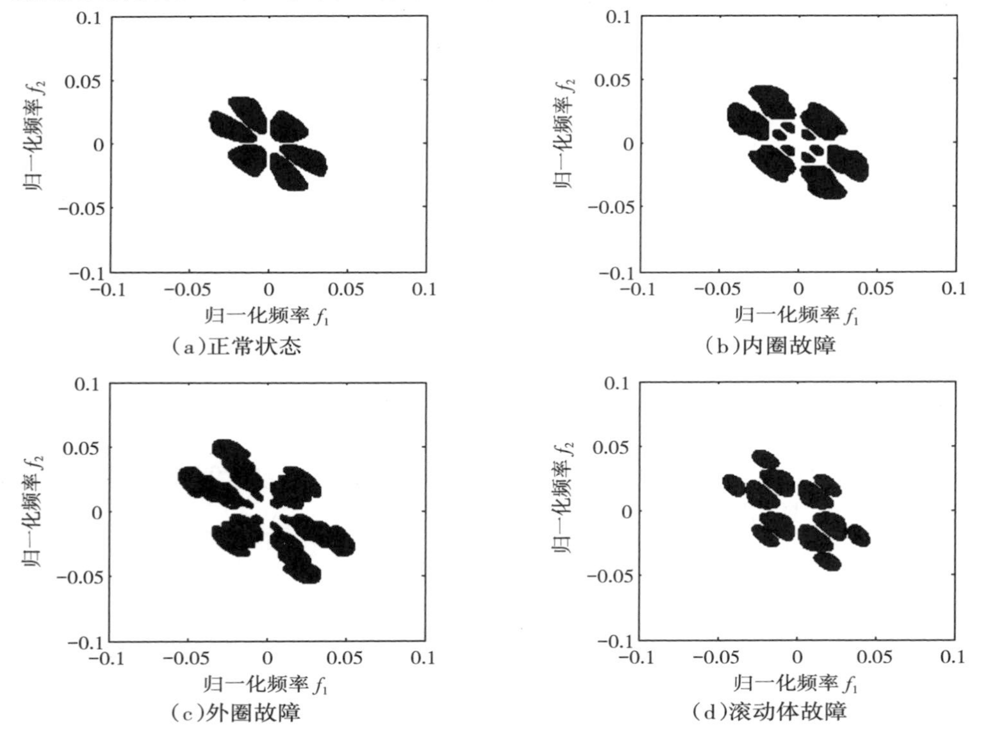

图 4-5 二值双谱特征图

从图 4-5 可以看出，二值双谱特征图中只有黑、白两种区域，其双谱估计值都处理为 1 或 0，大大降低了数据量和计算量。在此基础上构建目标模板的核和域，将大大简化模板的结构。为了便于分析和观察，后续的二值双谱特征图均以轮廓线简化表示，如图 4-6 所示，实际上谱线轮廓内部区域均为黑色。

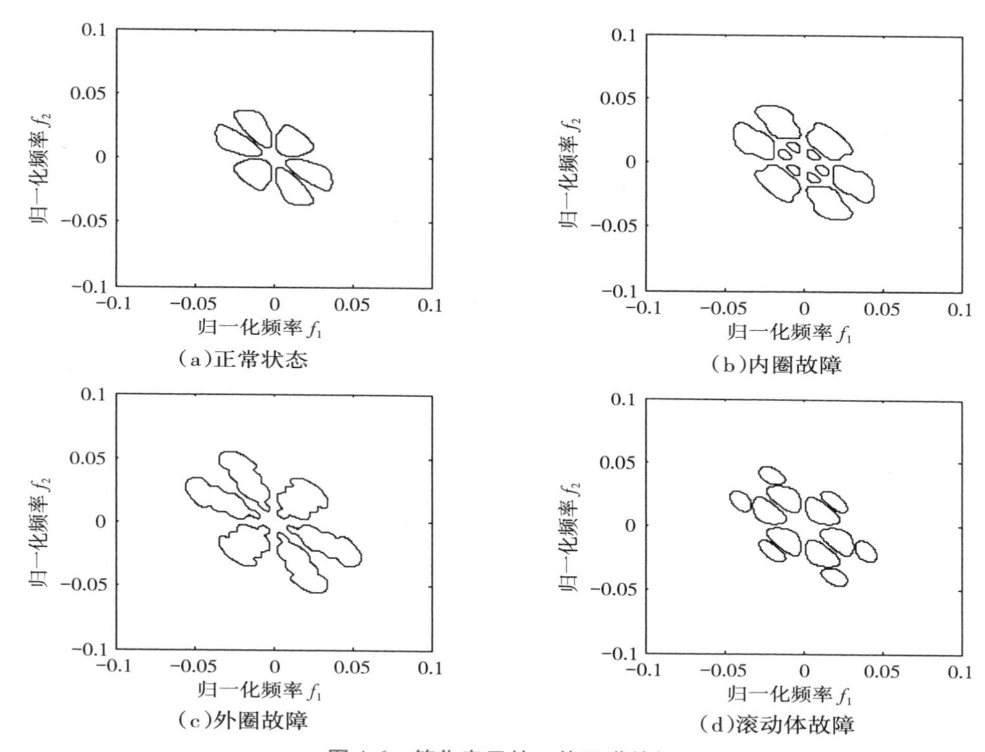

(a)正常状态　(b)内圈故障　(c)外圈故障　(d)滚动体故障

图 4-6　简化表示的二值双谱特征

按照 4.3.3 的方法构造正常状态、内圈故障、外圈故障、滚动体故障四种类别的目标模板 M_1,M_2,M_3,M_4 时，每种类别的目标模板由 8 组样本数据经训练而得。将这 8 组样本的二值双谱特征图汇集在一起，如图 4-7 所示。

每种类别的目标模板由 8 组样本数据的二值双谱特征构成，分别取其交集形成 4 个目标模板的核 H_1,H_2,H_3,H_4，如图 4-8 所示，取其并集形成 4 个目标模板的域 Y_1,Y_2,Y_3,Y_4，如图 4-9 所示。

图 4-8(a)中目标模板的核 H_1 是由 8 组正常状态振动数据对应的 8 个二值双谱特征构成的，图 4-8(b)中目标模板的核 H_2 是由 8 组内圈故障振动数据对应的 8 个二值双谱特征构成的。以此类推，即同一种故障类别的 8 个二值化双谱特征图其交集构造出一个核图，它体现了该类别的共同特性，其特征结构更加精简，由此也使得数据更精简。

对每种类别的 8 个二值双谱特征图分别取并集，形成 4 个目标模板的域 Y_1,Y_2,Y_3,Y_4，如图 4-9 所示。

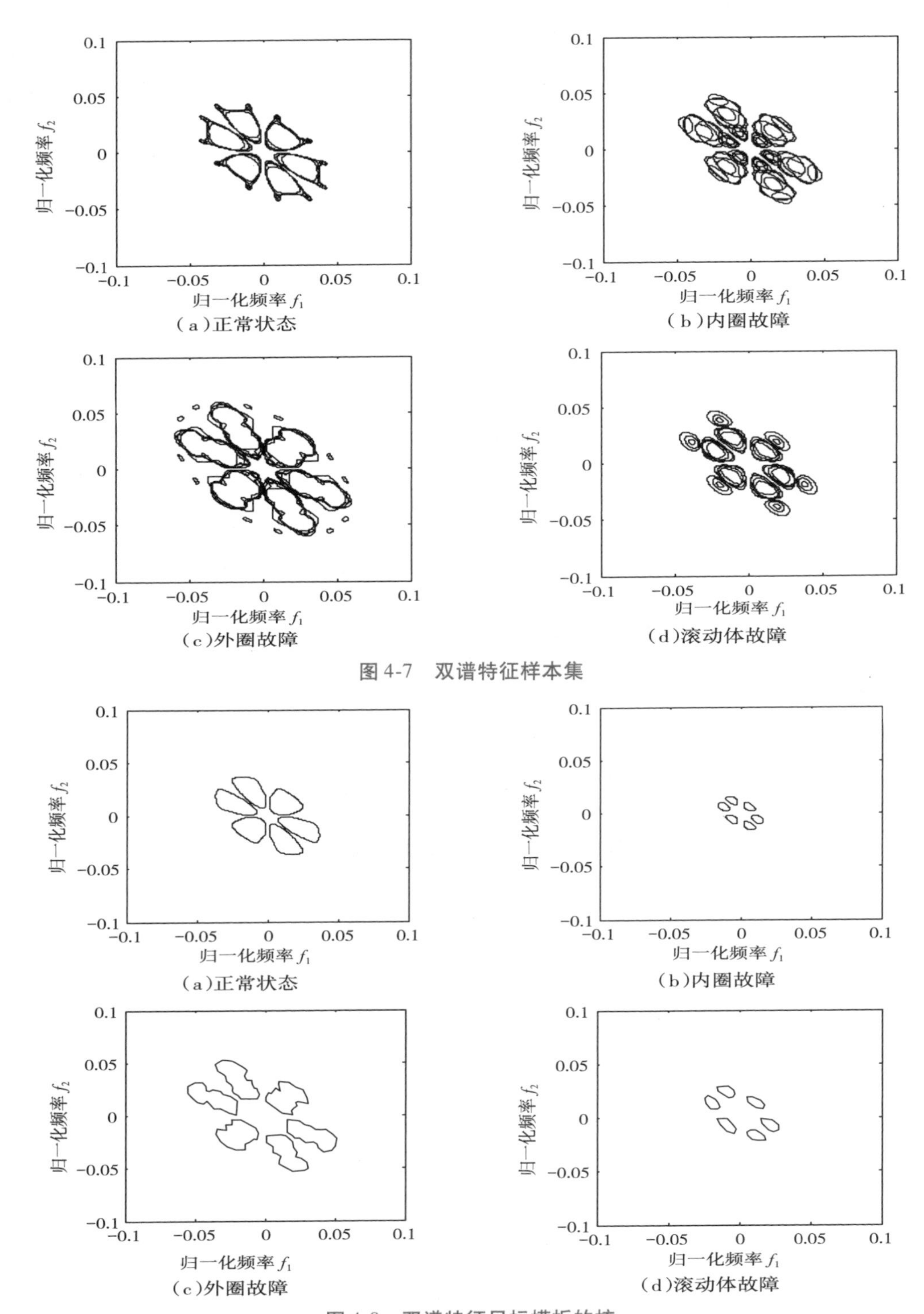

图 4-7　双谱特征样本集

图 4-8　双谱特征目标模板的核

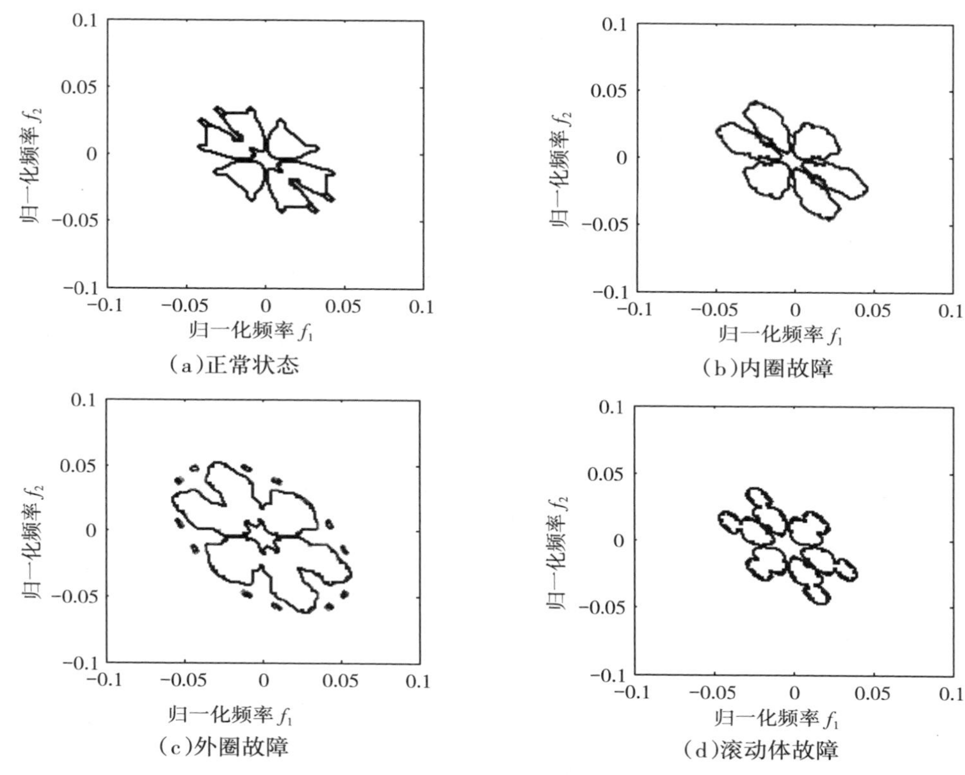

图 4-9　双谱特征目标模板的域

图 4-9(a)中目标模板的域 Y_1 是由 8 组正常状态振动数据对应的 8 个二值双谱特征图取并集构成的,图 4-9(b)中目标模板的域 Y_2 是由 8 组内圈故障振动数据对应的 8 个二值双谱特征图取并集构成的。以此类推,即同一种故障类别的 8 个二值化双谱特征图其并集构造出一个核图,它体现了该类别所有样本的属性,其数据得到了扩大。实际上,对于每种类别,其域图中包含了核图。

由核图和域图构成了目标模板。每种故障类别分别由两组测试样本对分类器性能进行检验。先提取测试样本数据的二值双谱特征,然后按式(4-13)计算各测试样本与每个目标模板的距离,如表 4-2 所示。其中,$D_i(i=1,2,3,4)$ 表示测试样本到第 i 个目标模板 M_i 的距离,$M_1 \sim M_4$ 分别表示正常状态、内圈故障、外圈故障、滚动体故障的目标模板。

表 4-2　测试样本与目标模板之间的距离

测试样本		D_1	D_2	D_3	D_4	分类结果
正常状态	1	**156**	964	876	1 904	正确
	2	**276**	916	828	1 896	正确

续表

测试样本		D_1	D_2	D_3	D_4	分类结果
内圈故障	1	1 004	**160**	856	1 052	正确
	2	1 060	**308**	584	1 444	正确
外圈故障	1	932	988	**136**	1 396	正确
	2	984	1 616	**328**	1 538	正确
滚动体故障	1	528	628	792	**316**	正确
	2	532	672	884	**364**	正确

从表 4-2 的统计结果可以看出,正常状态的 2 组测试样本与 4 个目标模板中 M_1 的距离最近,内圈故障的测试样本与目标模板 M_2 的距离最近,外圈故障的测试样本与目标模板 M_3 的距离最近,滚动体故障的测试样本与目标模板 M_4 的距离最近,即:与测试样本距离最近的都是同类别的目标模板。由此可得,本文提出的基于二值双谱特征的模糊聚类方法对风电滚动轴承的故障识别具有良好性能。

4.4 基于 KF-PP 分析的风电轴承故障模式识别

目前,常用的故障模式识别方法有统计识别法、支持向量机方法、神经网络法、决策树法、判别函数法等。这些方法各有其优势,但在单独使用进行故障诊断时也会存在不足之处:统计识别法需要预知样本的统计分布特性;支持向量机方法借助二次规划求解支持向量,当样本集规模较大或矩阵阶数较高时拥有大的计算工作量,难以达到好的识别效果;神经网络法对分类结果难以解释,在样本训练过程中输入输出层、隐含层、神经元个数等参数的设定和选取是个难题;决策树法当分类较多或各类样本数量不一致时,将拥有较大误差;判别函数法在样本映射时易引起维数灾难。

投影寻踪(projection pursuit, PP)方法不受数据须呈正态分布的约束条件限制,能够排除与数据特征相关性较小的干扰量,无须训练样本,在模式识别中常被用来进行高维数据的降维处理。因此,本节针对风电轴承振动信号非正态、非线性的特性,提出基于核函数的投影寻踪(Kernel Function-Projection Pursuit, KF-PP)分析方法,将核函数与投影寻踪方法相结合,在极少的假设条件约束下,直接审视样本数据。以核函数方法优化投影寻踪指标,将信号的 10 个时、频域特征指标进行投影映射处理,将高维故障特征进行降维,构建特征评价体系,实现良好的分类效果。

4.4.1　基于 KF-PP 分析的模式识别方法

基于 KF-PP 分析的风电轴承故障模式识别法，将监测和采集的轴承振动信号先进行消噪预处理，消除恶劣工作环境下采集信号中的各种干扰，充分保留有效故障信息。计算能够表述轴承运行状态的 10 个时、频域特征指标，以此构成待分析的数据空间。确定一个基于核的最佳投影指标函数并优化，以投影指标取得极值为依据求得最佳投影方向，进一步地利用核函数将样本数据从数据空间投影到特征空间，把数据空间非线性可分的数据样本转换成特征空间线性可分的故障特征。通过观察待评估数据的特征投影值分布与样本特征评价体系进行对比分析，即可识别待评估轴承的故障类型。总体方案流程如图 4-10 所示。

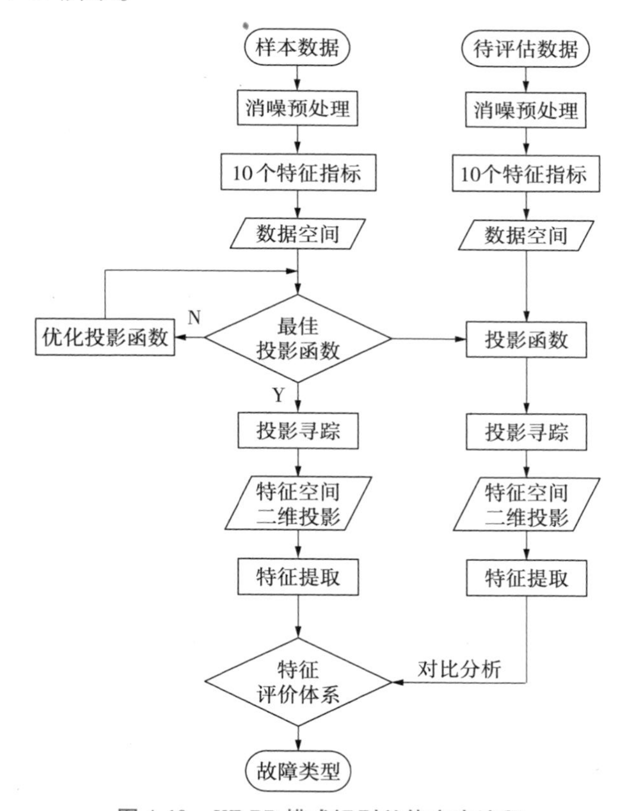

图 4-10　KF-PP 模式识别总体方案流程

(1)10 个特征指标数据空间的建立

描述和表征轴承运行状态或故障类型的信号特征指标有多种，如时域、频域、时频域和信息熵等，每种指标呈现出的规律性、敏感性和聚类性也各有不同。本书从指标中选用对轴承故障规律性强、敏感性和聚类性好、计算量小的 10 个特征参量(5 个时域和

5 个频域），兼顾时域和频域特性，建立数据样本空间，如表 4-3 所示。

表 4-3　10 个特征指标参量

序号	特征指标	定　义	序号	特征指标	定　义
1	峰值	$x_p = \max\|x_i\|$	6	重心频率	$f_g = \dfrac{\int_0^\infty fp(f)\,\mathrm{d}f}{\int_0^\infty p(f)\,\mathrm{d}f}$
2	峰-峰值	$x_{pp} = \max(x_i) - \min(x_i)$	7	均方频率	$f_{ms} = \dfrac{\int_0^\infty f^2 p(f)\,\mathrm{d}f}{\int_0^\infty p(f)\,\mathrm{d}f}$
3	有效值	$x_r = \sqrt{\dfrac{1}{N}\sum_{i=1}^{n}(x_i)^2}$	8	均方根频率	$f_{rms} = \sqrt{\dfrac{\sum_{i=0}^{N/2} f_i^2 p(f_i)}{\sum_{i=0}^{N/2} p(f_i)}}$
4	绝对均值	$x_a = \dfrac{1}{N}\sum_{i=1}^{n}\|x_i\|$	9	频率方差	$f_v = \dfrac{\int_0^\infty (f-f_g)^2 p(f)\,\mathrm{d}f}{\int_0^\infty p(f)\,\mathrm{d}f}$
5	方差	$x_v = \dfrac{1}{N}\sum_{i=1}^{n}(x_i - x_a)^2$	10	频率标准差	$f_{sd} = \left[\dfrac{\int_0^\infty (f-f_g)^2 p(f)\,\mathrm{d}f}{\int_0^\infty p(f)\,\mathrm{d}f}\right]^2$

（2）KF-PP 方法

传统的多元分析法适宜处理的样本数据须满足正态分布，而在实际应用中采样数据往往不服从正态分布。另一方面，在处理高维数据时，面临以下问题：①随维数的增加，大大增加了数据计算量，而且无法实现可视化；②即便拥有大量的样本数据，分散在高维空间后，仍显得很稀疏，使得低维空间有效的分类方法在高维空间不能适用；③将低维的方法应用于高维空间后，其稳健性变差。

投影寻踪分析法（Projection Pursuit, PP）是分析处理高维数据的有效方法，尤其适宜于非正态分布的、非线性的高维数据。核函数（Kernel Function, KF）方法的核心思想是以“核映射”来处理非线性数据。基于核的投影寻踪法（Kernel Function- Projection Pursuit, KF-PP）是一种将核函数与投影寻踪法相结合的模式识别方法，它采用核函数将样本数据从数据空间投影到特征空间，在特征空间构成内积关系，进行相应的线性处理，以此将数据空间非线性可分的数据样本转换成特征空间线性可分的特征，实现了数据空间、特征空间和类别空间之间的非线性变换，大大增强了非线性数据的处理能力。

4.4.2　KF-PP 方法的具体步骤及算法

采集风电机组轴承正常运行、滚动体故障、外圈故障和外内圈故障四种情况下的振动信号。因每种情况用 KF-PP 方法分析时执行的操作步骤相同,在此以任一情况(滚动体故障)为例详细叙述。

假设将轴承滚动体发生故障时测量的含噪振动信号用 $s_c(i)$ 表示为:

$$s_c(i) = s_N(i) + s(i),\ (i = 1, \cdots, N)$$

其中,$s_N(i)$ 为干扰信号,$s(i)$ 为实际信号,i 为采样序号。

(1)消噪预处理

以自适应阈值小波消噪方法对采样信号 $s_c(i)$ 进行消噪预处理,得到富含原始滚动体故障特征信息的实际信号 $s(i)$。

(2)建立 10 个特征指标向量

对 $s(i)$ 进行傅里叶变换;分段选择数据,按照表 4-2 中定义,对每段数据计算 5 个时域指标参量和 5 个频域指标参量;由 10 个能够反映轴承滚动体故障特征的指标参量构成一个向量 x_j^*。

$$x_j^* = \{x_p, x_{pp}, x_r, x_a, x_v, f_g, f_{ms}, f_{rms}, f_v, f_{sd}\} \tag{4-14}$$

(3)建立数据样本空间

由 I 个 x_j^* 这样的向量构成一个向量矩阵 $\boldsymbol{X}^*$,$\boldsymbol{X}^*$ 是 $I \times 10$ 维的矩阵。

$$\boldsymbol{X}_{I\times10}^* = \{x_{ij}^* \mid i = 1, 2, \cdots, I; j = 1, 2, \cdots, 10\}$$

其中,x_{ij}^* 为第 i 个样本的第 j 个特征指标参量,I 为样本容量。

为了消除各指标值的量纲,统一其变化范围,需对原始样本数据做归一化处理。

$$x_{ij} = \frac{x_{ij}^* - x_{\min}(j)}{x_{\max}(j) - x_{\min}(j)} \quad (i = 1, 2, \cdots, I; j = 1, 2, \cdots, 10) \tag{4-15}$$

其中,x_{ij} 为 x_{ij}^* 归一化的结果,$x_{\min}(j)$ 和 $x_{\max}(j)$ 为第 j 项特征指标参量的最小值和最大值。

归一化处理后的 $I \times 10$ 维矩阵 $\boldsymbol{X}$ 是训练样本数据空间的一个样本。

$$\boldsymbol{X}_{I\times10} = \{x_{ij} \mid i = 1, 2, \cdots, I; j = 1, 2, \cdots, 10\}$$

(4)基于核的投影寻踪处理

为了实现准确分类和识别,需要构造某个投影指标函数,使得投影后的数据尽可能密集,最好凝聚成若干个团,而各团之间应尽可能分散,即使得投影数据具有“类内密集,类间分散”的分布特性。

假设 $\boldsymbol{\alpha} = (\alpha_1, \alpha_2, \cdots \alpha_I)$ 表示一个 I 维单位向量,将 $\boldsymbol{X}_{I\times10} = \{x_{ij} \mid i = 1, 2, \cdots, I; j = 1, 2, \cdots, 10\}$ 投影于一维空间中,得到 $\boldsymbol{\alpha}$ 方向上的 10 个投影值 z_j,即一个样本 $X_{I\times10}$ 得到二维空间的 10 个投影。有:

$$z_j = \sum_{i=1}^{I} \alpha_i x_{ij} \quad (j = 1, 2, \cdots, 10)$$

观察和归纳投影值 z_j 的分布特征,以此作为特征评价体系的分类依据之一。

若投影指标函数用 $Q(\boldsymbol{\alpha})$ 表示,则:

$$Q(\boldsymbol{\alpha}) = P_a S_a$$

$$P_a = \sum_{i=1}^{I} \sum_{j=1}^{10} \left\{ (R - |z_i - z_j|) \cdot e(R - |z_i - z_j|) \right\} \tag{4-16}$$

$$S_a = \sqrt{\frac{\sum_{j=1}^{10} (z_j - \bar{Z})^2}{10 - 1}} = \frac{1}{3} \sqrt{\sum_{j=1}^{10} (z_j - \bar{Z})^2} \tag{4-17}$$

其中, P_a 表示投影值的局部密度, S_a 表示投影值的总体离散度, $|z_i - z_j|$ 表示两个投影值的距离, $\bar{Z}$ 为投影均值。R 为局部散点密度的窗口半径,其取值一般为 $|z_i - z_j|_{\max} + \frac{n}{2} \leqslant R \leqslant 2n$($n$ 为特征指标参量的个数,即 $n = 10$), $e(t)$ 为单位阶跃函数,即

$$e(t) = \begin{cases} 1, & t \geqslant 0 \\ 0, & t < 0 \end{cases}$$

投影指标函数随投影方向的变化而变化,不同的投影方向反映不同的数据结构特征。对投影函数进行优化,寻求最佳投影方向,从而最大程度地反映数据的结构特征。

实际上,当样本集选定后, $Q(\boldsymbol{\alpha})$ 只与 $\boldsymbol{\alpha}$ 有关。在不同的投影方向上得到的数据特征不同,能够最大程度反映数据特征的投影方向即为最佳方向。因此,可将寻找最佳投影方向的问题转为最大化投影指标函数的问题。

$$\begin{cases} \max Q(\boldsymbol{\alpha}) = P_a S_a \\ \sum_{i=1}^{I} \alpha_i^2 = 1 \end{cases} \tag{4-18}$$

由式(4-18)得到的 $\boldsymbol{\alpha}^*$ 即为最佳投影方向。

(5)故障模式识别

求得最佳投影方向 $\boldsymbol{\alpha}^*$ 后,可由如下公式(4-19)计算相应二维空间的投影值 z_j^*:

$$z_j^* = \sum_{i=1}^{I} \alpha_i^* x_{ij} \tag{4-19}$$

按照上述方法,再求得轴承正常运行、内圈故障和外圈故障状态下的投影值 z_j^*,由不同故障下 z_j^* 的差异水平通过聚类分析便可对训练样本数据进行分类,以此形成特征评价体系。

同理,对于待评估样本数据,只需依照此方法步骤和流程,求得相应的投影值 z_j^*,将其与特征评价体系进行对比分析,便可实现故障模式的识别。

4.4.3　仿真分析

以 10 kW 永磁同步发电机、SKF6205 型滚动轴承和一台 15 kW 的三相异步电动机组成的永磁风机模拟发电系统为实验平台，进行滚动轴承正常运行、滚动体故障、内圈故障及外圈故障模拟实验，采集正常运行及各种故障状态下轴承的振动信号，以 KF-PP 分析方法进行故障模式识别。实验台如图 4-11 所示。

图 4-11　滚动轴承故障模拟实验台

轴承型号为 6205-SKF 深沟球滚动轴承，具体参数如表 4-4 所示。

表 4-4　6205 型轴承的相关参数

滚动体数目 n/个	接触角 α/(°)	内径 D_n/mm	外径 D_w/mm	节径 D/mm	滚动体直径 d/mm
9	0	25	52	39	8

通过电火花技术在轴承上形成单点灼伤故障，在 1 750 转/分的转速下采集正常状态、外圈故障、内圈故障及滚动体故障的振动数据，以 16 通道数据记录仪和多个加速度传感器实现振动加速度参量的采集测量，采样频率为 12 kHz。针对 4 种不同状态，从采集信号中各选取一组长度为 1 800 的数据作为样本，进行分析研究。原始振动信号波形如图 4-12 所示。

由图 4-12 可知，从原始振动信号的时域波形来看，仅外圈故障信号表现出较明显的周期特征，内圈故障周期性特征表现相对较弱，正常状态和滚动体故障基本无明显特征，因此直接区分四种状态难以实现。

对原始振动信号进行傅里叶变换，得到其频谱图，如图 4-13 所示。由公式计算可得：

外圈故障特征频率：$f_w = \frac{r}{60} \cdot \frac{1}{2} \cdot n\left(1 - \frac{d}{D} \cdot \cos\alpha\right) = 104\ \text{Hz}$；

内圈故障特征频率：$f_n = \frac{r}{60} \cdot \frac{1}{2} \cdot n\left(1 + \frac{d}{D} \cdot \cos\alpha\right) = 158\ \text{Hz}$；

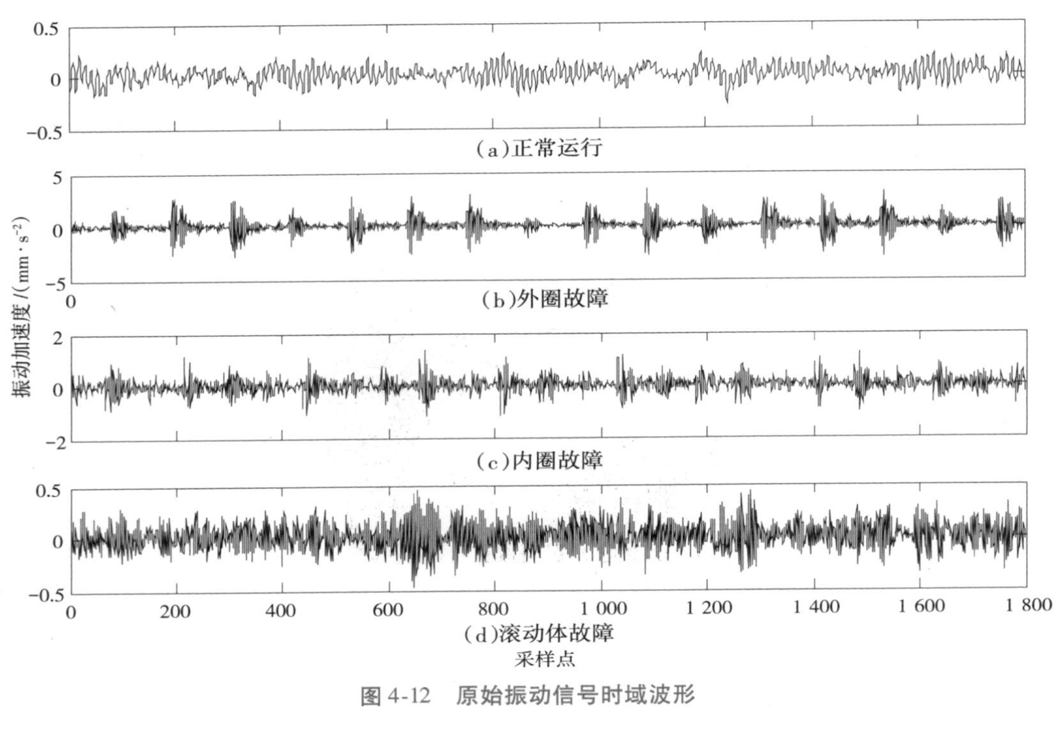

图 4-12　原始振动信号时域波形

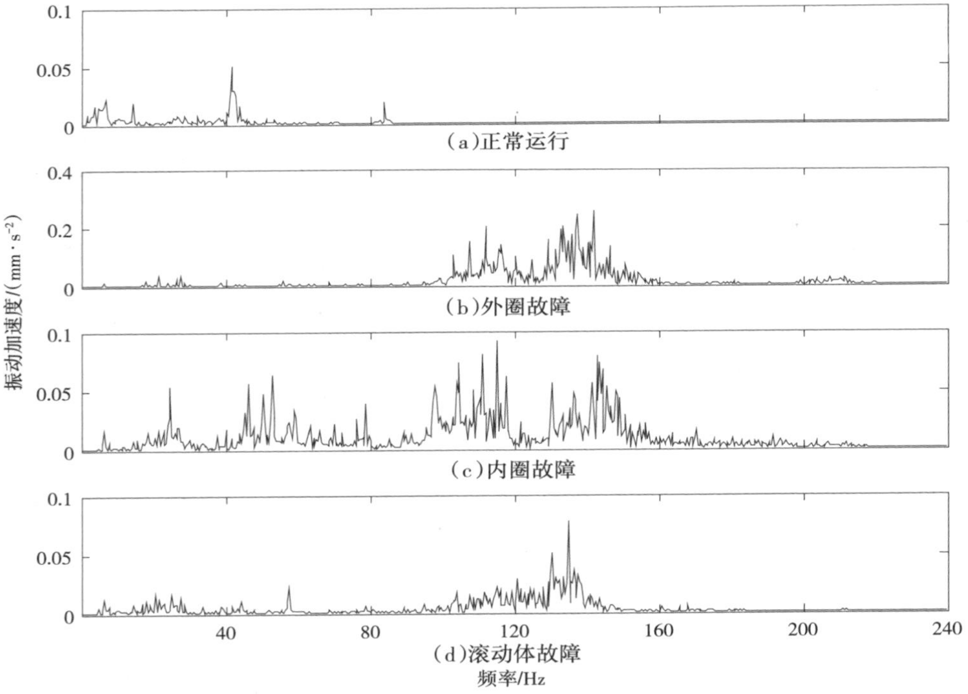

(a)正常运行

(b)外圈故障

振动加速度/(mm·s⁻²)

(c)内圈故障

(d)滚动体故障

频率/Hz

图 4-13　原始信号频谱

滚动体故障特征频率：$f_g = \frac{r}{60} \cdot \frac{1}{2} \cdot \frac{D}{d}\left[1 - \left(\frac{d}{D}\right)^2 \cdot \cos^2\alpha\right] = 69$ Hz；

轴承回转频率：$f_r = \frac{r}{60} = 29$ Hz。

其中 r 为轴承转速(单位:转/分)，n 为滚动体数目。

从图 4-13 频谱图看，3 种故障在[80，120]Hz 中频段都存在多种频率成分；滚动体故障和内圈故障在[0，20]Hz 低频段也富含较多频率成分，内圈故障在该频段幅值相对较大；正常运行状态在 80 Hz 频率附近有较强干扰。引起上述现象的主要原因是轴承运行过程中的强噪声，它们在很大程度上将信号的真实故障信息淹没，难以直接实现故障模式识别与诊断。

(1)消噪预处理

以基于信号能量特性分布的自适应阈值小波消噪方法对原始振动信号进行消噪预处理，消噪后振动信号时域波形如图 4-14 所示。信号经消噪后，消除了大量干扰，在图 4-14 中，外圈故障的周期特征被清晰呈现。

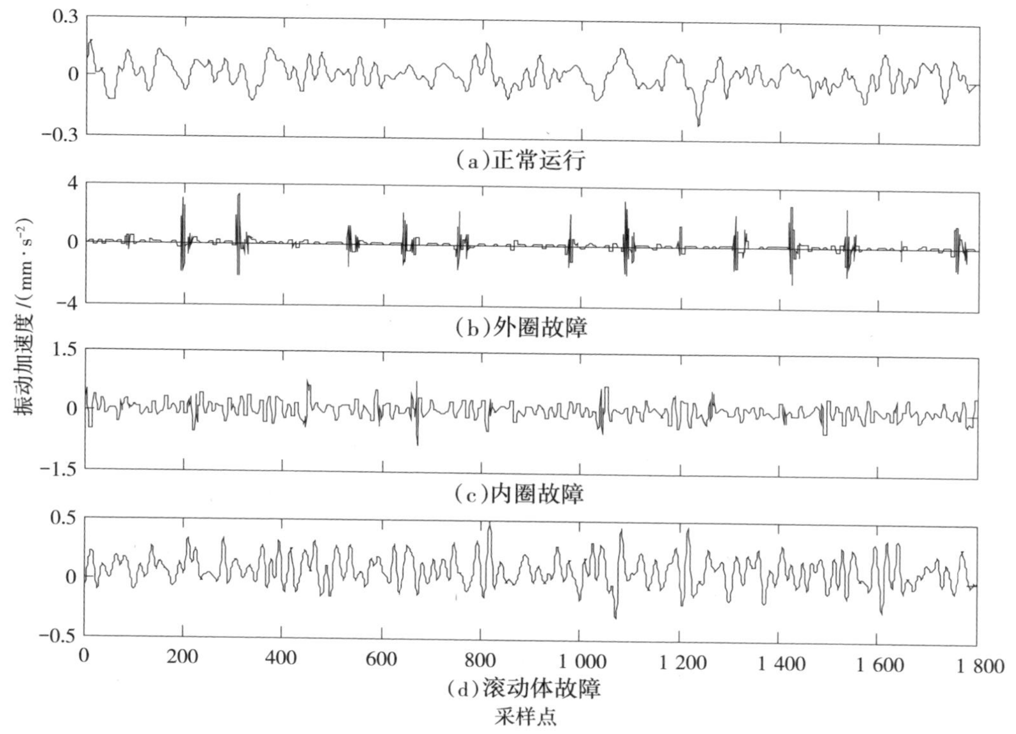

图 4-14　消噪预处理后振动信号波形

(2)建立 10 个特征指标向量和数据样本空间

按照 4.4.2 节(2)和(3)流程步骤，将消噪后的数据进行分段选择，每段长度为 10，共分 180 段。按照表 1 中定义，对每段数据计算其 5 个时域指标参量和 5 个频域指标参量；生成如公式(4-14)的 180 个向量 x_j^*。

每 10 个 x_j^* 向量构成一个向量矩阵 $\boldsymbol{X}^*$，$\boldsymbol{X}^*$ 是 10 × 10 维的矩阵。对 $\boldsymbol{X}^*$ 中的数据元素做归一化处理，作为训练样本数据空间的一个样本。将正常运行、滚动体故障、内圈故障和外圈故障四种情况下各 18 个样本矩阵 $\boldsymbol{X}^*$ 分为两部分：10 个样本矩阵构成评价体系的数据样本空间，8 个样本矩阵用于待评估和方法检验。即建立 10 特征指标的数据空间样本总容量为 40，待评估数据的样本容量为 32。

(3)基于核的投影寻踪处理

以正常运行状态为例，长度为 100 的实验数据被分为 10 段，每段形成一个向量 x_j^*，10 个 x_j^* 构成一个矩阵向量 $\boldsymbol{X}^*$。按照公式(4-16)—式(4-18)，由 Matlab 软件平台编制程序算法构造基于核的投影指标函数，并对其优化，可求得最大投影指标 $Q\boldsymbol{\alpha}^*$、最佳投影方向 $\boldsymbol{\alpha}^*$ 及投影值 z_j^* 如下：

$Q\boldsymbol{\alpha}^* = 49.6281$，$\boldsymbol{\alpha}^* = (0.013, 0.253, 0.114, 0.323, 0.264, 0.022, 0.327, 0.162, 0.017, 0.342)$；

$z_j^* = (3.5811 \quad 3.5232 \quad 3.4490 \quad 3.3615 \quad 3.2770 \quad 3.3027 \quad 3.6896 \quad 3.2703 \quad 3.1297 \quad 3.1372)$。

依此方法，经投影寻踪，可在二维空间中获得每个样本矩阵 $\boldsymbol{X}^*$ 在 $\boldsymbol{\alpha}^*$ 方向上的 10 个投影值 z_j^*，如图 4-15 所示。

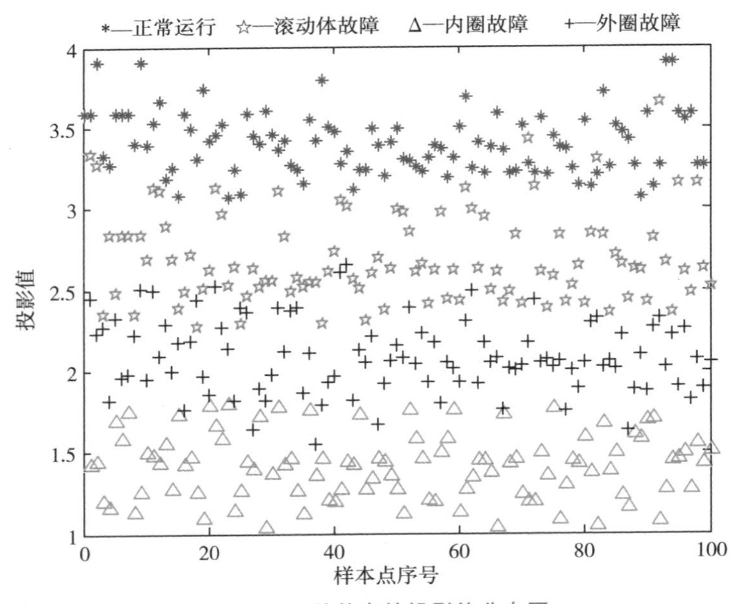

图 4-15　4 种状态的投影值分布图

由图 4-15 可看出，在最佳投影方向下，四种运行状态的 10 特征投影值分布呈横条带状。正常运行状态投影值主要集中分布于[3.2,3.6]带状区附近,滚动体故障状态下的投影值主要集中分布于[2.3,3]带状区附近,内圈故障状态下的投影值主要集中分布于[1,1.7]带状区附近,外圈故障状态下的投影值主要集中分布于[1.8,2.4]带状区附近。观察并归纳投影值的分布特征,以此作为特征评价体系的分类依据之一,依据不同故障下 z_j^* 的差异水平通过聚类分析进行分类。

(4)模式识别实例

从32个待评估数据样本中,选出每种状态各2个样本进行评估和分析检验。其投影图如图4-16所示。

图4-16中,分别以z1、z2、g1、g2、n1、n2、w1和w2表示正常运行、滚动体故障、内圈故障和外圈故障两个样本的投影值。从图中可看出,每种状态的投影也呈带状分布,以聚类方法进行分类,得知8个待评估样本的判断结果都是正确的。

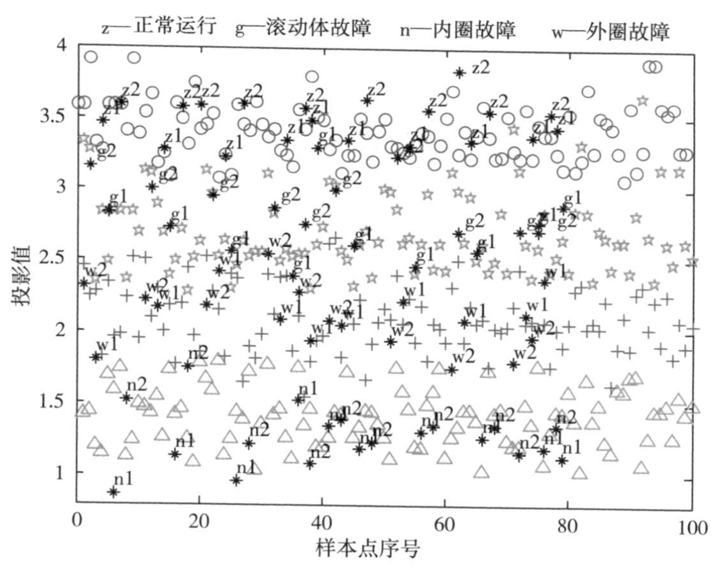

图4-16 8个待评估样本的投影值分布图

4.5 小 结

在风电滚动轴承的故障诊断研究工作中,需要通过模式识别技术,对收集的数据和信息进行处理和分析,从中找到其内在规律,以便准确地描述、辨认、解释、分类研究对象的实际特征,揭示现象或故障发生的机理。模式识别问题的关键是分类器设计,或准则函数的制定。目前,常用的贝叶斯分类法、线性分类法、神经网络分类法、决策树分类法、聚类分析法等模式识别分类方法，各有其优点和局限性。

本章针对风电滚动轴承振动信号的非线性、非高斯性，首先结合模糊模式识别和聚类分析的特点，提出了一种基于二值双谱特征的模糊聚类模式识别方法，以振动信号的双谱特征为基础，采用基于目标函数的模糊聚类方法，先构造目标模板，再以邻近准则设计分类器，对轴承的典型故障进行分类与识别。通过具体实例对提出的模式识别方法进行了分析和验证，以测试样本与目标模板的距离作为分类依据，统计距离的计算结果，按照邻近准则进行故障分类。对比分析表明，基于二值双谱特征的模糊聚类模式识别方法对于风电滚动轴承故障是一种性能良好的识别和分类方法。风电机组工作在非平稳的风速环境中，其旋转部件在升降速过程中包含了丰富的状态信息，一些平稳运行时不易反映的故障特征将会充分表现出来，呈现非正态、非线性的特性。加上恶劣工作环境带来的不可避免的背景噪声，使信号的监测与故障诊断受到很大程度的影响。

将核函数方法与投影寻踪分析法相结合，在极少的假设条件约束下，直接审视样本数据，建立10特征指标参量数据空间，并进行投影映射处理，构建投影分布特征评价体系，实现了轴承正常运行、滚动体故障、内圈故障、外圈故障的准确分类。实践结果表明，将基于核函数的投影寻踪分析法应用于风电轴承的故障模式识别与诊断过程，具有以下优点：①分类效果好，尤其适宜于多类别的模式识别问题。②不受一般降维方法要求数据呈正态分布的约束条件限制。③能够克服大量数据造成的维数灾难问题，同时增加数据分布的可视性及原理的解释性。④能够排除与数据特征、结构无关或相关性很小的干扰量，并在很大程度上保留信号的真实特性。

第5章　风电滚动轴承声学噪声与振动的关系分析

前述章节中，在滚动轴承故障诊断过程中，消噪处理、特征提取、模式识别各环节的样本数据都来自轴承的振动测量数据。目前，常用的故障诊断方法大都基于对振动信号的测量，鲜有学者及工作人员开展基于噪声测量的故障诊断研究。因此，本章主要研究风电滚动轴承声学噪声与振动的关系，以便根据工程应用的具体情况，确定信号采集、监测以及故障诊断的最佳方案。特别指出，本章及后一章中提到的噪声为声学噪声信号。

5.1　引　言

在故障诊断过程中，噪声信号可以在前期阶段对故障起到监测作用，但是在传播过程中将会受到外部条件的影响，其波形随时会发生变化，因而不能对故障的类型、故障发生的具体位置及故障程度作出判断和确认。以目前的研究现状和水平，利用噪声信号对风电机组故障进行精确的分析和诊断几乎是不可能实现的。在风电机组的故障监测和诊断方面，基于噪声信号的检测分析技术不及基于振动信号的检测分析技术。

实际上，噪声来源于振动的辐射，人们在大量的生产生活和实践活动中发现，噪声和振动往往相伴而来，二者之间存在一定的关系。确定噪声与振动之间的关系，对于信号测量、故障监测与诊断、设备性能评估以及生产生活中的降噪减振问题都是很有必要的。明确了噪声与振动之间的关系，可依据具体需要和应用场合（如风电场评估、机组性能测试、轴承等设备的性能评估、机械部件的故障诊断等），综合考虑二者的利弊，充分发挥其优越性，确定最佳的测量方法和分析方案，最终给出真实可靠的结论。充分了解噪声与振动之间的关系，也是实施降噪减振措施的理论前提。但是，目前少有学者对噪声和振动的关系进行研究[172,173]，二者间的明确的数学表达或关系模型更加无法确定。因此，本章对轴承噪声和振动的关系进行研究，试图更详尽地揭示二者之间的关系，为完善风电机组的故障监测与诊断提供参考和依据。

5.2 噪声和振动的关系

5.2.1 噪声和振动的本质关系

物体的振动是一种极小值与极大值位置之间的往复运动。相对于缓慢变化的平衡参考位置而言，设备的振动是指其相对于平衡位置、变化速度更快的交变往复运动。振动是设备动力学特性的表现，在运行时都会不可避免地产生振动。声音由振动产生，当其在空气中传播时，空气质点受迫产生振动，由此引起空气密度的改变，压强也随之改变，并将这些变化传递于相邻的质点，形成空气压力的传播过程。从声波对人们的干扰来看，噪声即不希望听到的声音。噪声的产生需要三个必备条件：振动、介质和频率要求。频率在 20 Hz ~20 kHz 的声音才是人耳的可听范围，其中 1 000 ~4 000 Hz 是人耳最敏感的频段。对于风电机组及轴承部件来说，当频率较高时，即使振动速度较慢，也可能产生大的声强；而频率较低时，若振动速度较快，可能增大材料应力，使设备和零部件的机械性遭到破坏，从而导致大的声强。

因此，噪声和振动的本质关系可以归结为：噪声源于振动，是振动的表征；有噪声一定有振动，有振动不一定有噪声；高频测声，低频测振。

5.2.2 滚动轴承噪声和振动的关系

轴承在运转过程中，其振动主要来源于两个方面：一是固有振动，二是强迫振动，由此产生固有振动噪声和外部因素引发的噪声[174]，振动和噪声的关系如图 5-1 所示。由于滚动轴承的组成结构，不可避免地产生各种固有振动，如内外圈因惯性、弯曲弹性形变产生振动，引起套圈噪声；滚动体在进入和退出承载区时，其固有振动产生滚动体噪

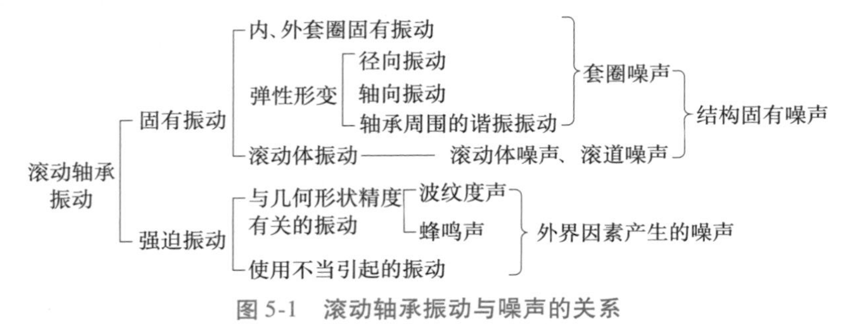

图 5-1　滚动轴承振动与噪声的关系

声，与滚道之间的摩擦撞击或滑动产生滚道噪声。轴承的各个部件在运转过程中，因摩擦、碰撞或润滑剂中含有杂质颗粒物或粉尘等外部因素，也将引起不同程度的振动，如部件的加工精度原因，滚动体与滚道的波纹度和表面粗糙度的几何误差将会引起振动，产生波纹度声；滚动体与保持架的摩擦与相互撞击，在高转速时可能引起自激振荡，产生蜂鸣声；轴承安装后在使用运行期间，由于滚动体表面的损伤、腐蚀、杂质粉尘颗粒的摩擦等原因，也会引起振动和噪声。

从上可知，滚动轴承振动的起因复杂，振动形式多样，且各种振动之间有较强耦合性，由振动产生的噪声也具有强耦合、非线性的特性。

5.3　基于灰色系统理论的噪声和振动相关性分析

5.3.1　灰色系统理论概述

由于人们所处的环境不同，拥有的知识水平不同，因此对客观世界中的许多自然现象了解程度也是不一样的。按照人们对研究具体系统的了解程度，一般将其分为“白箱系统”“黑箱系统”和“灰箱系统”。“白箱系统”是指对该系统的内部结构已有充分了解，很多情况下已经建立了该系统的数学模型；“黑箱系统”是指对那些系统内部结构一点都不了解，只能获取该系统的激励与响应信息，有的甚至都很难获取这些信息；“灰箱系统”又称“灰色系统”，是介于黑、白箱系统之间，对系统或研究对象没有全面的了解，只知道其中一些简单信息的系统，只能根据统计推断或某种逻辑思维来研究该系统。

研究灰箱的理论方法即为灰色系统理论，灰色系统理论是中国学者邓聚龙教授于 1982 年创立的，是一种研究少数据、贫信息不确定性问题的新方法。它以“部分信息已知、部分信息未知”的小样本、“贫信息”不确定性系统为研究对象，主要通过对“部分”已知信息的生成、开发，提取有价值的信息，实现对系统运行行为、演化规律的正确描述和有效监控。在客观世界中，大量存在的不是白色系统，也不是黑色系统，而是灰色系统。因此，灰色系统理论以这种大量存在的灰色系统为研究对象而获得进一步发展。

灰色系统理论经过 20 年的发展，现已基本建立起一门新兴学科的结构体系。其主要内容包括以灰色代数系统、灰色方程、灰色矩阵等为基础的理论体系，以灰色序列生成为基础的方法体系，以灰色关联空间为依托的分析体系，以灰色模型（GM）为核心的模型体系，以系统分析、评估、建模、预测、决策、控制、优化为主体的技术体系。灰色代数系统、灰色矩阵、灰色方程等是灰色系统理论的基础，从学科体系自身的优美、完善出发，这里有许多问题值得进一步深入研究：系统分析除灰色关联分析外，还包括灰色聚类和灰色统计评估等方面的内容；灰色模型按照五步建模思想（即语言模型、网络模型、量化模型、动态模型和优化模型）构建，通过灰色生成或序列算子的作用弱化随机性，挖掘潜在的规律，经过差分方程与微分方程之间的互换，实现了利用离散的数据序列建立连续的动态微分方程的新飞跃；灰色预测是基于 GM 模型作出的定量预测，是灰色理论最主要的应用之一，按照其功能和特征可分成数列预测、区间预测、灾变预测、波形预测和系统预测等几种类型。灰色组合模型包括灰色经济计量学模型（G-E）、灰色生产函数模型（G-C-D）、灰色马尔可夫模型（G-M）、灰色时序组合模型等。

目前，有众多知名学者在从事灰色系统的理论和应用研究工作，成功地解决了大量的实际问题。在灰色系统理论中应用最广泛的是灰色 GM 模型，它是灰色理论中提出较早的预测模型之一，采用五步建模的思想，通过建立模型对研究对象进行预测。灰色系统关联分析也是实际应用较多的一种分析方法，是对系统所包含的相互联系、相互影响、相互制约的因素之间关联程度进行定量比较的一种研究方法，其实质就是对关联序列进行相似或相异程度的分析计算。序列所表达的对象发展变化态势越一致，关联度越大；反之，关联度越小。灰色系统理论一经诞生，就受到国内外学术界和广大实际工作者的极大关注，不少著名学者和专家给予充分的肯定和支持。灰色系统理论的应用范围已拓展到工业、农业、社会、经济等众多科学领域，成功地解决了生产、生活和科学研究中的大量实际问题。

5.3.1.1 灰　数

灰色系统理论中的一个重要概念是灰数。灰数是灰色系统理论的基本单元。人们把只知道大概范围而不知道其确切值的数称为灰数。在应用中，灰数实际上指在某一个区间或某个一般的数集内取值的不确定数。灰数是区间数的一种推广，通常用记号“⊗”表示。

有以下几类灰数[175]：

①仅有下界的灰数。有下界而无上界的灰数，记为 $\otimes \in [\underline{a},\infty]$，其中 $\underline{a}$ 为灰数的下确界，它是一个确定的数，$[\underline{a},\infty]$ 称为⊗的取数域，简称⊗的灰域。

②仅有上界的灰数。有上界而无下界的灰数记为 $\otimes \in [\infty,\bar{a}]$，其中 $\bar{a}$ 为灰数的上确界，是一个确定的数，而 $[\infty,\bar{a}]$ 是它的灰域。

③区间灰数。既有上界又有下界的灰数称为区间灰数，记为 $[\underline{a},\bar{a}]$。

④连续灰数与离散灰度。在某一个区间内取有限个值或可数个值的灰数称为离散灰数；取值连续地充满某一区间的灰数称为连续灰数。

⑤黑数与白数。当 $\otimes \in [-\infty,\infty]$ 或 $\otimes \in [\otimes_1, \otimes_2]$，即当⊗的上、下界皆为无穷或上、下界都是灰数时，称⊗为黑数。可见，黑数是上、下界都不确定的数。当 $\otimes \in$

$[\underline{a},\bar{a}]$ 且 $\underline{a}=\bar{a}$ 时,称⊗为白数,即取值为确定的值。可以把白数和黑数看成特殊的灰数。

⑥本征灰数与非本征灰数。本征灰数是指不能或暂时还不能找到一个白数作为其“代表”的灰数。比如一般的事前预测值。非本征灰数是指凭先验信息或某种手段,可以找到一个白数作为其代表的灰数。此白数称为相应灰数的白化值。记为 $\tilde{\otimes}$, 并用 $\otimes(\boldsymbol{a})$ 表示以 $\boldsymbol{a}$ 为白化值的灰数。

从本质上看,灰数又可以分为信息型、概念型和层次型三类。信息型灰数是指由于信息缺乏而不能肯定其取值的数;概念型灰数是由人们的某种意愿、观念形成的灰数;层次型灰数是由层次改变而形成的灰数。

5.3.1.2　灰数白化与灰度

当灰数是在某个基本值附近变动时,这类灰数白化比较容易,可以其基本值 $\boldsymbol{a}$ 为主要白化值,记为 $\otimes(\boldsymbol{a})=\boldsymbol{a}\pm\delta_a$ 或 $\otimes(\boldsymbol{a})\in(-,\boldsymbol{a},+)$, 其中 δ_a 为扰动灰元,此灰数的白化值为 $\tilde{\otimes}(\boldsymbol{a})=\boldsymbol{a}$。

对于一般的区间灰数 $\otimes\in[\boldsymbol{a},\boldsymbol{b}]$, 将白化值 $\tilde{\otimes}$ 取为:

$$\tilde{\otimes}=\boldsymbol{aa}+(1-\boldsymbol{ab}),\boldsymbol{a}\in[0,1]$$

其也可称为等权白化。在等权白化中,取 $a=1/2$ 而得到的白化值称为等权均值白化值。当区间灰数取值的分布信息缺乏时,常采用等权均值白化。

一般而言,灰数的白化取决于信息的多少,如果信息量较大,则白化较为容易。一般用白化权函数(a 即为权)来描述一个灰数对其取值范围内不同数值的“偏爱”程度。一个灰数的白化权函数是研究者根据已知信息设计的,没有固定的格式。

灰度即为灰数的测度。灰数的灰度在一定程度上反映了人们对灰色系统的行为特征的未知程度。一个灰数的灰度大小应与该灰数产生的背景或论域有关,在实际应用中,会遇到大量的白化权函数未知的灰数。灰数的灰度主要与相应定义信息域的长度及其基本值有关。

5.3.2　灰色关联度分析

相关性分析(Correlation Analysis),是一种分析两个或多个研究变量之间相关关系的统计方法,通过分析变量之间是否存在依存关系,从而衡量变量之间的相关程度。相关性是一种非确定性的关系,它不同于因果关系,变量元素之间须存在一定程度的联系才能进行相关分析,就像每个人的身高和体重,明显存在关系,但其联系又没有密切到由其中一个就能够精确地决定另一个的程度。相关性分析常用于经济、财务、数学、统计、医学等方面[176,178],本书将其用于分析研究风电轴承的噪声与振动之间的关系。

利用灰色系统理论对因素或变量进行相关性分析，即为灰色关联度分析。灰色关联度分析是为了定量的表达各因素之间的联系程度。灰色关联分析的基本思想是根据序列曲线几何形状的相似程度来判断其联系是否紧密。曲线越接近，相应序列之间的关联度就越大，反之就越小。在客观世界中，有许多因素之间的关系是灰色的，分不清哪些因素关系密切，哪些因素关系不密切，这样就难以找到主要矛盾和主要特性。灰色因素关联分析，目的是定量地表述诸多因素之间的关联程度，从而揭示灰色系统的主要特性。关联分析是灰色系统分析和预测的基础。

选取参考数列 $x_0=(x_0(t)\mid t=1,2,\cdots,n)$，假设有 m 个比较数列 $x_i=(x_i(t)\mid t=1,2,\cdots,n)$，$(i=1,2,\cdots,m)$，则称

$$\xi_i(t)=\frac{mm+\rho\cdot MM}{|x_0(t)-x_i(t)|+\rho\cdot MM}$$

为比较数列 x_i 对参考数列 x_0 在时刻 t 的关联系数。其中，$mm=\min\limits_i \min\limits_i |x_0(t)-x_i(t)|$ 称为两级最小差；$mm=\max\limits_i \max\limits_i |x_0(t)-x_i(t)|$ 称为两级最大差；$\rho\in[0,+\infty]$ 为分辨系数。一般而言，$\rho\in[0,1]$，ρ 越大，分辨率越高，反之亦然。

上式定义的关联系统由于是不同时刻的关联系数，为了比较两个数列之间的关联关系，需要综合考虑各个时刻的关联系数，为此定义 $r_i=\frac{1}{n}\sum\limits_{i=1}^{n}\xi_i$ 为数列 x_i 和数列 x_0 之间的关联度。

从定义中可看出，两个数列之间的关联度是不同时刻关联关系的综合，将分散的信息集中处理。利用关联度的概念可以进行各种问题的因素分析，找出影响性能指标的关键因素，也可对各个因素的重要程度进行排序。

常用灰色关联度有以下几种：

(1)灰色绝对关联度

设 X_0 与 X_i 的长度相同，且皆为时间间距为 1 的序列，而

$$X_0^0=(x_0^0(1),x_0^0(2),\cdots,x_0^0(n))$$

$$X_i^0=(x_i^0(1),x_i^0(2),\cdots,x_i^0(n))$$

分别为 X_0 与 X_i 的始点零化像，则称

$$\varepsilon_{0i}=\frac{1+|s_0|+|s_i|}{1+|s_0|+|s_i|+|s_i-s_0|}$$

为 X_0 与 X_i 的灰色绝对关联度，简称绝对关联度，其中

$$|s_0|=\left|\sum_{k=2}^{n-1}x_0^0(k)+\frac{1}{2}x_0^0(n)\right|,\ |s_i|=\left|\sum_{k=2}^{n-1}x_i^0(k)+\frac{1}{2}x_i^0(n)\right|$$

$$|s_i-s_0|=\left|\sum_{k=2}^{n-1}[x_i^0(k)-x_0^0(k)]+\frac{1}{2}[x_i^0(n)-x_0^0(n)]\right|$$

当 X_0 与 X_i 的长度不相同或时距不相同时，可以通过均值生成填补其中的空穴。

(2)灰色相对关联度

设序列 X_0 与 X_i 的长度相同，且初值皆不等于零，X_0' 与 X_i' 分别为 X_0 与 X_i 的初值像，则 X_0' 与 X_i' 的灰色绝对关联度为 X_0 与 X_i 的灰色相对关联度，简称为相对关联度。

(3)灰色斜率关联度

设 $X(t)$ 为系统特征函数，$Y_i(t)(i=1,2,\cdots,m)$ 为相关因素函数，称

$$\zeta_i(t)=\frac{1+\left|\frac{1}{\bar{x}}\cdot\frac{\Delta x(t)}{\Delta t}\right|}{1+\left|\left|\frac{1}{\bar{x}}\cdot\frac{\Delta x(t)}{\Delta t}\right|+\left|\frac{1}{\bar{x}}\cdot\frac{\Delta x(t)}{\Delta t}\right|-\left|\frac{1}{\bar{y}_i}\cdot\frac{\Delta y_i(t)}{\Delta t}\right|\right|}\quad(i=1,2,\cdots,m)$$

为灰色斜率关联系数。

其中，$\bar{x}=\frac{1}{n}\sum_{i=1}^{n}x(t)$，$\Delta x(t)=x(t+\Delta t)-x(t)$；$\frac{\Delta x(t)}{\Delta t}$ 为系统特征函数 $X(t)$ 在 t 到 $t+\Delta t$ 的斜率；$\bar{y}=\frac{1}{n}\sum_{i=1}^{n}y_i(t)$，$\Delta y_i(t)=y_i(t+\Delta t)-y_i(t)$，$\frac{\Delta y_i(t)}{\Delta t}$ 为相关因素函数 $Y_i(t)$ 在 t 到 $t+\Delta t$ 的斜率。

设 $X(t)$ 为系统特征函数 $Y_i(t)(i=1,2,\cdots,m)$ 为相关因素函数，称

$$\varepsilon_i(t)=\frac{1}{n-1}\sum_{i=1}^{n-1}\zeta_i(t)$$

为 $X(t)$ 与 $Y_i(t)$ 的灰色斜率关联度。

(4)灰色点关联度

设因素集 $X,x_i,x_j\in X,x_i(t)\geqslant 0,x_j(t)\geqslant 0,\ \forall t\in T=\{1,2,\cdots,n\}$，且 $x_i(1)$ 和 $x_j(1)$ 均不为 0，则称下式为 t 点处两因素的点关联系数：

$$\zeta_{ij}(t)=\frac{1+\left|\frac{1}{\bar{x}}\cdot\frac{\Delta x(t)}{\Delta t}\right|}{1+\left|\left|\frac{\Delta x_i(t)}{x_i(t)}\right|-\left|\frac{\Delta x_j(t)}{x_j(t)}\right|\right|}$$

其中，$\Delta x_i(t)=x_i(t+\Delta t)-x_i(t)$，$\Delta x_j(t)=x_j(t+\Delta t)-x_j(t)$。

5.3.3　基于灰色系统理论的噪声和振动相关性分析

在如图 5-2 所示的实验室环境下，对 20 kW 永磁同步风电机组进行振动与噪声相关性分析实验。采用 EMT690 振动监测设备与 SVAN957 噪声测试仪对振动信号和噪声信号进行同步测量。受采集通道数目的限制，选取 6 个位置设置测点，分别布置在发电机主轴的径向端和轴向端、齿轮箱高速轴和低速轴的径向端与轴向端，如图 5-2 所示中 1#～6#点，由加速度传感器进行振动信号的数据采集。噪声测试仪置于振动传感器侧

面与轴承等高的位置，并保持与机组距离 1.5 m 的水平位置，尽可能靠近各振动测点。

为了准确反映振动与噪声的关系特性，保证噪声信号与振动信号的同步测量，将二者的采样频率均取为 100 Hz。从测量数据中选取发电机主轴径向及轴向、齿轮箱高速轴和低速轴径向及轴向的振动数据各 100 组，以及噪声数据 100 组，作为样本数据。

采用文献[179]中的灰色关联度分析概念，按照如下步骤对噪声与振动信号进行灰色关联度分析：

①确定参考列和比较列。

噪声测量数据列为参考列，假设用 X_0 表示：

$$X_0 = (x_0(1), x_0(2), \cdots, x_0(100)) \tag{5-1}$$

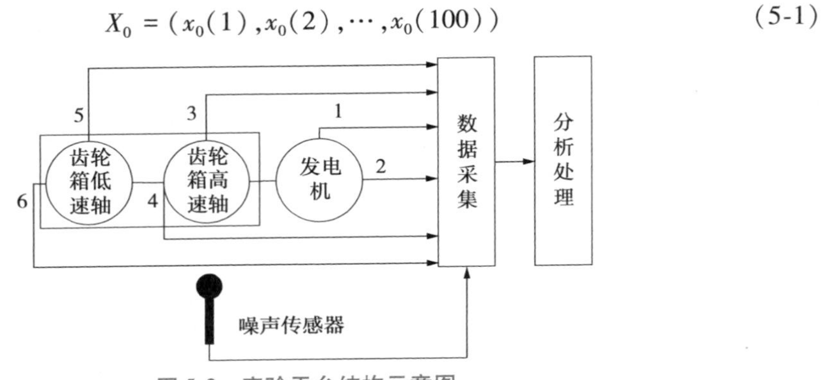

图 5-2　实验平台结构示意图

其中，$x_0(1), x_0(2), \cdots, x_0(100)$ 分别表示在第 1,2,…,100 个时刻的噪声测量值。

将振动测量数据列为比较列，用 X_1、X_2、X_3、X_4、X_5、X_6 分别表示 6 个测点的振动测量值：

$$X_i = (x_i(1), x_i(2), \cdots, x_i(100)) \qquad i = (1,2,3,4,5,6) \tag{5-2}$$

其中，$x_i(1), x_i(2), \cdots, x_i(100)$ 分别表示在第 1,2,…,100 个时刻第 i 个测点的振动测量值。

②对参考列和比较列的数据按照式(5-3)进行无量纲化处理，本书采用区间像法进行无量纲处理，得到新的数据列分别用 X_i' 表示：

$$X_i' = (x_i'(1), x_i'(2), \cdots, x_i'(100)) \quad i = (0,1,2,3,4,5,6) \tag{5-3}$$

其中 $x_i'(k) = \dfrac{x_i(k) - \min\limits_k x_i(k)}{\max\limits_k x_i(k) - \min\limits_k x_i(k)}$。

③逐个计算每个参考列和比较列的绝对值差序列，用 $\Delta_i(k)$ 表示：

$$\Delta_i(k) = |x_0'(k) - x_i'(k)| \quad (i = 1,2,\cdots,6; k = 1,2,\cdots,100) \tag{5-4}$$

共有 6 组绝对值差序列，每组 100 个差值，共计 600 个数据。

④找出绝对值差序列 600 个数据中的最小值 $\Delta_{\min}$ 和最大值 $\Delta_{\max}$：

$$\Delta_{\min} = \min_i \left(\min_k (\Delta_i(k))\right), \quad \Delta_{\max} = \max_i \left(\max_k (\Delta_i(k))\right) \tag{5-5}$$

$$(i = 1,2,\cdots,6;k = 1,2,\cdots,100)$$

⑤计算关联系数。分别求取每个比较列和参考列的对应元素之关联系数：

$$r_{0i}(k) = \frac{\Delta_{\min} + \alpha \cdot \Delta_{\max}}{\Delta_i(k) + \alpha \cdot \Delta_{\max}} \quad (k = 1,2,\cdots,100) \tag{5-6}$$

其中，α 为分辨系数，$\alpha \in [0,1]$，分辨系数越小，表明 $r_{0i}(k)$ 之间的差异越大，越容易区分，本书中 α 取 0.5。

⑥计算灰度关联度 R_{0i}，即每个比较列与参考列的关联度：

$$R_{0i} = \frac{1}{6}\sum_{i=1}^{6} r_{oi}(i) \quad (i = 1,2,\cdots,6) \tag{5-7}$$

依据计算得出的每个测点的振动与噪声的关联度，便可得到对振动与噪声的关系评价结果。

本文按照上述步骤及式(5-1)～(5-7)，分别针对 4 种工况（空载运行、变风速条件下的空载运行、负载运行和变风速条件下带负载运行）[①]，对 1#～6#六个测点的振动数据列与噪声数据列的关联度进行计算，统计结果见表 5-1。

表 5-1　振动与噪声的灰度相关度数据统计

工况＼测点	1#	2#	3#	4#	5#	6#
空载运行	0.621 9	0.670 9	0.733 6	0.627 8	0.696 0	0.618 9
变风速空载	0.723 3	0.762 0	0.737 0	0.734 5	0.765 3	0.710 3
负载运行	0.665 9	0.621 1	0.704 8	0.633 0	0.708 7	0.609 2
变风速带负载	0.718 7	0.667 1	0.739 1	0.640 4	0.713 8	0.572 4

相关度 R_{0i} 能够表明比较列各因素与参考列数据之间的关系密切程度，R_{0i} 取值在[0,1]之间，其值越大，表明变量或因素之间的相关程度越大，即关系越密切。通常 $R_{0i} > 0.5$ 时，就可认为存在密切关系；$R_{0i} > 0.9$ 时，存在显著相关性，能够很好地用线性关系来表示。由表 1-3 中相关度统计数据可知：①4 种工况下，所有灰度相关度值都大于 0.5，表明轴承噪声与振动之间具有较大程度的相关性，即它们之间存在密切关系；②针对每一种工况（即表中的每一行），对比 6 个测量位置的相关度值，较均匀地分布在 0.6～0.7 范围附近（除 6#测点变风速带负载运行时略小一点，为 0.572 4），差异较小，表明轴承噪声与每个测点的振动之间关系密切程度相当。③进一步地，对比每个测点位置在各种工况下的相关度值（对应表格中的每一列），其中 3#测点在 4 种工况下相关度值基本相同，为 0.73 左右，属于较高水平，表明该测点位置最能反映振动与噪声的关

① 实验数据见附录 2。

系。3#测点位于齿轮箱高速轴的径向振动测量位置，也是噪声测量仪正前方最靠近的位置，该测点是6个测点中的最佳位置。④分别对比空载运行的两种工况以及负载运行的两种工况（表格上两行、下两行），每种工况的相关度值较均匀，但变风速时比无风干扰时相关度值有所增加，表明噪声除与振动密切相关之外，风速对噪声也有一定程度的影响。

综上可知，轴承的噪声与振动密切相关，但二者不能完全等同，即振动不能反映噪声信息的全部，噪声也不能完全表征振动；二者不具有很好的线性相关性，若用线性关系来表示效果会很差，如图5-3所示是上述6个测点振动信号对噪声信号的线性回归分析结果。

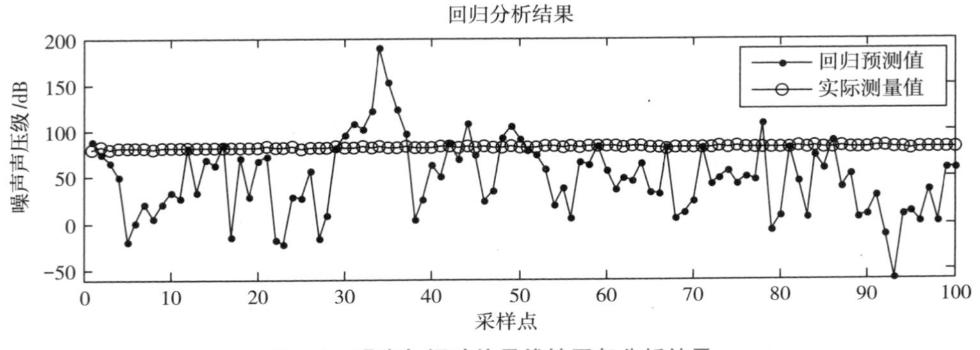

图5-3　噪声与振动信号线性回归分析结果

5.4　基于GA-SVR的振动预测噪声方法

由上述分析和实验结果表明，风电机组轴承的振动和噪声信号具有复杂非线性、强干扰、强耦合特性。噪声与振动存在密切关系，但无法用其中一个对另一个进行精确和确定的表达。为了进一步提高和完善轴承的故障诊断技术，建立完备的故障信息库，需要将噪声信号与振动信号综合考虑，相互补充、相互完善。本书对风电机组的多种工况进行振动与噪声信号的同步测量，提出基于遗传算法-支持向量机回归（Genetic Algorithm—Support Vector Regression，GA-SVR）的振动预测噪声方法，以振动信号样本对噪声进行预测，旨在揭示二者之间不确定性的非线性关系。

5.4.1　支持向量机

5.4.1.1　支持向量机的基本概念

为了解决实际生活中样本数量有限的问题，研究学者们以统计学理论为根基，利用其严密的理论基础,设计了解决小样本问题的统一结构框架。同时,在此结构框架中加入了众多合理有效的数学方法,由此总结出了支持向量机(Support Vector Machine, SVM)这一机器学习法。

支持向量机的基本思想:将处于低维空间形式下的高维的数据样本,选用合适的核函数,将这些数据样本非线性地映射到对应的高维特性的希尔伯特(Hilbert)特征空间中,使得可以用常用的线性方式来处理高维空间中的数据样本的非线性、非定常性、非平稳性的分类和回归问题。最后将结果再映射回原空间,从而得到相应优化解。

SVM 有以下优势[180]:

①由于支持向量机的降维思想,它将实际应用中的非线性问题转换成线性问题,且降低了在最终决策中函数所需的支持向量数目,使计算系统的复杂程度紧密地与最终的支持向量的个数关联在一起,从而避开了数据样本原所在空间的实际维数。所以,支持向量机不仅解决了传统算法无法解决的"维数灾难"的问题,而且强化了其在实际应用中对非线性问题的处理性能。

②支持向量机对问题的凸规划的转变,使得支持向量机能够得到唯一解,并且避免了求解过程中出现的局部最优问题,解决了一般智能算法无法避免且无法优化的局部出现极小问题。

③支持向量机实现了传统学习理论关于结构的风险最小化思想,使得 SVM 在实际应用中,能够适应具体领域,并优化出数据逼近精度和函数逼近复杂度的一个最优交点,解决了一般情况下会遇到的过学习或欠学习的问题。

5.4.1.2 支持向量回归机

支持向量回归机最早被应用于对分类问题的解决,而后经过研究学者的发现,支持向量机在回归问题上也有较好的成果,能够直观地解释实际几何问题。SVM 的几何解释如图 5-4 所示。支持向量回归机模型确定后,需要输入数据训练样本,在此之前需要对回归机人为地确定一个定量,然后建立出一个宽度的管道,并使管道在宽度的范围内尽可能多地包含数据样本点,管道包含的数据样本点被视作能够精确预测的点。同时,管道的中心线被定义成 SVR 最终的预测结果曲线。传统的回归预测方法的原理如图 5-5 所示。传统的回归预测只是单一地利用一条曲线,去尽可能多地经过数据样本点。以这样的方式建立起来的曲线相当复杂,而且难以精确地描述出数据样本点的变化趋势。同时,若数据样本点中存在噪声数据或错误数据点,传统的回归预测方法极易出现过学习的问题。由此可知,支持向量回归机的人工定义管道,能够在一定程度上简要包含更多的数据样本点,从而准确描述出数据样本点的变化趋势和应用规律。另外,由于支持向量机的特点,也使得支持向量回归机能够避开噪声数据点和错误数据点对回归预测结果的影响,不至于出现过学习的问题,提高预测的精确性和准确度。

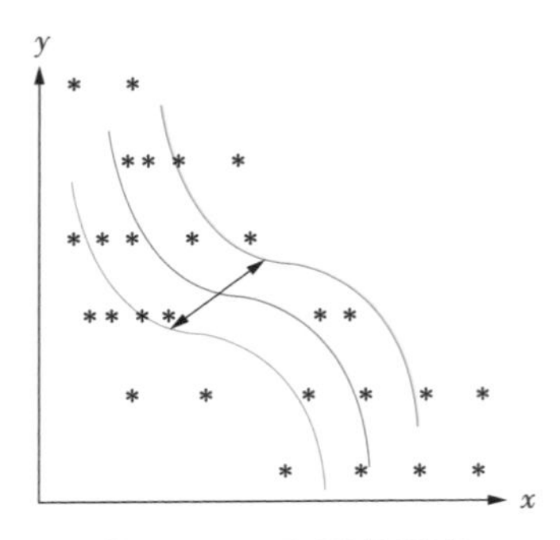

图 5-4　SVR 回归原理

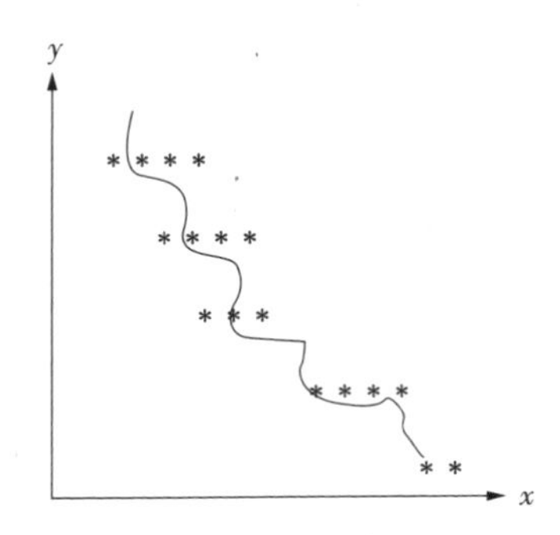

图 5-5　传统回归原理

(1)线性支持向量回归机

对于线性可分问题,首先定义一组训练数据样本 $(x_i,y_i)(i=1,2,\cdots,l)$,将其称为训练集。设 x 是输入量为实数($x\in\mathbf{R}^d$),其中 d 是输入的实数的维数,y 是输出量,也为实数($y\in\mathbf{R}$),l 是样本的容量。则设线性回归的公式模型:

$$f(x)=<\omega,x>+b\quad \omega,x\in\mathbf{R}^d,b\in\mathbf{R} \tag{5-8}$$

式中,$f(x)$ 是目标函数,ω 是权值,<,> 是对数据点的点积运算,b 是偏置校正值。此外,式(5-8)中对 ω 和 b 的值可以通过求解以下最优问题得到确定值:

$$\min\frac{1}{2}\|\omega\|^2 \tag{5-9}$$

约束条件:

$$|<\omega,x>+b-y|\leqslant\varepsilon\quad i=1,2,\cdots,n \tag{5-10}$$

由于支持向量机需要遵守间隔的最大化原则,因此,可以通过计算求解出相应的间隔应为 $2/\|\omega\|$,从而可以确定最优化问题就是 $\min(2/\|\omega\|)$。我们可以将上述定义的约束条件理解为回归预测中预测值与实际输出值的差值所要满足的条件差。

但是,不难看出,对于这类最优问题的求解相当困难。我们一般将其转换为 Lagrange 型的对偶问题进行求解。Lagrange 的对应函数:

$$L(\omega,b,\alpha,\alpha^*)=\frac{1}{2}\|\omega\|^2-\sum_{i=1}^{l}\alpha_i(\varepsilon-y_i+<\omega,x>+b)-\sum_{i=1}^{l}\alpha_i^*(\varepsilon+y_i-<\omega,x>-b) \tag{5-11}$$

式中,$\alpha_i,\alpha_i^*\geqslant0,i=1,2,\cdots,l$。

由此可得对应的对偶情况为:

$$\max_{\alpha,\alpha^*}\min_{\omega,b}L(\omega,b,\alpha,\alpha^*)$$

依据 KKT 理论,可得 Lagrange 函数需要满足:

$$\frac{\partial L}{\partial\omega}=0,\frac{\partial L}{\partial b}=0$$

由此可得：

$$\omega = \sum_{i=1}^{l} (\alpha_i - \alpha_i^*) x_i$$

$$\sum_{i=1}^{l} (\alpha_i - \alpha_i^*) = 0 \tag{5-12}$$

因此，原优化问题通过转化成对偶形式则为：

$$\max_{x,x^*} \frac{1}{2} \sum_{i=1}^{l} \sum_{j=1}^{l} (\alpha_i^* - \alpha_i)(\alpha_j^* - \alpha_j) < x_i, x_j > + \sum_{i=1}^{l} y((\alpha_i^* - \alpha_i) - \varepsilon_i) + \sum_{i=1}^{l} (\alpha_i^* + \alpha_i) \tag{5-13}$$

约束条件：

$$0 \leqslant \alpha_i, \alpha_i^* \leqslant C, i = 1, 2, \cdots, l$$

$$\sum_{i=1}^{l} (\alpha_i - \alpha_i^*) = 0 \tag{5-14}$$

选用较为常用的贯序极小优化算法。求解出最优 α_i^*，并将其代入式(5-15)、(5-16)求解出 $\bar{\omega}$ 和 $\bar{b}$。最后，将各个求解出的参数代入式(5-8)得决策函数。

$$\bar{\omega} = \sum_{i=1}^{l} (\alpha_i - \alpha_i^*) x_i \tag{5-15}$$

$$\bar{b} = \langle \bar{\omega}, (x_r + x_s) \rangle \tag{5-16}$$

$$f(x) = \sum_{i=1}^{l} (\alpha_i - \alpha_i^*) \langle x_i, x \rangle$$

(2)非线性支持向量回归机

实际应用中，非线性问题较线性问题出现得更多，非线性问题不适合用线性的方法解决。因此，需要针对非线性问题设计非线性的回归预测方法。通过对 SVM 的了解可知，SVM 的核函数可实现非线性问题与线性问题的相互转换。因此，引入核函数可完成线性问题和非线性问题的相互转换，从而实现对非线性的实际问题的解决。

对于非线性 SVR，常用一个对应的映射，将原始数据集中映射到相应的特征空间中，由此便可将非线性的问题通过映射后使其在特征空间中按照线性的回归方式进行运算。线性回归问题与非线性回归问题转换的本质，是在实际应用中通过核函数代替原有的内积运算，从而实现了相应的转换。核函数在转换过程中，主要是接受来自低维空间中的向量，然后将这些向量变换成高维空间中的内积运算，巧妙地避免了会在高维空间中出现的复杂程度。核函数的种类多种多样，只要满足 Mercer 条件，便可构成相应的核函数应用于实际问题，因此，对于核函数的选择也应就实际问题考虑，从而完成预测结果最优化。

回归关系的转化，就是将线性回归中的 x 转换成对应的 $\varphi(x)$，将 $\langle x_i, x_j \rangle$ 转换成对应的 $\langle \varphi(x_i), \varphi(x_j) \rangle$，而对核函数的转换则是将 $\langle \varphi(x_i), \varphi(x_j) \rangle$ 转换成对应的 $\psi(x_i, x_j)$，由此可以定义出非线性所对应的优化问题：

$$\min \frac{1}{2} \| \omega \|^2$$

对应的约束条件为：

$$| < \omega, \varphi(x) > + b - y | \leqslant \varepsilon$$

由此，可以确定出非线性回归问题的对偶：

$$\max_{x,x^*} -\frac{1}{2}\sum_{i=1}^{l}\sum_{j=1}^{l}(\alpha_i^* - \alpha_i)(\alpha_j^* - \alpha_j)\psi(x_i,x_j) + \sum_{i=1}^{l} y(\alpha_i^* - \alpha_i) - \varepsilon\sum_{i=1}^{l}(\alpha_i^* + \alpha_i) \tag{5-17}$$

对应的约束条件为：

$$\sum_{i=1}^{l}(\alpha_i - \alpha_i^*) = 0$$

$$0 \leqslant \alpha_i, \alpha_i^* \quad (i = 1,2,\cdots,l)$$

为了解决在运算过程中出现的误差情况，现引入解决误差的松弛变量：

这样，对应的优化方程则为：

$$\min \frac{1}{2} \| \omega \|^2 + C\sum_{i=1}^{l}(\xi_i + \xi_i^*) \text{（C 为常量）}$$

对应的约束条件为：

$$| < \omega, \varphi(x_i) > + b - y | \leqslant \xi_i + \varepsilon \quad i = 1,2,\cdots,l$$

$$y_i - | < \omega, \varphi(x_i) > + b - y | \leqslant \xi_i + \varepsilon \quad i = 1,2,\cdots,l$$

$$\xi_i, \xi_i^* \geqslant 0 \quad (i = 1,2,\cdots,l) \tag{5-18}$$

同时，求出 Lagrange 所对应的对偶表达式：

$$\min_{x,x^*} -\frac{1}{2}\sum_{i=1}^{l}\sum_{j=1}^{l}(\alpha_i^* - \alpha_i)(\alpha_j^* - \alpha_j)\psi(x_i,x_j) - \sum_{i=1}^{l} y(\alpha_i^* - \alpha_i) + \varepsilon\sum_{i=1}^{l}(\alpha_i^* - \alpha_i) \tag{5-19}$$

对应的约束条件为：

$$\sum_{i=1}^{l}(\alpha_i - \alpha_i^*) = 0$$

$$\alpha_i^* \neq 0, \alpha_i \neq \gamma \quad (i = 1,2,\cdots,l) \tag{5-20}$$

由此，可以求解出最优 α_i^*，并解出对应的 $\bar{\omega}$ 和 $\bar{b}$，最后得到非线性回归机的最终决策：

$$f(x) = \sum_{i=1}^{l}(\alpha_i - \alpha_i^*) \cdot \psi(x_i, x) + b \tag{5-21}$$

5.4.1.3 支持向量机的核函数

核函数作为 SVM 的核心关键，它不仅能够提高算法能力解决能力，而且能够凭借不同的实际问题，采取适应的核心函数得到最优解。同时，核函数对于算法中的多维难题有很好的解决效果，使得支持向量机能够合理地完成线性问题和非线性问题的相互转换,提高其良好地解决低维到高维相互转换解决实际问题的能力。

核函数的引入可以把 m 维中高维特征空间的复杂运算以及对应的映射转换到 n 维中的低维数据样本空间,巧妙解决了高维空间中非线性数据样本出现的“维数灾难”问题。

支持向量机被广泛地使用并取得良好结果,这与核函数所具有的优点是密不可分的:

①核函数从高维到低维的有效转换,能够解决传统算法无法解决的“维数灾难”问题,这样也大大减小了计算量;

②核函数不受输入数据维度的影响,对高维数据的处理效率很高;

③由于核函数对于线性问题和非线性问题的高效转换,使得在求解非线性问题时,无须对非线性所需的参数有详细了解,提高了算法的计算效率;

④核函数的参数改变,能够有效地适应实际问题,在映射过程中改变特征空间的对应性质,最终改变其本身的性能;

⑤核函数不仅能够针对实际领域的问题单独选用,而且能够有效地组合使用,提高其应用性能;

⑥核函数不仅能够进行核函数的结合使用,而且能够有效地与其他类型的算法结合使用,并且相互之间不会有影响,这样也大大提高了其应用性能。

支持向量机是一种基于统计学习的 VC 维理论和结构风险最小化的机器学习方法,针对有限样本情况,在经验风险和期望风险之间寻求一种最佳折中方案,从而获得最好的泛化能力。具体方法如下所述。

假设有 N 个学习样本 $\{(X_1,y_1),(X_1,y_1),\cdots,(X_N,y_N)\}, y_i\in\{-1,1\}$,其中每个 (X_i,y_i) 都是两类模式识别问题的样本。对样本进行估计时,期望风险为:

$$R(W)=\int L(y,f(X,W))\,\mathrm{d}F(X,y) \tag{5-22}$$

$$L(y,f(X,W))=\begin{cases}0, & y=f(X,W)\\ 1, & y\neq f(X,W)\end{cases}$$

其中,$L(y,f(X,W))$ 是损失函数,表示以 $f(X,W)$ 对 y 预测造成的损失;$F(X,y)$ 为联合概率分布。

为了从一组函数 $\{f(X,W)\}$ 中求出最优函数 $\{f(X, W^*)\}$,采用经验风险最小原则,得到最小经验风险:

$$\min R_e(W)=\frac{1}{N}\sum_{i=1}^{N}L(y,f(X_i,W)) \tag{5-23}$$

实际上,期望风险 $R(W)$ 和经验风险 $R_e(W)$ 并不能总是一致,它们之间关系为:

$$R(W)\leqslant R_e(W)+\Phi \tag{5-24}$$

其中,$\Phi=\sqrt{\left|\frac{h[\ln(2N/h)+1]-\ln(\eta/4)}{N}\right|}$ 表示置信风险,即 VC 信任;h 是函数集的 VC 维,η 表示置信范围。

从式(5-24)可以看出,风险分为经验风险和 VC 信任风险两部分,置信范围会受到

h、η 和 N 的影响。在设计分类器时，往往采用结构风险最小准则，即：经验风险最小，且 h 要尽量小，以此缩小置信区间，达到期望风险最小。因此支持向量机模型常常通过引入核函数，采用非线性映射把原始样本数据从数据空间映射到特征空间，在特征空间进行相应的线性处理，将样本数据分类。核函数方法的思想如图 5-6 所示。

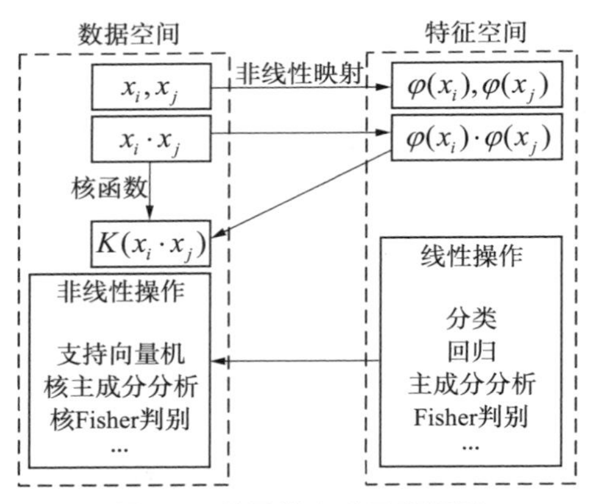

图 5-6　核函数方法示意框图

从本质上说，核函数方法完成了数据空间、特征空间、类别空间三者之间的变换。数据空间的样本数据 x_i、x_j 映射为特征空间的 $\varphi(x_i)$、$\varphi(x_j)$，$\varphi(x_i)$、$\varphi(x_j)$ 线性可分，核函数与 $\varphi(x_i)$、$\varphi(x_j)$ 有如下关系：

$$K(x_i, x_j) = \langle \varphi(x_i), \varphi(x_j) \rangle \tag{5-25}$$

其中，$\varphi()$ 为映射函数，$\langle\rangle$ 为内积运算符号。

数据空间的核函数与特征空间的内积关系是等价的。通常，映射函数 $\Phi()$ 是复杂的非线性变换，在实际应用中，无须知道映射函数的具体形式，只需直接应用特征空间的内积。因此，选择合适的核函数 $K(x_i, x_j)$ 及其相关参数的确定才是问题的难点和关键。常用的核函数有以下几种：

①线性核函数：$K(x_i, x_j) = \langle x_i, x_j \rangle$

②多项式核函数：$K(x_i, x_j) = (a\langle x_i, x_j \rangle + b)^n$

式中，n 是为多项式系数，此值可以自行定义。该核函数所采用的是 VC 维估计，因此也使其不易受高维空间的影响。

③高斯核函数：$K(x_i, x_j) = \exp\left(-\dfrac{\| x_i - x_j \|^2}{2\sigma^2}\right)$

式中，σ 是核函数的核参数，表示高斯函数的均方差，主要用于表示函数在自变量径向上的宽度，其值与高斯函数的宽度存在正比关系。此值越小，表示其性能越好，但也表示函数的泛化能力有所降低。

④感知器核函数：$K(x_i, x_j) = \tan h(a\langle x_i, x_j \rangle + b)$

式中，定义 $a > 0$ 是尺度参数，$b < 0$ 是衰减参数。此时，SVM 便包含着一个隐层，同

时也是一个多维的感知器。其中,隐层的节点个数将由算法自行算出,且算法不会有局部最优的困扰。

非线性支持向量回归算法主要是通过非线性映射,把原始样本数据从低维数据空间映射到高维特征空间,在特征空间构造决策函数以实现线性回归。

5.4.2 遗传算法

遗传算法是一种借鉴了生物自然选择和遗传机制的随机搜索算法,其思想根源于达尔文进化论和孟德尔遗传学,常用来实现问题的优化。遗传算法以“染色体”表示问题的解,给定一群染色体作为初始种群,即假设解集,将这些解再置于问题“环境”中,按照优胜劣汰原则,从种群中选取适应环境的解,将其进行复制、交叉、变异等,形成环境适应性更强的染色体群。若此反复,最后得到一个适应性最强的染色体,即为问题的最优解。

遗传算法的具体流程如图 5-7 所示,先对问题进行编码,定义个体适应度函数,产生初始化种群;由适应度函数通过自适应学习寻找期望值最高的群体,将该群体按概率选择遗传算子进行选择、复制、交叉、变异等过程,形成新一代种群,直至找到最优解。

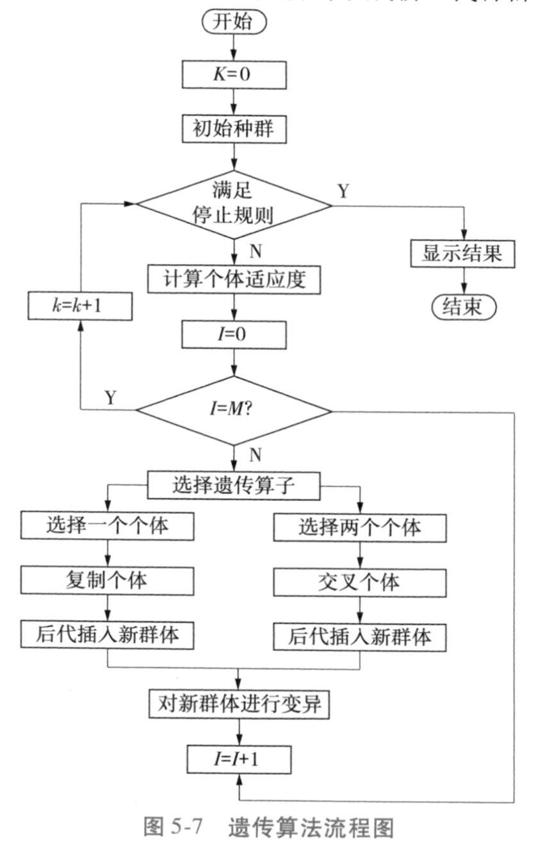

图 5-7　遗传算法流程图

5.4.3 基于遗传算法的支持向量机回归方法

支持向量回归算法的本质是一种局部最优化算法,它采用求解二次规划来寻求最优解,因此存在两个问题:一是处理大量数据费时;二是容易陷入局部最优解。对于SVM而言,其参数选择尤为重要,参数的选定将直接影响SVM的算法精度。一般对支持向量回归机的参数选择多依靠经验选定,具有很大的主观随意性,易影响结果的精确性并降低运算速率。遗传算法具有全局搜索的特点,并且采用的是自动进化规则,有利于在支持向量回归中使用遗传算法来寻求最优解,提高支持向量回归机的效率。有研究学者提出将GA应用在SVR的参数选择中,这样可以利用GA的全局寻优效果,完成对回归机的参数的最优选择。

基于遗传算法的支持向量回归机(GA-SVR),主要是通过GA完成对回归机的参数选取,完成回归模型的建立。SVM的核函数具有多样性,但经过实际应用,在众多核函数中以径向基核函数最为稳定,且具有良好的精准性和运行速率,特别是针对数据样本少的问题。GA对SVR参数的选择,具体是对惩罚因子C、核参数σ,以及不敏感损失参数ε的选择。

建立基于遗传算法的支持向量回归机的关键问题:

(1)参数编码

依据实际求解的问题的差异,GA作出不同的编码选择。首先,需将待求解问题的所有编码组成相异的染色体形式,这些染色体再以相异的个体身份被视作遗传操作的初体。本书中所需GA对SVR的参数的优化为三个,将每个参数的编码定为一个基因源,由三个编码而成的基因则可组合成一个染色体,这便是待求解问题的所有解形式。根据经验总结可知,惩罚参数C的取值范围一般为[0,100],精度为0.1;核参数σ的取值范围一般为[0,100],精度为0.1;不敏感损失参数ε的取值范围一般为[0,1],精度为0.001。

(2)适应度函数

适应度函数可以根据实际问题给出相应的表达,而求不同个体的适应度函数,当所求适应度值越大时,则表明该值越接近最优解。

(3)遗传操作

遗传算法中最重要的遗传操作,是使所要求解的问题解能向着最优的方向发展,其操作主要有三个:选择操作、交叉操作、变异操作。

(4)选择操作

该操作是以上一步的适应度值为基础,促使遗传算法所形成的种群中,所对应的适应度值高的个体能够被优先选中。相反,对应适应度值较低的个体则不易被选中。

(5)交叉操作

本书所设定的GA-SVR模型,主要是将三个参数对应编码成三个基因r_1,r_2,r_3,而这三个基因又可以组成一个染色体$R=\{r_1,r_2,r_3\}$。通过对交叉操作进行线性的组合,

用一个概率值 a（介于 0,1 之间的随机数）在任意两个染色体所对应的三个基因间完成独立的交叉。设这两个相异的染色体为 R_1、R_2，则交叉操作为：

$$\begin{cases} R_{1i} = aR_{1i} + (1-a)R_{2i} \\ R_{2i} = (1-a)R_{1i} + aR_{2i} \end{cases}$$

（6）变异操作

一般而言，对于非平稳、非线性的数据，多采用均匀变异的方式，即会给定模型一个变异率 ρ，再对已经变异的染色体 $R = \{r_j/j = 1,2,\cdots,n\}$ 中的所有基因完成变异操作。在此变异操作时，会随机产生一个随机数 ρ_0（介于 0,1 之间的随机数），如若 $\rho_0 < \rho$，则会改变该位置的数值，否则保持不变：

$$r_j = \begin{cases} r_j \oplus 1(\rho_0 < \rho) \\ r_j(\rho_0 \geqslant \rho) \end{cases}$$

传统的支持向量机回归方法，在处理二次规划问题时，对涉及核函数的矩阵运算效率较低，而且求解过程难以实现。

结合遗传算法的支持向量机回归方法，在一定程度上能够解决二次规划低效的问题。同时，由于遗传算法具有自适应的随机式搜寻方法，在全局过程能够以较大概率寻得最优解，从而确定出支持向量机回归的惩罚因子和核函数半径等回归参数。基于遗传算法的支持向量机回归采用 ε 不灵敏损失函数，提高了算法的鲁棒特性和全局泛化能力。

以基于遗传算法的支持向量机回归方法进行风电机组的噪声预测，需要建立因变量（噪声声压级）与自变量（振动加速度）之间的预测模型。依据风电机组振动和噪声的特性，在预测模型中选用高斯核函数作为目标函数，并由遗传算法获取全局最优参数。预测流程如图 5-8 所示。

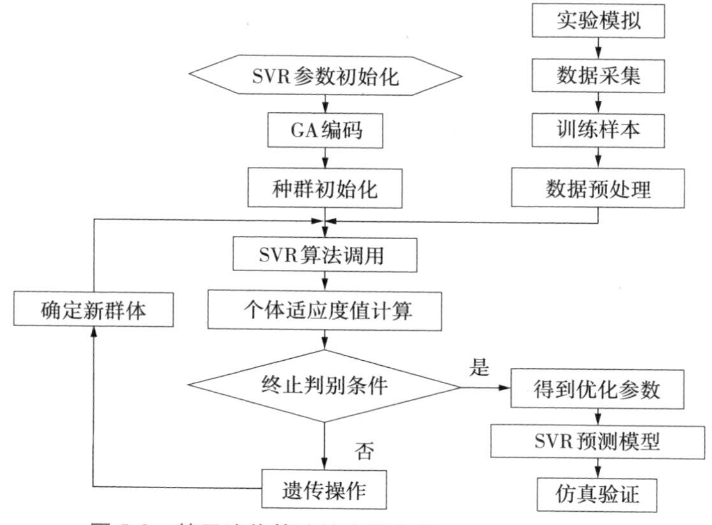

图 5-8　基于遗传算法的支持向量机回归的预测流程

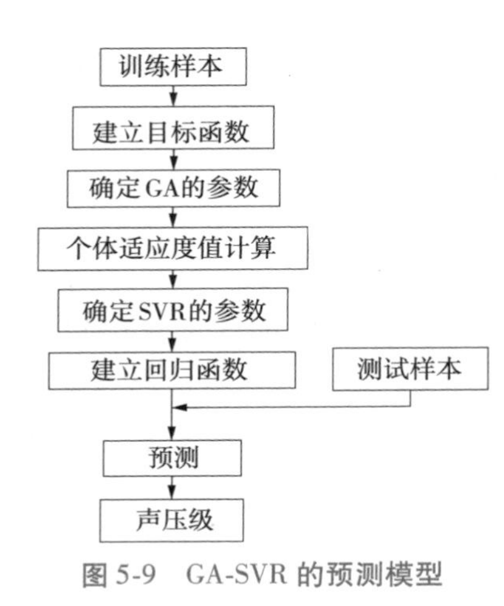

图 5-9 GA-SVR 的预测模型

首先,对支持向量回归机的参数在其允许范围内完成随机的初始化。然后,再将这些随机的初始化参数应用遗传算法将它们编码成染色体,形成后续所需的初代种群。然后,利用所选取的训练数据对回归模型进行训练预测,并利用这些结果计算出遗传算法所对应的适应度值。最后,根据设定的终止条件,将满足条件的种群中的最优染色体解码出对应的参数,并利用这些参数实现预测模型的测试,而不满足条件的将会被重新进行遗传操作,形成新的种群直至满足终止条件。预测模型如图 5-9 所示。

5.5 基于遗传算法的支持向量机回归的预测方法仿真分析

仍采用 5.3 节图 5-2 的实验环境及实验数据进行分析。将 6 个测点的各 100 组振动数据及 100 组噪声数据,作为样本数据,将其各分为两部分:选取前 70 组作为训练样本,另外 30 组作为测试样本,用于检验预测结果。空载运行、变风速条件下空载运行、负载运行和变风速条件下带负载运行,各工况预测结果及相对误差如图 5-10—图 5—13 所示。

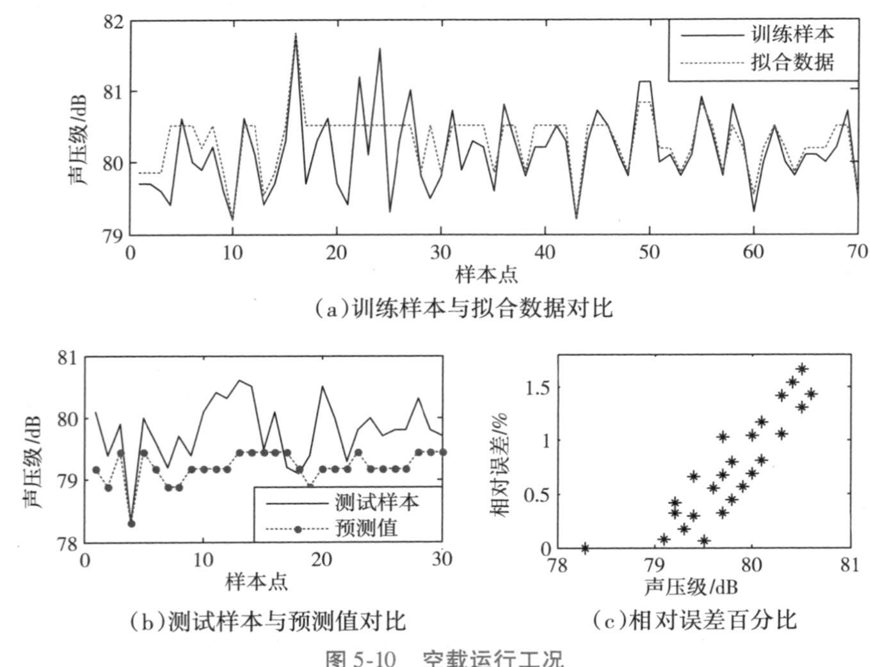

(a)训练样本与拟合数据对比

(b)测试样本与预测值对比

(c)相对误差百分比

图 5-10 空载运行工况

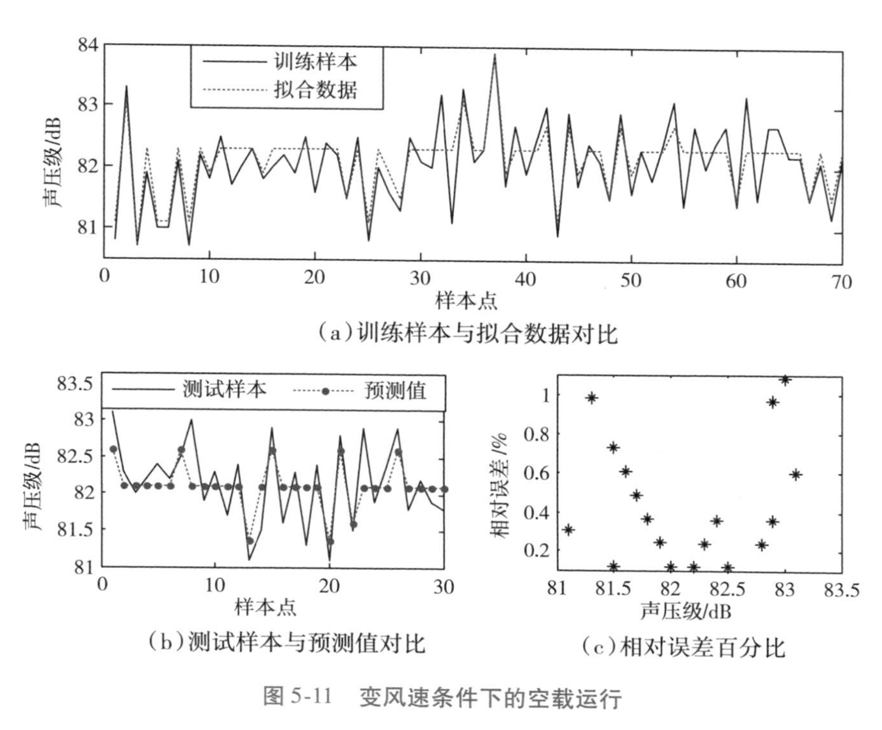

(a)训练样本与拟合数据对比

(b)测试样本与预测值对比

(c)相对误差百分比

图 5-11　变风速条件下的空载运行

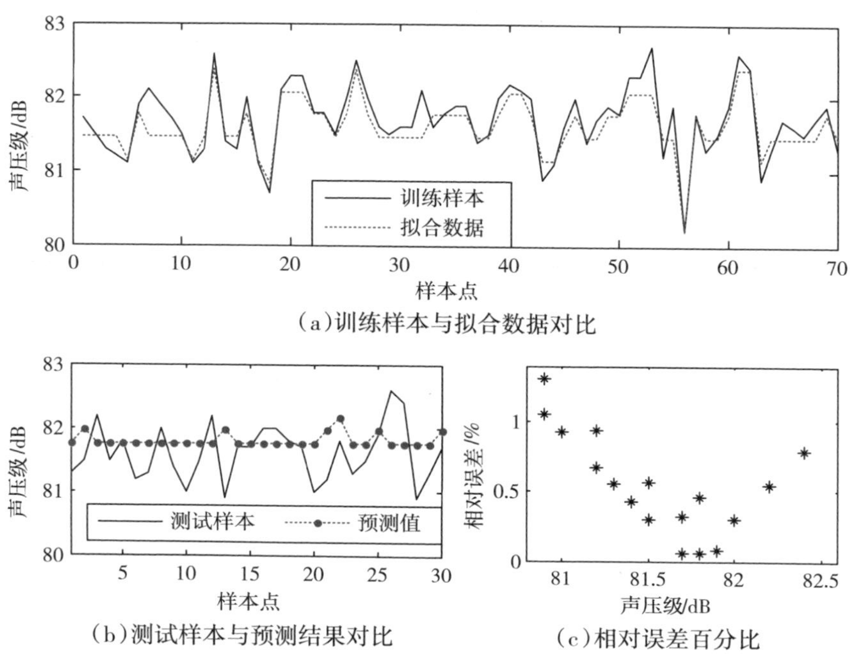

(a)训练样本与拟合数据对比

(b)测试样本与预测结果对比

(c)相对误差百分比

图 5-12　带负载运行

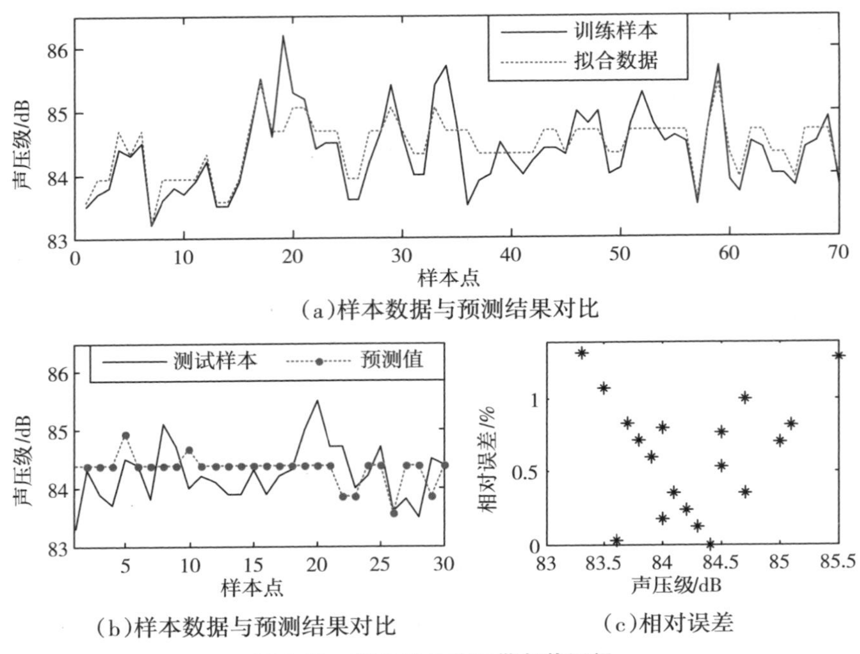

图 5-13　变风速条件下带负载运行

各种工况下预测结果的相对平均值如表 5-2 所示。

表 5-2　相对误差的平均值

运行情况	相对误差平均值/%
空载运行	0. 753 8
变风速条件下的空载运行	0. 381 3
带负载运行	0. 498 4
变风速条件下带负载运行	0. 522 4

图 5-10—图 5-13 中,带负载运行情况为风力发电机组带 6 kW 负载的运行工况,变风速实验是指在单纯空载和带负载运行的实验室环境条件基础上,附加风速变化的条件。由图 5-7 可见,对于空载运行情况,训练样本的噪声声压级(dB)在[79,82]范围,在样本训练期间,70 组样本的前段和后段其拟合数据和样本数据基本一致,拟合程度较高,以此为预测模型,用其余 30 组样本进行检验,最大相对误差为 1. 8%,且误差呈线性均匀分布,随声压级的增大而增大。对于图 5-7 的变风速空载运行情况,训练样本的噪声声压级(dB)约在[80. 6,84]范围,比空载运行时有所增大,且噪声变化程度较大时,其拟合程度也越好,最大预测误差为 1. 2%左右,相对误差以 82. 2 dB 为中心,呈"V"字形对称分布。对于图 5-7 的带负载运行情况,训练样本的噪声声压级(dB)在

[80,83]范围,整个样本训练过程,其拟合程度都很好,拟合数据和样本数据基本一致,最大预测误差为 1.24% 左右,相对误差以 81.7 dB 为中心,呈“V”字形对称分布。对于图 5-7 的变风速带负载运行情况,训练样本的噪声声压级(dB)在[83,86]区间附近,比单纯带负载运行时有所增加,最大预测误差为 1.4% 左右,相对误差以 84.4 dB 为中心,呈“V”字形对称分布。

综上可知:①风速对噪声有一定程度的影响,有风比无风时噪声声压级增大;②负载对噪声也有影响,带负载比空载运行时噪声声压级有所提高;③ 4 种工况下,以振动数据对噪声数据进行预测,其平均相对误差百分比都很小(1% 以内),在可接受范围内。以上结果表明,风电机组轴承噪声的大小会受到风速、负载等多种因素的影响,本书基于遗传算法的支持向量机回归方法,以振动信号对噪声进行预测,是一种有效可行的方法,其预测结果准确、稳健,揭示了噪声与振动之间存在不确定、非线性的关系。

5.6 小　结

在故障诊断过程中,噪声信号在前期阶段可以对故障起到监测作用,但无法实现故障的精确分析和诊断,在这个层面上,基于噪声信号的检测分析技术不及基于振动信号的检测分析技术。实际上,噪声来源于振动的辐射,振动往往伴随噪声。确定噪声与振动之间的关系,便于针对具体情况确定信号采集、监测以及故障诊断的最佳方案,对于信号测量、故障监测与诊断、设备性能评估以及生产生活中的降噪减振问题也是很有价值的。

本章简要叙述了噪声和振动的本质关系:噪声源于振动,是振动的表征;有噪声一定有振动,有振动不一定有噪声;高频测声,低频测振;分析总结了滚动轴承噪声和振动之间存在复杂非线性、强干扰、强耦合特性的现象。对 20 kW 永磁同步风电机组进行了振动与噪声相关性分析实验,采用基于灰色系统理论的相关性分析方法,定量分析了噪声与振动之间的相关程度,并以线性回归分析结果表明二者不具有很好的线性相关性。在此基础上,提出一种基于遗传算法-支持向量机回归(Genetic Algorithm—Support Vector Regression, GA-SVR)的振动预测噪声方法,对风电机组的多种工况进行振动与噪声信号的同步测量,由振动信号样本对噪声进行预测。实验结果表明,其预测效果良好,并进一步证实了噪声与振动密切相关,二者之间存在一种不确定、非线性的关系,为完善和发展风电机组的故障监测与诊断技术提供参考和依据。

第6章　风电声学噪声的测量和预测

风电轴承的振动和声学噪声信号具有复杂非线性、强干扰、强耦合特性，二者关系密切，但又无法用其中一个对另一个进行精确和确定的表达。为了实现噪声信号与振动信号的相互补充、相互完善，进一步提高和完善风电轴承的故障诊断技术，建立完备的故障信息库，需要掌握和研究声学噪声的测量技术和预测方法。

6.1　引　言

振动检测属于接触式测量，在测量过程中存在一些不易解决的实际难题，如对于轴承等旋转部件，传感器的固定和安装难以实现，且需要克服测试线线体受振动的影响；另外，测试点的最佳位置也是测量过程中须考虑的重要问题[181,182]。噪声检测属于非接触式测量，通过对机组声发射信号的采集、测试和处理，分析信息与故障的联系，提取故障特征，进行故障诊断和预警。采用这种基于噪声检测的方法进行故障诊断，省去了大量传感器，更经济、高效。

另一方面，风电长期以来都被人们认为是清洁、绿色的环境友好型能源。但实际上，风电机组运行过程中产生的辐射噪声，给风电场周围的居民带来了持续性的健康侵害。大量医学调查研究结果证实，“风力发电机组综合征”[183]已经成为一种新的病症。随着风电装机容量的增加，其风机叶片的尺寸也随之增长，使得风力发电机组辐射的噪声日益增大，其安装位置离居民区越来越近，使得噪声问题日益突出。噪声辐射成为风电机组机组选择、出口和风电场选址的重要指标之一，成为关系到风电在全球范围内大规模布置及能否在国际市场竞争中占有一席之地的重大问题。同时，研究学者也表明，风力发电机组所辐射出的气动噪声信号包含着机组运行时大量的实用信息。因此，要使规模化发展的风力发电成为名副其实的绿色清洁能源，对风力发电机组进行噪声测量具有重要的现实意义。风力发电机组对外辐射噪声主要为气动噪声，但在机组内主要扩散的噪声信号来自机组内各部件结构产生的结构噪声。这类机组内部的结构噪声信号,不仅能够提供风力发电机组运行时有用信息,而且能够反映出产生结构噪声的振动因素与其之间的相关性。因此,对风力发电机组进行结构噪声信号的预测也显得十分必要。

因此,本章从噪声测量和噪声预测着手,为今后基于噪声的故障诊断研究,以及多信息融合技术的故障诊断技术的发展和完善奠定基础。

6.2 风电机组噪声产生机理

声音的实质是振动,它是空气受力作用产生的振动。当振动频率在 20 ~20 000 Hz 范围内,作用于人耳鼓膜使人产生感觉,即人的可听声音频率范围为 20 ~20 000 Hz。风电机组的声学噪声是指风力发电机组产生的人们工作和生活不需要的声音,它区别于外界因素对风电机组或发电系统带来的干扰。风电能源能够减轻空气污染和水污染,但如果处理不当,则会引起噪声污染。超标的噪声会损伤人的听力,严重时可造成噪声性耳聋,它还可能干扰人的睡眠和语言表达与沟通,引起人的心理变化,诱发多种疾病。因此它是一种感觉公害,具有分散性和局限性。

风力发电作为全球清洁能源之一,对绿色环境有着重要的意义。但随着风电的快速发展,风电噪声这一大弊端也浮出水面,引起人们的关注[184]。十几年前,日本一名生活在风机附近 350 米区的老人,在风机运行不久后产生肩膀僵硬、头痛、失眠、手抖等症状。并且在他的约 100 名邻居中,超过 20% 的人也有类似的身体不适,当风机由于机械故障或其他原因停转时,他们的症状会有所减轻。此类身体不适和风机之间的关系尚不清楚,但风机产生的次声波可能是罪魁祸首。这种次声波每秒振动 1 到 20 次,由于频率太低,人耳无法听到。2004 年,日本当地政府制定了指导准则,用于处理由次声波噪声引起的问题。该准则的发布主要针对由工厂或建筑工地频率在 20 ~200 Hz 区间次声波造成的损害。然而,风机产生的次声波频率太低,不受该准则的约束。日本《噪音管制法》规定了工厂和建筑工地的噪声水平,同时《环境影响评价法》也规定大型发展项目启动之前,应该评估其对周围地区的影响,但风机不在两法的管辖范围之内。加拿大卫生和统计机构,对风机的噪声影响开展了研究,以确认噪声是否会对人体的健康产生危害。从外部聘请了专门从事噪音、健康评估、临床医学和流行病学研究的专家,为研究进行设计。该研究最初在风电场附近的社区中,选取 2 000 户居民作为研究对象,分别对这些居民住宅的内外进行噪声测量,样本住宅与风机的距离在 0.5 ~5 km。最终,根据研究成果和现有的综合科学证据,加拿大风能协会表示风机不会对人类健康产生影响。但风电噪声对野生动物有一定影响。研究表明,对于海上风电而言,仅在一个海域的风电场降低噪音,海豚数量每年减少1%的风险就会降低66%。风力发电对鸟类也构成了威胁,鸟类常常撞死在涡轮机旋转的叶片上。日本环境省证实,从2003年开始,13只罕见物种白尾雕就这样被夺去生命。目前,科学家们利用一个失败的太空项目——欧洲航天局达尔文项目的行星发现技术,来帮助消除风电机组在工作中发出的巨大噪声,这个技术确实起到了降低噪声的作用,但欧洲航天局认为耗费太大,项目被搁置。

为了保证人们有一个合理的工作和生活环境,各国制定了法规和标准以限制噪声污染。对于风电行业而言,我国以及一些欧美国家制定了风电机组或风电场噪声限值标准,以此限制风机产生的噪声。为了把噪声控制在标准要求范围内,需要对风机进行测试,依据测试得到的噪声产生原因进行相应的控制及实施治理,以期达到标准要求,尽量减少噪声污染。

6.2.1 风力发电机组的噪声来源

风电机组运行过程中,在风和运动部件的激励作用下,叶片及机组其他旋转部件会产生巨大噪声。风电机组产生的噪声主要由气动噪声和机械噪声两部分组成。气动噪声主要源于流经风轮叶片的气流产生的压力脉动。机械噪声主要来源于齿轮变速箱、电机、冷却风扇、轴承等机舱内机械部件之间的相互作用。

(1)机械噪声

齿轮噪声:啮合的齿轮组或齿轮对,由于摩擦和互撞激起齿轮体的振动或冲击,通过固体结构辐射形成齿轮噪声。风电机组内的齿轮主要有增速箱内的平行齿轮系和行星齿轮系、变桨齿轮和偏航齿轮等。

轴承噪声:由轴承内相对运动的零部件之间的摩擦和振动,以及转动部件的不平衡或相对运动零部件之间的撞击引起振动辐射而产生的噪声。轴承在风电机组内部被广泛使用,如发电机主轴轴承、两端轴承、增速箱内轴承,变桨、偏航及通风等电机轴承。

周期作用力激发的噪声:由转动轴等旋转机械部件产生周期作用力而激发的噪声,如联轴器转子扰动空气、电机的冷却风扇产生的噪声。还有非周期作用力激发的噪声,如调节偏航机构时出现的阵发性噪声。

电机噪声:不平衡的电磁力使电机产生电磁振动,并通过固体结构辐射电磁噪声,如双馈发电机转子励磁系统产生的电磁振动噪声。

机械噪声是风力发电机组的主要噪声源,并且随机械和结构部件故障的扩展而增大,对人的烦扰度最大。这部分噪声是能控的,其主要途径是减少或避免撞击力、摩擦力和周期力,如提高安装精度和加工工艺,使轴承和齿轮保持良好的润滑条件等。为减小机械零部件的振动,可以在接近力源处切断振动传递途径,如以弹性连接替代刚性连接、以高阻尼材料吸收机械零部件的振动能,从而降低振动噪声。

(2)气动噪声

风电机组叶片与空气之间作用产生气动噪声,其大小与风速有关,随着风速的增大而增强,且在不同的湍流情况下,噪声也不同。由于声源处于传播媒质中,不易分离出声源区,使得处理气动力噪声存在困难。几乎所有转动部件的非圆表面与空气摩擦都会产生气动噪声。暴露在机器外部的轴系的非圆表面,在回转时直接向周围辐射噪声,如:柔性联轴器的连杆、法兰盘的螺钉、叠片支架等。在机器内部的非圆表面与空气或润滑油的摩擦也可能通过机器外壳向空气中辐射噪声。

(3)其他噪声

散热器、通风机、加热器等辅助设备产生的噪声。

6.2.2　风力发电机组的噪声辐射和传播

由噪声来源分析,风电机组的噪声通常分为两类:一是风电机组各零部件内部相互作用,或部件与底座之间的连接部件引起的振动,经传动系统传递至外壳,并辐射噪声。二是风机叶片与空气摩擦产生相互作用,或者风电机组内部通风的空气运动产生的噪声。这两类噪声之间的差别在于其产生的性质不同。

第一类噪声的形成与振动、声源尺寸及辐射波长有关。波长大于噪声源尺寸时,随辐射体尺寸的增加,辐射的声强增大。因此,对于小型风电机组,辐射高声频的条件比辐射低声频的条件好。若波长小于风机外壳尺寸,则辐射声强与频率关系很小。第二类噪声主要由空气湍流运动产生,其辐射声强与频率关系也很小。

声波传播的三个特点:

①声波传播时,能够绕过障碍物传播,即衍射。若障碍物的尺寸与声波波长相近,声波能够直接绕过障碍物传播;若障碍物的尺寸比声波波长大很多,声波会在障碍物的边缘产生子波,子波的频率不变,幅值减小,继续向障碍物的阴影区传播。当声波通过障碍物孔洞时也会发生衍射现象。

②声波具有叠加特性。当两个相同频率的声源发出的声波,从两个不同地点传播至某处时,若在该处的声波强度相等,相位相反,则该处的合成声波为零。

③若声源是点声源,则声波在大气中以球面波传播时,其强度将随着距离的增加而减小,其声强与距离的平方成反比。

声波能够无反射地自由传播的区域,称为自由声场。在没有障碍物的广阔原野上,地面会反射声波,称为半自由声场。对于风电机组的噪声测量,大多是在车间或者风电机组安装现场,既不属于标准的自由声场,也不是标准的半自由声场,辐射的噪声和反射的噪声产生叠加,使噪声测量难以避免的存在误差。

6.2.3 风力发电机组噪声的频谱和评价

噪声信号有周期性的和非周期性的。周期性的噪声，其频谱呈现线状，非周期性噪声的频谱为连续谱。风电机组的噪声源较多，有线性的和非线性的，其频谱为线状谱和连续谱的综合。三种典型的噪声频谱如图 6-1 所示。

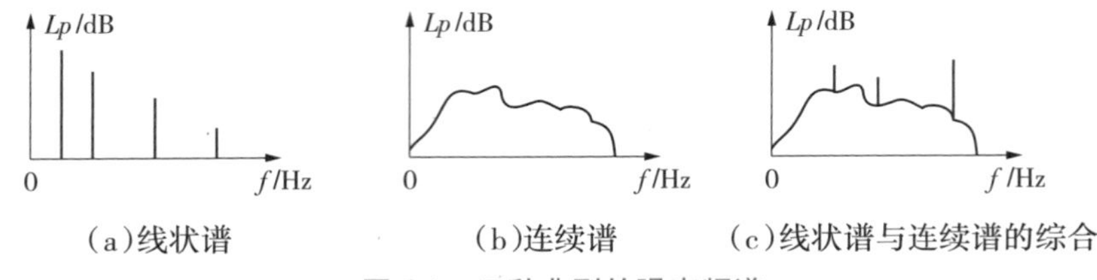

(a)线状谱　(b)连续谱　(c)线状谱与连续谱的综合

图 6-1　三种典型的噪声频谱

为了模拟人耳听觉在不同频率有不同的灵敏性，从等响度曲线出发，在测量仪器上通过采用某些滤波器网络，对不同频率的声音信号实行不同程度的衰减，把电信号修正为听感近似值，使仪器的读数能近似地表达人对声音的响应，这种网络称为频率计权网络。噪声的声压级往往通过频率计权网络测得，称为声级或计权声压级，通常有 A、B、C 三种计权。风电机组的噪声常用 A 计权网络声压级 L_A 表示，其模拟等响曲线为 40 phom，dB(A)。B 声压级用 L_B 表示，其模拟等响曲线为 70 phom，dB(B)；C 声压级用 L_C 表示，其模拟等响曲线为 70 phom，dB(C)。A 计权声级是模拟人耳对 55 dB 以下低强度噪声的频率特性，B 计权声级是模拟 55 dB 到 85 dB 的中等强度噪声的频率特性，C 计权声级是模拟高强度噪声的频率特性。A 计权声级由于其特性曲线接近于人耳的听感特性，因此是噪声测量中应用最广泛的一种。A、B、C 三种计权网络特性曲线如图 6-2 所示。

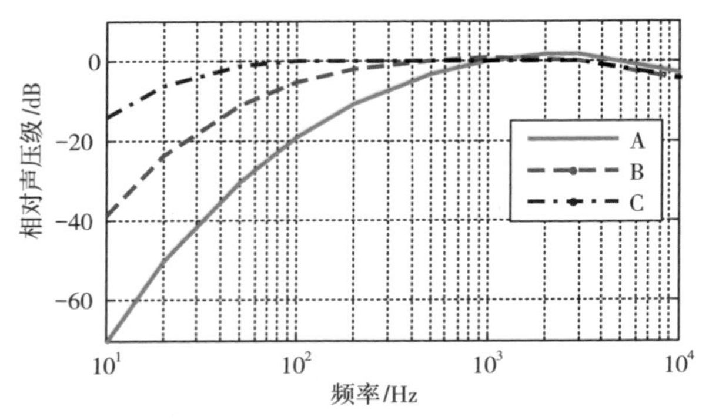

图 6-2　A、B、C 三种计权网络特性曲线

对风电机组噪声进行评价时，需要同时考虑噪声在每个倍频带内的强度和频率两个因素，并以其倍频噪声频谱最高点所靠近的曲线值作为它的噪声评价数，用 NR 表示。参照国际标准化组织相关噪声评价标准，通过查询噪声评价曲线可得具体 NR 值。

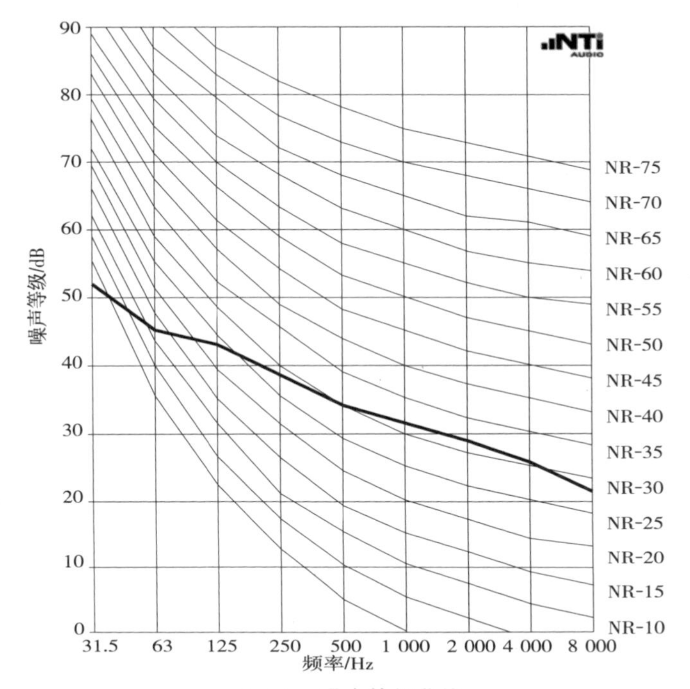

图 6-3　噪声等级曲线

A 计权声压级 L_A 噪声评价数与 NR 转换关系为：

$$L_A \approx \begin{cases} 0.8NR + 18 & (L_A < 75\ \text{dB}) \\ NR + 5 & (L_A > 75\ \text{dB}) \end{cases} \tag{6-1}$$

6.3　声学噪声的测量

在测量噪声时，其用途不同，测试的方法也不同。通常，噪声测量常用于环境评估和旋转机械故障诊断两大方面。用于旋转机械故障诊断的噪声数据，可根据具体情况，考虑产生噪声的部件位置、其他干扰声源等因素，选取合适的测量点。用于评估风电场环境范畴的噪声测量，须满足噪声测量的国际标准。测量是数据分析的第一步，也是故障诊断的重要内容。

6.3.1　噪声的物理量度

(1)声功率、声强和声压

声功率(W)是指单位时间内，声波通过垂直于传播方向某指定面积的声能量。在噪声监测中,声功率是指声源在单位时间内发出的总声能,单位为 W。

声强(I)是指单位时间内,声波通过垂直于声波传播方向单位面积的声能量,单位为 W/m^2。通过点声源影响半径 r 的球面的声强 $I_r = \frac{W}{4\pi r^2}$。

声波在空气中传播时,使空气时而变密,时而变稀,空气变密时压力增加,空气变稀时压力降低。引起大气的变化量称为声压,用 P 表示,单位为 Pa。声波在空气中传播时形成压缩和稀疏交替变化,所以压力增值是正负交替的。但通常讲的声压是取均方根值,称为有效值,实际上总是正值。对于平面波和球面波,其声压与声强的关系为 $I = \frac{P^2}{\rho c}$, 式中 ρ 为空气密度; c 为声速。

(2)分贝、声功率级、声强级和声压级

人们日常生活中听到的声音,变化范围很大,若以声压值表示,可达百万数量级以上。同时由于人体听觉对声音信号强弱刺激反应是非线性的对数比例关系,因此采用分贝来表达声学量值。分贝是无量纲的,是两个相同物理量比值取对数后乘系数 10 或 20 的结果,即:

$$N = 10 \lg(A_1/A_0)$$

式中,A_0 为参考量或基准值;A_1 为被测量。

声功率级可表示为:

$$L_W = 10 \lg(W/W_0)$$

式中,L_W 为声功率级,单位为分贝(dB); W 为声功率,单位为瓦(W); W_0 为基准声功率,取值为 10^{-12} W。

声强级可表示为:

$$L_1 = 10 \lg(I/I_0)$$

式中,L_1 为声强级,单位为分贝(dB); I 为声强,单位为瓦/米^2(W/m^2); I_0 为基准声强,取值为 10^{-12} W/m^2。

声压级可表示为:

$$L_p = 20 \lg(P/P_0)$$

式中,L_P 为声压级,单位为分贝(dB); P 为声压,单位为帕斯卡(Pa); P_0 为基准声压,取值为 2×10^{-5} Pa,该值是 1 000 Hz 声音人耳刚能听到的最低声压,称为阈值声压。

(3)响度和响度级

响度是人耳判别声音由轻到响的强度等级概念,它不仅取决于声音的强度,还与它的频率和波形有关,用 N 表示。响度的单位为"宋",1 宋的定义是声压级为 40 dB、频率为 1 000 Hz,来自听者正前方的平面波形的强度。如果某个声音听起来比 1 宋的声音大 n 倍,则该声音的响度为 n 宋。

响度级是建立在两个声音主观比较基础之上的。定义 1 000 Hz 纯音声压级的分贝值为响度级的数值，任何其他频率的声音，当调节 1 000 Hz 纯音的强度使之与这个声音一样响时，则这 1 000 Hz 纯音的声压级分贝值就定义为这一声音的响度级值。响度级用 L_N 表示，单位是“方”。如果某噪声听起来与声压级为 90 dB、频率为 1 000 Hz 的纯音一样响，则该噪声的响度级就是 90 方。

根据大量实验得到，响度级每改变 10 方，响度加倍或减半。二者的关系为：

$$N = 2^{[(L_N - 40)/10]} \text{ 或 } L_N = 40 + 33 \lg N \tag{6-2}$$

(4) 计权网络

为了能用仪器直接反映人的主观响度感觉的评价量，有关人员在噪声测量仪器——声级计中设计了一种特殊滤波器，称为计权网络。通过计权网络测得的声压级，已经不再是客观物理量的声压级，而是计权声压级或计权声级，简称声级。常用的有 A、B、C 三种计权声级。

(5) 等效连续声级

A 计权声级能够较好地反映人耳对噪声的强度与频率的主观感觉，因此对一个连续的稳态噪声，它是一种较好的评价方法，但对一个起伏的或者不连续的噪声，A 计权声级就不合适了。因此，以噪声能量按时间平均方法来评价噪声对人的影响，即等效连续声级，用 L_P 表示，它用一个相同时间内声能与之相等的连续稳定的 A 声级来表示该段时间内的噪声大小。等效连续声级反映在声级不稳定的情况下，人实际所接受的噪声能量的大小，它是一个用于表达随时间变化的噪声的等效量，即：

$$L_{eq} = 10 \lg\left[1/T\int_0^T 10^{0.1 L_A} \mathrm{d}t\right] \tag{6-3}$$

式中，L_A 为某时刻 t 的瞬时 A 声级，单位为分贝(dB)；T 为测量时间，单位为秒(s)。

如果数据服从正态分布，则可用公式(6-4)近似计算：

$$L_{eq} \approx L_{50} + d^2/60 \tag{6-4}$$

$$d \approx L_{10} - L_{90}$$

式中，d 为噪声的起伏程度；L_{10}、L_{50}、L_{90} 为累积百分声级，其定义为：

L_{10}——测量时间内，10% 的时间超过的噪声级，相当于噪声的平均峰值；

L_{50}——测量时间内，50% 的时间超过的噪声级，相当于噪声的平均值；

L_{90}——测量时间内，90% 的时间超过的噪声级，相当于噪声的背景值。

累积百分声级 L_{10}、L_{50}、L_{90} 有两种计算方法：一种是画出服从正态分布的累积分布曲线，从图中直接求取；另一种是将测定的样本数据(如 100 个)，按从小到大顺序排列，第 10 个样本(90% 的时间超过的噪声级)即为 L_{90}，第 50 个样本(50% 的时间超过的噪声级)即为 L_{50}，第 90 个样本(10% 的时间超过的噪声级)即为 L_{10}。

6.3.2 噪声的叠加与相减

(1)噪声的叠加

两个以上独立声源作用于某一点,将产生噪声的叠加。声能量是可以代数相加的,设两个声源的声功率分别为 W_1 和 W_2,则总声功率 $W_{总} = W_1 + W_2$。而两个声源在某点的声强为 I_1 和 I_2,叠加后的总声强 $I_{总} = I_1 + I_2$。但声压级不能直接相加。两个声源作用于某点的声压级与该点总声压级的关系为:

$$L_P = 10\ \lg[10^{(L_{P1}/10)} + 10^{(L_{P2}/10)}] \tag{6-5}$$

式中,L_P 为总声压级,单位为分贝(dB);L_{P1}、L_{P2} 分别为声源 1 和声源 2 的声压级,单位为分贝(dB)。

若两个声源的声压级相等,即 $L_{P1} = L_{P2}$,则总声压级为:

$$L_P = L_{P1} + 10\ \lg 2 = L_{P1} + 3 \tag{6-6}$$

即作用于某一点的两个声源声压级相等时,合成的总声压级比一个声源的声压级增加了 3 dB。当声压级不相等时,可以利用表 6-1[174]或图 6-4 查询得到。假设 $L_{P1} > L_{P2}$,以 L_{P1} 和 L_{P2} 的级差($L_{P1} - L_{P2}$)值按表或图查得噪声增值 ΔL_P,总声压级 $L_P = L_{P1} + \Delta L_P$。

表 6-1 合成声压的增值表

级差($L_{P1} - L_{P2}$)	0	1	2	3	4	5	6	7	8	9	10
增值 ΔL_P	3.0	2.5	2.1	1.8	1.5	1.2	1.0	0.8	0.6	0.5	0.4

(2)噪声相减

噪声测量中常遇到需要扣除背景噪声的问题,这就是噪声相减的问题,通常是噪声源的声级高于背景噪声,但由于背景噪声的存在使得测量度数增大,需将其去除。以 $L_P > L_{P1}$,按照图 6-5 查得噪声增值 ΔL_P,则 $L_{P2} = L_P - \Delta L_P$。

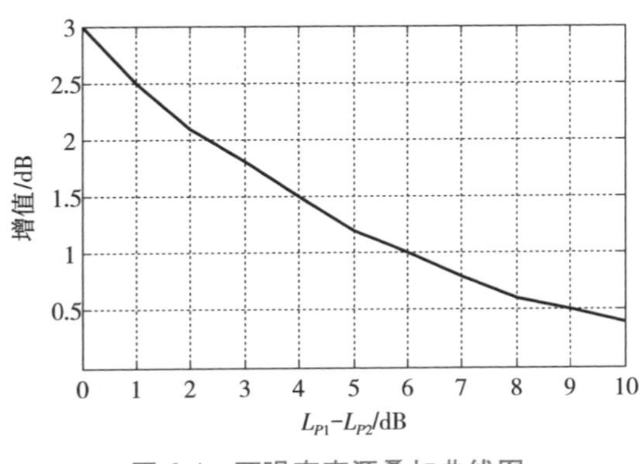

图 6-4 两噪声声源叠加曲线图

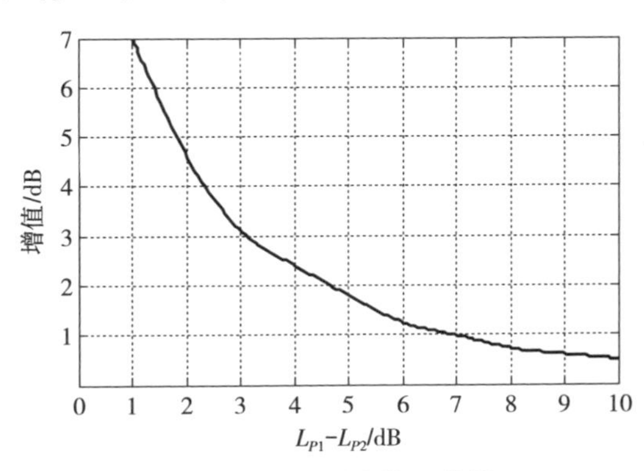

图 6-5 背景噪声修正曲线

6.3.3　风电机组噪声测量仪器

了解噪声测量仪器的基本结构和工作原理，掌握仪器的功能和使用场合，学会仪器的正确使用方法，并能判别和排除仪器的常见故障，应是噪声测试人员必须具备的最基本的技能。噪声测量仪器的测量内容有噪声的强度，主要是生产中的声压。因声强和声功率的直接测量较麻烦，较少采用直接测量法。其次是测量噪声的特征，即声压的各种频率组成成分。风力发电机噪声测试常用的声学仪器有等效连续 A 计权声级计、频谱测试仪、声音校准仪、带有底板和防护罩的传声器、自动记录仪、录音机和实时分析仪等。另外，还需要一些辅助的非声学设备，如风速仪电功率传感器、风向传感器、温度计、气压计、照相机以及测量距离用的设备等。

（1）声级计

声级计又叫噪声计，是一种按照一定的频率计权和时间计权测量声音的声压级和声级的仪器，是声学测量中最基本最常用的仪器，是一种主观性的电子仪器。按照精度将声级计分为Ⅰ级和Ⅱ级。两种级别声级计的各种性能指标具有同样的中心值，仅仅是容许误差不同，而且随着级别数字的增大，容许误差放宽。按体积大小可分为台式声级计、便携式声级计和袖珍式声级计；按指示方式可分为模拟指示和数字指示声级计。图 6-6 所示为各种噪声测量仪器实物图。风电机组噪声测试等效连续 A 计权声级计应能满足 IEC 60804:2000 中Ⅰ类声级计要求，传声器直径不大于 13 mm。

（a）TASI-8824型数字声级计

（b）AWA6270型噪声频谱分析仪

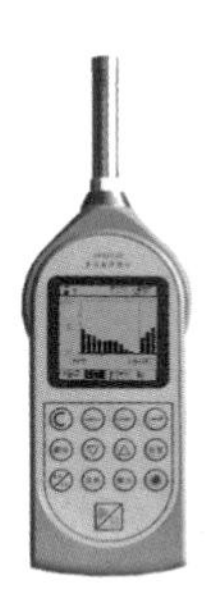

（c）AWA6228-1型噪声统计分析仪

图 6-6　各种声级计实物图

图 6-7 为指针式声级计工作原理框图[1]。声压大小经传声器转换成电压信号，此信号经前置放大器放大后，从显示仪上指示出声压级的分贝数值。

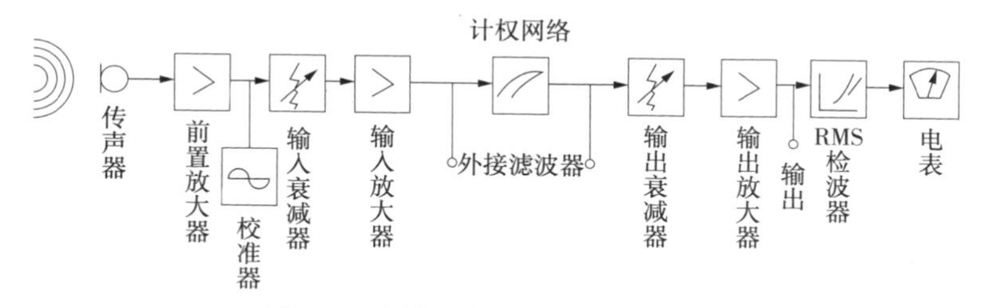

图 6-7　指针式声级计工作原理框图

(2)其他噪声测量仪器

频谱测试仪,是一种测量噪声频谱的仪器,它的组成与声级计相似,它设置了完整的计权网络,即滤波器。借助滤波器的租用,可以将声频范围内的频率分成不同的频带进行测量。一般情况下,都采用倍频程划分频带。在风电机组噪声测试中,GB/T 22516—2008 规定,频谱测试仪使用 1/3 倍频程带频谱测试仪,该仪器除了要求 I 类声级计外,至少还应该有 45 ~ 11 200 Hz 的频率范围,滤波器该满足 GB/T 3241—1998 中的 I 级滤波器要求。若对噪声要进行更详细的频谱分析,可用 1/3 频程划分频带。在没有专用的频谱分析仪时,也可把适当的滤波器接在声级计上进行频谱分析。1/3 倍频程带中的等效连续声压级同 50 Hz ~ 10 kHz 中心频率同步确定。它可能与风力发电机低频噪声辐射测量有关,此时需要宽的频率范围,其频率范围参见 GB/T 22516—2008 附录 A。

自动记录仪。在现场噪声测量中,为了迅速、准确、详细地分析噪声源的特性,常把声级频谱仪与自动记录仪连用。自动记录仪与声级计或频谱分析仪联合使用时,可以连续测量、记录声级与频谱,并能将噪声随时间的变化情况记录下来。风电机组噪声测试使用的自动记录仪应该满足 IEC 60651:1979 中的 I 类仪器的要求。

录音机。在噪声测量中,用声级计或频谱分析仪往往不能把噪声的全部情况测试出来,如瞬时噪声。为获得噪声的全部情况,可先用磁带录音机将噪声录制下来,然后在实验室中进行测定和研究。风电机组噪声测试使用的录音机应满足 IEC 60651:1979 中的 I 类仪器的要求。

实时分析仪。实时分析仪是一种数字式谱线显仪,它能把测量范围内的输入信号在极短时间内同时反应在一系列信号通道显示屏上,通常用于较高要求的研究测量。风电机组噪声测试使用的实时分析仪应满足 IEC 60651:1979 中的 I 类仪器的要求。

声音校准仪。完整的声学测量系统包括录音、数据记录或计算系统,能够用传声器上的声学校准仪在测量之前和之后立即进行一次或多次校准。该校准仪应满足 IEC 60651:1979 中的 I 类仪器的要求,而且还可用于特定环境中。

(3)噪声测试辅助非声学设备

风速仪。风速仪及其信号处理设备在风速 4 ~ 12 m/s 范围内最大标定偏差应在 ±0.2 m/s 范围内。风速仪应能在测量噪声同步的时间间隔内测量平均风速。由于测量中机舱风速仪就地标定,通常的标定方法不适合于机舱风速仪。机舱风速仪的测量由风电机组控制系统读取,机舱风速仪不能用于背景噪声测量。

电功率传感器。电功率传感器包括电流和电压传感器,应满足 ICE 60688:1992 中 I 级精度要求。

风向传感器。风向传感器偏差应在±60 ℃范围之内。

其他仪器。要求有一部照相机和测量距离用的设备;测量大气温度用的温度计,测量精度为±1 ℃;测大气压用的气压计,测量精度为±1 kPa 范围内。

6.3.4 风力发电机组噪声检测的标准

风力发电机噪声检测方法标准主要是 GB/T 22516—2008 风力发电机组噪声测量方法,该标准基本等同于 IEC 61400—11:2002。该标准规定了风力发电机组噪声的测量方法、测量仪器、测量和测量程序、数据处理程序和报告内容,适用于所有风力发电机组的噪声测试与比对。在风力发电机组噪声测量方法中,该标准规定了风力发电机组噪声的测量、分析和记录方法,说明了仪器配置和标定的要求,以确保声音和非声音测量的精确性和一致性,同时也说明了与声音辐射有关的大气条件定义所需的非声音测量,阐述了所有需要测量和记录的参数,以及获得这些参数所需的数据简化方法。该标准规定的方法可测量单台风力发电机组 6～10m/s 整数风速时的视在 A 计权声功率级、频谱和音值。此外还可以确定指向性。

对于风电场运行噪声测试可参照的标准是 DL/T 1084.2008 风电厂噪声限值及测量方法。该标准规定了风电场运行时的噪声限值和测量方法,适用于风电场项目规划、设计和运行管理的噪声评价、竣工验收、日常监督的噪声测监测。

在该标准中,根据风场所在位置的不同,划分了不同的区域,并给出了不同的噪声限值标准[1]:

0 类区域。指位于城市或乡村的康复疗养区、高级住宅区,以及各级人民政府划定的野生动物保护区等,特别需要安静的区域。

1 类区域。指城市或乡村中,以居民住宅、医疗卫生、文化教育、科研设计、行政办公为主等需要保持安静的地区,也包括自然或人文遗迹、野生动物保护区的实验区、非野生动物类型的自然保护区、风景名胜区,宗教活动场所等具有特殊社会福利价值的需要保持安静的区域。

2 类区域。指城市或乡村中,以商业、物流、集市贸易为主,或者工业、商业、居住混杂,需要维护住宅安静的区域。

3 类区域。指城市或乡村中的工业、仓储集中区等,需要防止工业噪声对周围环境产生严重影响的区域。

4 类区域。指交通干线两侧的区域、远离居民区的空旷区域、隔壁滩等对噪声不敏感的区域。

标准规定了不同区域类别的噪声应不超过表 6-2 的限值。该标准的噪声测试方法与 GB/T 22516—2008 风力发电机组噪声测试方法大同小异,只是在仪器要求上没有那么严格,具体参见风电场噪声限制及测量方法中的测量方法部分。

表 6-2 风电场噪声限值

噪声限值/dB	0 类区域	1 类区域	2 类区域	3 类区域	4 类区域	其他类区域
白天	50	55	60	65	65	65
夜间	40	45	50	55	55	65

本限值适用于有噪声敏感建筑物或规划为噪声敏感建筑物用地的风电场。当风电场周围有噪声敏感建筑物或规划为噪声敏感建筑物用地时，风电场噪声限值按 2 类功能区要求。夜间噪声排放最大声级不得超过表 6-2 中相应区域限值 15 dB。一般情况下，白天指 6:00—22:00 之间的时段，夜间指 22:00 至次日 6:00 之间的时段。当地人民政府另有规定的区域按当地人民政府规定的时段执行。

6.3.5 风力发电机组噪声测试的方案设计

依据 GB/T 22516—2008 风电机组噪声测量方法和 DL/T 1084. 2008 风电厂噪声限值及测量方法试验的技术要求和指标，针对我国目前引进的和国产化的风力发电机组，以及我国风电场气候特征、地形地貌和风场管理模式的特殊环境要求，选用满足标准要求的噪声测试系统，进行风力发电机组噪声测试方案的设计。

一个完整的风力发电机噪声测试方案设计可参照 GB/T 22516—2008 风力发电机组噪声测试方法进行设计。

(1)试验场地

试验场地包括风力发电机组场地及其附近和测量位置的相关自然环境资料：场地详细情况，包括场地位置、场地地图和其他相关资料；1 km 内周围地带的地形（如悬崖、高山、草原等）、地表特征（如草地、沙地、树木、灌木丛、水面等）；附近反射物体，如建筑物或其他物体、山崖、树木、水面；附近可能影响背景噪声级的其他生源，如其他风电机组、公路、工业区、机场等；两张照片，一张从基准传声器沿风力发电机组方向，另一张从测风杆朝向风力发电机方向。

(2)被测风力发电机组

在测试方案中，需要明确待测目标是整个风场噪声，还是测单台风电机组噪声，以及风电机组的制造厂家、型号、编写和主要技术参数。

(3)测试仪器

在测试方案中，要求根据实验场地并能满足 GB/T 22516—2008 风力发电机组噪声测试方法中仪器要求选择测试仪器。在方案中，要有仪器的制造厂商、仪器名称和型号、编号及其他相关资料（如最近标定日期等）、测量时风速仪的位置和高度、次级防风罩的影响等。

（4）测试仪器位置

从噪声测量方面，要为故障分析提供精准的数据，测试点的布置起着重大决定作用。声学噪声测量技术国际标准 IEC 61400—11:2002 规范中规定[175]：麦克风的标准测试位置有 1 个，还有 3 个可选的测试位置。四个测点的麦克风位置布置如图 6-8。为了使大气条件、地形和风诱导的噪声对测量影响最小，测量时要尽量靠近风力机组进行。图中，1#测试点为标准测试位置，在与塔架垂直中心相同距离的圆周上可布置 2#、3#、4#三个测试位置。通过比较 2#、3#、4#三个位置与 1#位置的 A 计权声压级，可确定噪声的指向性。

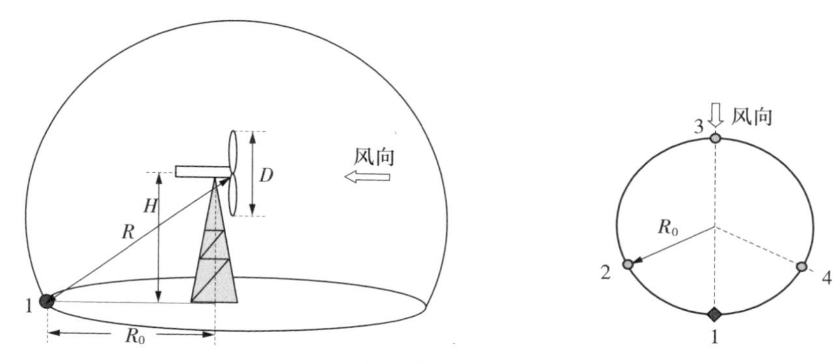

图 6-8　四测点麦克风位置布置图

对于水平轴风力发电机组，测试位置满足以下关系：

$$R_0 = H + D/2$$

其中，R_0 为从风机塔架垂直中心到各麦克风测试位置的水平距离；H 为从地面到风轮中心的垂直距离；D 为风轮直径。

在噪声的测量过程中，风速对测量结果有很大影响。因此，为保证测量数据的有效性和准确性，在测量时还有很多应注意的问题：

①声级计须固定于地面的平板上，以减少地貌对测量的影响。为了降低麦克风产生的啸叫噪声，最好在其上方设置防风罩。

②风速需要和声压级同步测量。测量在 6 m/s、7 m/s、8 m/s、9 m/s、10 m/s 五个标准整风速时的 A 计权声压级。由于测量点在地面，测量时的标准风速需要进行折算，要将其转换成粗糙长度为 0.05 m、基准高度为 10 m 时的相应风速 v'，如式(6-7)：

$$v' = v_t \left[\frac{\ln\left(\frac{H_0}{L_0}\right) \ln\left(\frac{H}{l}\right)}{\ln\left(\frac{H}{L_0}\right) \ln\left(\frac{h}{l}\right)} \right] \tag{6-7}$$

其中，v_t 为测试风速，H_0、L_0 分别为基准高度和基准粗糙长度，H、l 分别为实际风轮中心高度和实际粗糙长度，h 为风速仪所在高度。

③除了测量声压级和风速外，还有很多非声学量因素会对噪声的测量产生影响，需要同时测量，如功率、转速、风向、气温、气压、空气湿度、桨距角。为了确保良好的噪声检测效果，声学测量还可包括以下几项：音值、声功率级、1/3 倍频程声压级、指向性、窄带测量、低频噪声、次声辐射、异常声音、不规则噪声、噪声中包含的各种冲击声等。

④测量时需要考虑间歇性的背景干扰，如来自附近火车的鸣笛声。机组停机时，尽量保证在相同的测量条件下立刻对环境背景噪声进行测量。所有测量的声压级都需要进行背景噪声修正，如下式：

$$L' = 10\lg(10^{0.1L} - 10^{0.1L_0}) \tag{6-8}$$

其中，L' 为修正后的噪声声压级，L 为测量的实际声压级，即风力发电机组与背景噪声合成的等效连续声压级，L_0 为风力发电机组自身运行时的连续声压级。

对于故障诊断领域的噪声测量，从物理特性上看，噪声是一种杂乱的、统计上随机分布的空气压强波动。因此，噪声测量的实质是声音的测量，简称声测量。在机械工程和故障诊断领域，噪声测量的主要任务是：

①通过测量，确定噪声的强烈程度。

②分析噪声的特性与结构。

③查找噪声的声源。

另外，从 5.2.1 中内容可知，为了保证测量数据的准确性和有效性，需要综合考虑各种外部环境干扰和内在干扰、气象和地形等环境地理因素、测量装置的使用、仪器仪表的精度、测量和分析方法的优劣等。声学噪声测量技术国际标准在这些方面给出了全面的叙述和解释说明。因此，在针对故障诊断问题而进行的噪声测量过程中，也常以声学噪声测量技术国际标准为指导和参考。

6.4 基于回归分析与 BP 神经网络的风电机组噪声预测

目前，世界各国几乎都以 IEC 61400—11 技术标准中的噪声测量技术及分析方法作为风机声发射评估过程的依据。该标准规定，评估需对以下 9 个参数做出测量：风机轮毂处 4 个参数——风速、桨距角、功率、转速；测风塔处 4 个参数——风速、风向、温度、气压，以及风电机组的噪声声压。因此，测试所需的仪器设备繁多。且根据标准规定，须计算噪声的 A 计权等效声压级 L_{Aeq}。为了准确计算出该声压级，需要测量 6 m/s、7 m/s、8 m/s、9 m/s、10 m/s 各整风速的运行时噪声信号，以及对应风速停机状态下的背景噪声信号，用背景噪声信号对运行时的噪声信号进行修正。尤其是在实际测量中，测试过程往往需要持续一至两周，期间的强行停机会给风机造成损害，还将引发大的经济损失。可见,声压的测量过程复杂,完全相同的开机和停机测量环境不易实现[176,177]。因此,从较易实现的 8 个非声学参数测中选择更少的测量参数来近似推断出 L_{Aeq},对测量和分析过程进行简化,具有重大的现实意义。

6.4.1　回归分析法

6.4.1.1　回归分析的概念和结构

回归分析法(Regression Analysis)是预测分析最常用的方法之一,是一种十分高效的统计分析方法。自 1809 年 Gauss 提出并创立了最小二乘法开始,回归模型的建立已有长达 200 年的研究历史,其研究内容十分丰富,这也促使了回归分析的快速发展,使其在统计学领域和应用界备受关注。回归分析主要以实验为基础,从观测数据出发,寻找出合适的数学模型,以此来建立所要表达的变量之间的依赖关系,从而研究变量之间存在的密切程度,做出合理的推断和预测。在实际生产生活中,有些结果或现象的产生往往与某些因素有关,但这种关系不是确定性关系,利用数据分析可得知其中存在的某种趋势。回归分析就是用于研究具有这种特征的变量之间的相互关系的[189]。

多元线性回归分析是一种用线性回归模型来拟合一个因变量和多个自变量之间的线性关系的方法,通过确定模型的参数得到回归方程,最后用回归模型对变量的变化趋势作出预测,具体方法如下所述[180]。

在实际应用中,常设定一个解释变量 y,而这一个解释变量又往往需要多个解释变量对其进行解释。因此,记随机解释变量 y 为所要研究的因变量,同时设 n 个自变量对因变量进行解释。即:假设一个因变量 y 为 n 个自变量 $(x_1,x_2,\cdots,x_n)$ 的线性组合,则可以建立它们之间的线性回归方程:

$$y = a_0 + a_1x_1 + a_2x_2 + \cdots + a_nx_n + \varepsilon \tag{6-9}$$

其中,$a_0,a_1,a_2,\cdots,a_n$ 为待定系数,称其为回归系数;ε 为误差向量。

上述数学模型(6-9)满足非相关性的高斯-马尔科夫条件,即随机误差 ε 满足:

$$\begin{cases} E(\varepsilon_k) = 0, k = 1,2,\cdots,n \\ \mathrm{var}(\varepsilon) = \sigma^2 \end{cases}$$

使随机误差的平均值达到 0,并使系统误差不出现在所需的观察值中。

若实验测得 m 组相互独立的数据,则有:

$$\begin{bmatrix} 1 & x_{11} & \cdots & x_{1n} \\ 1 & x_{21} & \cdots & x_{2n} \\ \vdots & \vdots & & \vdots \\ 1 & x_{m1} & \cdots & x_{mn} \end{bmatrix} \begin{bmatrix} a_0 \\ a_1 \\ \vdots \\ a_n \end{bmatrix} = \begin{bmatrix} y_1 \\ y_2 \\ \vdots \\ y_m \end{bmatrix} \tag{6-10}$$

假设每次观测的随机误差 r_i 满足 $N(0,\sigma^2)$ 分布,则由式(6-10)可建立如下回归模型：

$$\begin{cases} y_1 = \alpha_0 + \alpha_1 x_{11} + \alpha_2 x_{12} + \cdots + \alpha_i x_{1i} + \varepsilon_1 \\ y_2 = \alpha_0 + \alpha_1 x_{21} + \alpha_2 x_{22} + \cdots + \alpha_i x_{2i} + \varepsilon_2 \\ \vdots \\ y_n = \alpha_0 + \alpha_1 x_{n1} + \alpha_2 x_{n2} + \cdots + \alpha_i x_{ni} + \varepsilon_n \end{cases}$$

改写成矩阵形式则为：

$$Y = X\alpha + \varepsilon \tag{6-11}$$

其中：

$$Y = \begin{bmatrix} y_1 \\ y_2 \\ \vdots \\ y_n \end{bmatrix}, X = \begin{bmatrix} 1 & x_{11} & x_{12} & \cdots & x_{1i} \\ 1 & x_{21} & x_{22} & \cdots & x_{2i} \\ \vdots & \vdots & \vdots & & \vdots \\ 1 & x_{n1} & x_{n2} & \cdots & x_{ni} \end{bmatrix}, \alpha = \begin{bmatrix} \alpha_1 \\ \alpha_2 \\ \vdots \\ \alpha_n \end{bmatrix}, \varepsilon = \begin{bmatrix} \varepsilon_1 \\ \varepsilon_2 \\ \vdots \\ \varepsilon_n \end{bmatrix}$$

其中，矩阵 X 被称为回归分析的设计矩阵，也称为资料矩阵，此矩阵要求：

$$rank(X) = n + 1 < N$$

要求回归分析的设计矩阵 X 需满足列满秩，也就是要矩阵 X 中的各个解释变量间不许有相关性，并且应让数据容量个数 N 大于所涉解释变量个数。

同时，建立回归模型两个先决条件：

① $x_m(m = 1,2,\cdots,i)$ 不能包含随机的成分，必须是明确的变量；

② $x_1,x_2,\cdots,x_i$ 各个变量间杜绝出现完全性的共线性。

假设目标函数的选取以残差平方和最小为准则，即 $J = \min(\varepsilon^{T}\varepsilon)$，可求得待定系数：

$$\hat{a} = (X^{T}X)^{-1}X^{T}Y \tag{6-12}$$

从而得到经验回归方程：

$$y = \hat{a}_0 + \hat{a}_1 x_1 + \hat{a}_2 x_2 + \cdots + \hat{a}_n x_n \tag{6-13}$$

6.4.1.2 回归分析对共线性的诊断和处理

进行预测研究时，往往对某一个单独的解释变量，也需要不止一个的多变量对其进行综合描述，以便得到精确的预测结果。然而，这多个变量与解释变量之间又有着相互联系，并且在多个变量之间也有着不同的相关程度，这些相关程度在一定意义上被解释成各个变量之间的相关性。这些变量之间的相关性有可能会演变成多重相关性，而多重变量的相关性在实际预测中会严重地影响到相应预测模型中参数的估计，并且可能严重影响模型运行的精确性和稳定性。因此，为了建立稳定有效的预测模型，得到精确的预测结果，就需要设法消除设定预测变量之间的多重相关性，以最大限度地消除由变量间的相关性所引起的不良影响。

在实际应用中，设有 $p+1$ 个不全是零的参数 $c_0,c_1,c_2,\cdots,c_p$，如若能表示为：

$$c_0 + c_1x_{i1} + c_2x_{i2} + \cdots + c_px_{ip} = 0, i = 1,2,\cdots,n \tag{6-14}$$

则可以确定自变量 $x_0, x_1, x_2, \cdots, x_p$ 间是存在着完全相关性的关系，称为多重共线性相关性。

然而，在实际领域中，完全的共线性相关性是极少出现的，常遇到的往往是式(6-14)的近似情况，也就是在有不全为零的 $p+1$ 个参数 $c_0, c_1, c_2, \cdots, c_p$ 的情况下，表达式成立为：

$$c_0 + c_1x_{i1} + c_2x_{i2} + \cdots + c_px_{ip} \approx 0, i = 1,2,\cdots,n \tag{6-15}$$

此时，当自变量 $x_0, x_1, x_2, \cdots, x_p$ 存在式(6-15)的关系时，即称自变量 $x_0, x_1, x_2, \cdots, x_p$ 间存在有多重共线性相关性。

当变量之间的相关性表现不强时，通常认为这样的相关性对预测模型的影响较小，可以在不清楚相关性的情况下得到较好的结果；当变量之间表现出很强的相关性时，如果继续完全采用这些变量进行预测模型的建立，将会严重影响到预测模型的稳定有效性，并破坏预测结果。因此，有学者提出通过回归分析对其进行诊断的思想，回归诊断既可以完成相关性的诊断，也能够完成对变量数据的异常点诊断[180]。

目前，对多变量进行共线性回归诊断，主要是计算方差膨胀因子与条件指数，进行综合判断。

(1)方差膨胀因子

首先，需要对多个自变量做基于中心的标准化处理，设自变量的相关矩阵为：

$$X^{*\prime}X^{*} = (r_{ij}) \tag{6-16}$$

记：

$$M = (m_{ij}) = (X^{*\prime}X^{*})^{-1} \tag{6-17}$$

同时，将其主对角的元素记做：

$$VIF_j = m_{jj} \tag{6-18}$$

并称其为变量 x_j 的方差膨胀因子(variance inflation factor)，方差膨胀因子的存在是为了度量预测模型中所产生的增加量的一个相对度量。

此外，一般还将 p 个解释变量所应对的方差膨胀因子求和并求出平均值：

$$\overline{VIF} = \frac{1}{p}\sum_{j=1}^{p} VIF_j \tag{6-19}$$

经国内外学者的长期研究，明确了方差膨胀因子 VIF_j 的大小不仅能够用来判断多变量间是否有着共线性相关性，而且能够在一定程度上反映出共线性相关性的强弱。经验表明，当 $VIF_j \geqslant 10$ 时，可以判断出某变量与其余变量之间存在着严重的共线性相关性，而当 $\overline{VIF} \geqslant 10$ 时，则表明变量间的共线性相关性已严重影响到模型的稳定有效性。

(2)条件指数

设 $X'X$ 存在特征根，并记作 $\lambda_1, \lambda_2, \cdots, \lambda_p$，并令 $\lambda_1 \geqslant \lambda_2 \geqslant \cdots \geqslant \lambda_p$，则有：

$$k_i = \sqrt{\frac{\lambda_1}{\lambda_i}}, i = 1, 2, \cdots, p \tag{6-20}$$

将 k_i 称为特征根 λ_i 的条件指数。由上式可以看出,条件指数能够完备地体现出相关矩阵特征根的分散强弱,同时,往往也用条件指数来对多变量间是否存在严重的共线性相关性进行判断。经验表明,如果 $0 < k < 10$,则表示多变量间并不存在共线性相关性;如果 $10 \leqslant k < 30$,则表示多变量间存在着相对较小的共线性相关性;如果 $30 \leqslant k < 100$,则表示多变量间存在着中等强度的共线性相关性;如果 $k \geqslant 100$,则表示多变量间存在着严重的共线性相关性。

对于多变量间的共线性相关性处理有多种方法,但公认回归分析方法最为有效:

①求取相关回归方程,根据回归系数的大小,选用向前选择变量、向后删除变量或逐步回归筛选方法。但是,这些筛选数据分量的方法,往往会因为没有科学的判断共线性相关分量而导致模型误差,致使大规模的模型解释错误,降低模型的稳定性,使系统做出错误或风险较大的判断。

②在一定程度上增加样本数量,但在实际应用中往往难以实现。

③对传统回归分析方法改进优化,典型的有:岭回归方法,舍弃了回归系数中基于最小二乘的无偏估计,优化为有偏估计;主成分回归,以选取主要成分为首要的方法;偏最小二乘回归,主要为应对多因变量的情况。

6.4.2 神经网络分析法

6.4.2.1 人工神经网络

人工神经网络结构和工作机理基本上是以人脑的组织结构(大脑神经元网络)和活动规律为背景的,它反映了人脑的某些基本特征,但并不是对人脑部分的真实再现,可以说它是某种抽象、简化或模仿。参照生物神经元网络发展起来的人工神经网络现已有许多种类型,但它们中的基本单元——神经元的结构是基本相同的[164]。

人工神经元模型是生物神经元的模拟与抽象。这里所说的抽象是从数学角度而言,所谓模拟是对神经元的结构和功能而言的。图 6-9 所示是一种典型的人工神经元模型,它是模拟生物神经元的细胞体、树突、轴突、突触等主要部分而构成的。

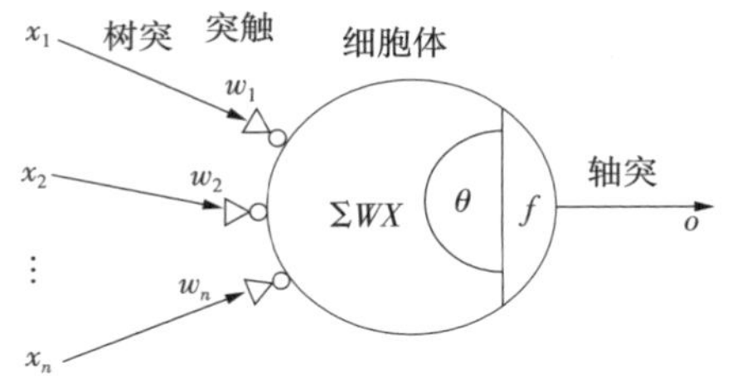

图 6-9 人工神经元模型

人工神经元相当于一个多输入单输出的非线性阈值器件。这里的 $x_1, x_2, \cdots, x_n$ 表示它的 n 个输入；$\omega_1, \omega_2, \cdots, \omega_n$ 表示与它相连的 n 个突触的连接强度，其值称为权值，$\sum WX$ 称为激活值，表示这个人工神经元的输入总和，对应于生物神经细胞的膜电位；o 表示这个人工神经元的输出；θ 表示这个人工神经元的阈值。如果输入信号的加权和超过 θ，则人工神经元被激活，人工神经元的输出可表示为：

$$o = f\left(\sum WX - \theta\right)$$

式中，$f(\,)$ 表示神经元输入/输出关系函数，称为激活函数或输出函数。W 为权矢量，X 为输入矢量。

$$W = \begin{bmatrix} \omega_1 \\ \omega_2 \\ \vdots \\ \omega_n \end{bmatrix}, \quad X = \begin{bmatrix} x_1 \\ x_2 \\ \vdots \\ x_n \end{bmatrix}$$

设 $\mathrm{net} = W^{\mathrm{T}}X$ 是权与输入的矢量积(标量)，相当于生物神经元由外加刺激引起的膜内电位的变化，并将激活函数写成 $f(\mathrm{net})$。

阈值一般不是一个常数，它是随着神经元的兴奋程度而变化的。激活函数有许多种类型，比较常用的有三种形式：阈值函数、Sigmoid 函数和分段线性函数。

(1)阈值函数

阈值函数通常也称为阶跃函数。阈值函数定义为：

$$f(t) = \begin{cases} 1, & t \geqslant 0 \\ 0, & t < 0 \end{cases}$$

若激励函数采用阶跃函数，此时神经元的输出取 1 或 0，反映了神经元的兴奋或抑制。

此外，符号函数 sgn(t)也常常作为神经元的激励函数：

$$\mathrm{sgn}(t) = \begin{cases} 1, & t \geqslant 0 \\ -1, & t < 0 \end{cases}$$

(2)Sigmoid 函数

Sigmoid 函数也称为 S 型函数。到目前为止，它是人工神经网络中最常用的激励函数。S 型函数的定义为：

$$f(t) = \frac{1}{1 + \mathrm{e}^{-at}}$$

式中，a 为 Sigmoid 函数的斜率参数，通过改变参数 a，可获取不同斜率的 Sigmoid 函数。

Sigmoid 函数也可用双曲正切函数(Signum Function)来表示：

$$f(t) = \tan h(t)$$

(3)分段线性函数

分段线性函数定义为:

$$f(t)=\begin{cases}1, & t\geqslant 1\\ t, & -1\leqslant t\leqslant 1\\ -1, & t\leqslant -1\end{cases}$$

该函数在线性区间[-1,1]内的放大系数是一致的,这种形式的激励函数可看作非线性放大器的近似。

分段线性函数有两种特殊形式:①在执行中保持线性区域而使其不进入饱和状态,则会产生线性组合器。②若线性区域的放大倍数无限大,则分段线性函数简化为阈值函数。

分段线性函数的神经元有以下特点:

①神经元是多输入单输出元件,它具有非线性的输入、输出特性。

②它具有可塑性,可塑性反映在新突触的产生和现有神经突触的调整上,可塑性使神经网络能够适应周围的环境。其塑性变化的部分主要是权值的变化,相当于生物神经元的突触部分的变化。对于激发状态,权值取正值,对于抑制状态,权值取负。

③神经元的输出响应是各个输入值的综合作用结果。

④时空整合功能。时间整合功能表现在不同时间、同一突触上;空间整合功能表现在同一时间、不同突触上。

⑤兴奋与抑制状态,当传入冲动的时空整合结果,使细胞膜电位升高,超过被称为动作电位的阈值,细胞进入兴奋状态,产生神经冲动,由轴突输出;同样,当膜电位低于阈值时,无神经冲动输出,细胞进入抑制状态。

根据神经元之间连接的拓扑结构上的不同,可将神经网络结构主要分为两大类,即分层网络和相互连接型网络。分层网络是将一个神经网络中的所有神经元按功能分为若干层,一般有输入层、隐含层和输出层,各层顺序连接。分层网络可以细分为三种互连形式:简单的前向网络、具有反馈的前向网络以及层内有相互连接的前向网络。对于简单的前向网络,给定某一输入模式,网络能产生一个相应的输出模式,并保持不变。输入模式由输入层进入网络,经过隐含层的模式变换,由输出层产生输出模式。因此前向网络是由分层网络逐层模式变换处理的方向而得名的。相互连接型网络是指网络中任意两个单元之间都是可以相互连接的。对于给定的输入模式,相互连接型网络由某一初始状态出发开始运行,在一段时间内网络处于不断更新输出状态的变化过程中。如果网络设计得好,最终可能会产生某一稳定的输出模式;如果设计得不好,网络也有可能进入周期性振荡或发散状态。

人的学习过程主要有三种:有导师学习、无导师学习和强化学习。模仿人的学习过程,人们提出了多种神经网络的学习方式,按学习方式进行神经网络模型分类,可以分为相应的三种,即有导师学习网络、无导师学习网络和强化学习网络。有导师型的学习或者说有监督型的学习是在有指导和考察的情况下进行的,如果学完了没有达到要求,那么就要再继续学习(重新学习)。无导师型的学习或者说无监督型的学习是靠学习者或者说神经系统本身自行完成的。学习是一个相对持久的变化过程,学习往往也是一个推理的过程,例如,通过经验也可以学习,学习是神经网络最重要的能力。人工神经网络可从所需要的例子集合中学习,从输入与输出的映射中学习。对于有监督学习,是在已知输入模式和期望输出的情况下进行的学习。对应每一个输入,有导师提供的系统以实际响应与期望响应之间的差距作为测量误差,用来校正网络的参数(权值和阈值),输入-输出模式的集合称为这个学习模型的训练样品集合。神经网络最大的特点就是它有学习的能力,在学习过程中,主要是网络连接权的值发生了相应的变化,学习到的内容也是记忆在连接权当中。

人工神经网络在模式识别问题上,相比其他传统方法的优势可以大致归结为以下三点:

①要求对问题的了解较少。

②可对特征空间进行较为复杂的划分。

③适用于高速并行处理系统。

但是人工神经网络同其他理论一样也不是完美的,也有其固有的弱点,例如,需要更多的训练数据,在非并行处理系统中的模拟运行速度很慢,以及无法获取特征空间中的决策面等。

6.4.2.2　BP神经网络

BP神经网络(Back-Propagation Network)为一种反向传播网络,它利用误差反向传播算法对网络进行训练。由于BP网络简单、可逆性强,被广泛应用于函数逼近、模式识别、信息分类及数据压缩等领域[179]。

(1)BP神经网络拓扑结构

BP神经网络是一种具有三层或三层以上的多层神经网络,每一层都由若干个神经元组成,如图6-10所示,它的左、右各层之间各个神经元实现全连接,即左层的每一个神经元与右层的每个神经元都有连接,而上下各神经元之间无连接,如图6-11所示。BP神经网络按有导师学习方式进行训练,当一对学习模式提供给网络后,其神经元的激活值将从输入层经各隐含层向输出层传播,在输出层的各神经元输出对应于输入模式的网络响应。然后,按减少希望输出与实际输出误差的原则,从输出层经各隐含层、最后回到输入层逐层修正各连接权。由于这种修正过程是从输出到输入逐层进行的,所以称它为“误差逆传播算法”。随着这种误差逆传播训练的不断进行,网络对输入模式响应的正确率也将不断提高。

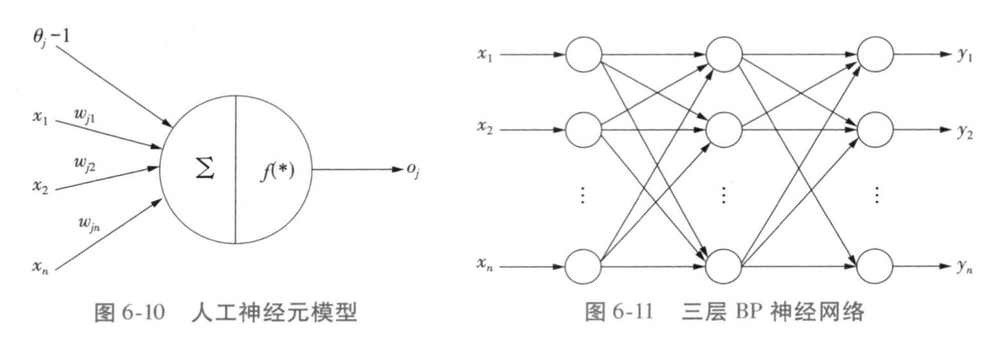

图 6-10 人工神经元模型　　图 6-11 三层 BP 神经网络

由于 BP 神经网络有处于中间位置的隐含层,并有相应的学习规则可循,可训练这种网络,使其具有识别非线性模式的能力。特别是它具有数学意义明确、步骤分明的学习特点,更使其有广泛的应用前景。

(2)BP 神经网络设计

在进行 BP 神经网络的设计时,应从网络的层数、每层中的神经元数、初始值以及学习速率等几个方面进行考虑。

①网络的层数

三层 BP 神经网络可以实现多维单位立方体 Rm 到 Rn 的映射,即能够逼近任何有理函数。这实际上给了一个设计 BP 神经网络的基本原则,增加层数可以更进一步地降低误差,提高精度,但同时也使网络复杂化,从而增加网络权值的训练时间。而误差精度的提高实际上也可以通过增加隐含层中的神经元数目来获得,其训练结果也比增加层数更容易观察和调整。所以一般情况下,应优先考虑增加隐含层中的神经元数。

②隐含层的神经元数

网络训练精度的提高,可以通过采用一个隐含层而增加神经元数的方法来获得。这在结构的实现上要比增加更多的隐含层简单得多。在具体设计时,比较实际的做法是隐含层取输入层的两倍,然后适当地加上一点余量。评价一个网络设计的好坏,首先是它的精度,其次是训练时间。时间包含有两层:一层是循环次数,二是每一次循环中计算所花的时间。

③初始权值的选取

由于系统是非线性的,初始值的选取对于学习是否达到局部最小、是否能够收敛以及训练时间的长短有很大关系。初始值过大、过小都会影响学习速度,因此权值的初始值应选为均匀分布的小数经验值,一般取初始权值在$(-1,1)$之间的随机数,也可选取在$[-2.4/n, 2.4/n]$之间的随机数,其中 n 为输入特征个数。为避免每一步权值的调整方向是同向的,应将初始值设为随机数。

④学习速率

学习速率决定每一次循环训练中所产生的权值变化量。高的学习速率可能导致系统的不稳定;但低的学习速率会导致较长的训练时间,可能收敛很慢,不过能保证网络的误差值跳出误差表面的低谷而最终趋于最小误差值。在一般情况下,倾向于选取较小的学习速率以保证系统的稳定性,学习速率选取0.01~0.8。

如同初始权值的选取过程一样,在一个神经网络的设计中,网络要经过几个不同的学习速率的训练,通过观察每一次训练后的误差平方和的下降速率来判断所选定的学习速率是否合适。若下降很快,则说明学习速率合适;若出现震荡现象,则说明学习速率过大。对于每一个具体网络都存在一个合适的学习速率,但对于较复杂的网络,在误差曲面的不同部位可能需要不同的学习速率。为了减少寻找学习速率的训练次数以及训练时间,比较合适的方法是采用变化的自适应学习速率,使网络的训练在不同的阶段自动设置不同学习的速率。一般来说,学习速率越高,收敛越快,但容易震荡;而学习速率越低,收敛越慢。

⑤期望误差的选取

在网络的训练过程中,期望误差值也应当通过对比训练后确定一个合适的值。所谓的"合适",是相对于所需要的隐含层的结点数来确定的,因为较小的期望误差要靠增加隐含层的结点,以及训练时间来获得。一般情况下,作为对比,可以同时对两个不同期望误差的网络进行训练,最后通过综合因素的考虑来确定采用其中一个网络。

(3)BP神经网络训练

为了使BP神经网络具有某种功能,完成某项任务,必须调整层间连接权值和结点阈值,使所有样品的实际输出和期望输出之间的误差稳定在一个较小的值以内。在训练BP神经网络的算法中,误差反向传播算法是最有效、最常用的一种方法。

BP神经网络的学习过程主要由四部分组成:

①输入模式顺传播——输入模式由输入层经隐含层向输出层传播计算。

②输出误差逆传播——输出的误差由输出层经隐含层传向输入层。

③循环记忆训练——模式顺传播与误差逆传播的计算过程反复交替循环进行。

④学习结果判别——判定全局误差是否趋向极小值。

6.4.2.3　BP神经网络预测分析

用BP神经网络进行预测分析的流程如图6-12(a)所示。

假设网络第q层$q=(1,2,\cdots,Q)$的神经元个数为n_q,则网络输入x与输出s的变换关系为:

$$s_i^q = \sum_{j=0}^{n_{q-1}} \omega_{ij}^q x_j^{q-1} \tag{6-21}$$

其中,ω_{ij}^q为第i个神经元的连接权系数$(i=1,2,\cdots,n_q;j=1,2,\cdots,n_{q-1})$,$\omega_{i0}^q=-1$,$x_0^{q-1}=\theta_i^q$,$\theta$为阈值。

设给定M组输入输出样本:

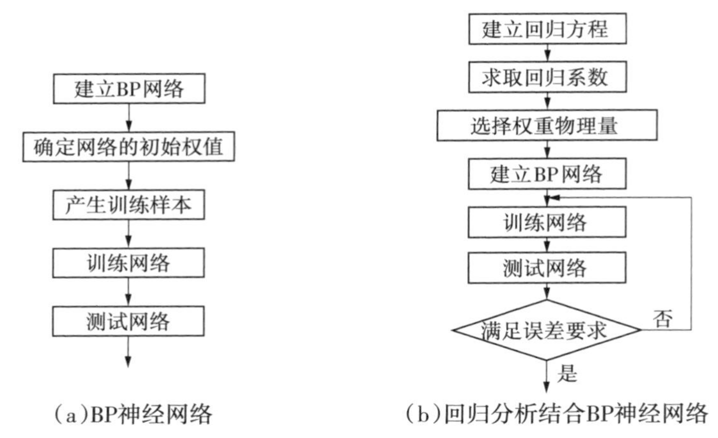

(a)BP神经网络　(b)回归分析结合BP神经网络

图 6-12　噪声预测分析流程图

$$x_m^0 = [x_{m1}^0, x_{m2}^0, \cdots, x_{mn_0}^0]^{\mathrm{T}}, d_m = [d_{m1}, d_{m2}, \cdots, d_{mn_Q}]^{\mathrm{T}}$$
$$(m = 1, 2, \cdots, M)$$

其中 x_m^0 为输入样本，d_m 为输出样本。利用该样本对 BP 网络进行训练，在训练时，采用如下误差代价函数：

$$E_f = \frac{1}{2}\sum_{m=1}^{M}\sum_{i=1}^{n_Q}(d_{mi} - x_{mi}^Q)^2 + \varepsilon\sum_{m=1}^{Q}\sum_{i-1}^{n_Q}\sum_{j=1}^{n_Q-1}|\omega_{ij}^m| \tag{6-22}$$

即
$$E_f = E + \varepsilon\sum_{m,i,j}|\omega_{ij}^m|$$

式中，E 表示输出误差的平方和；第二项相当于引入一个“遗忘”项，为使训练后的连接权系数尽量小。由此可求得 E_f 对 ω_{ij}^m 的梯度：

$$\frac{\partial E_f}{\partial \omega_{ij}^m} = \frac{\partial E}{\partial \omega_{ij}^m} + \varepsilon\ \mathrm{sgn}(\omega_{ij}^m) \tag{6-23}$$

由该梯度可求得相应的学习算法，对网络的连接权系数进行学习和调整，在训练过程中将必要的连接权节点给予保留，而那些不必要的连接权将逐渐衰减为零，使网络实现给定的输入输出映射关系，从而得到一个适当规模、泛化能力强的网络结构。

网络的性能主要由它的泛化能力来衡量。因此，通常样本数据分为两部分：一部分用于训练网络；另一部分用于测试网络。测试数据应是独立的数据集合，在测试时保持连接权系数不变，将测试数据作为网络的输入，运行网络，检验输出的均方误差，以此来确定网络是否具有很好的泛化能力。

6.4.3　回归分析与 BP 神经网络相结合的分析方法

综合回归分析与 BP 神经网络的优点，采用两种分析相结合的方法进行噪声预测，其流程如图 6-12(b)所示。

线性回归分析简单易行、快速性好，先由多元线性回归分析法建立回归模型，求取回归系数，将系数权值较小的物理量祛除，以此减少测量参数。由精简的测量参数及测量数据建立 BP 网络，并选择适当的训练方法对网络进行训练，用测试数据作为网络的输入，测试网络，依据输出的均方误差检验训练是否结束，最终确定网络结构。

6.4.4　仿真分析

在某风场按照 IEC 61400—11 标准的要求，对 1.5 MW 风力发电机组在开机状态下进行声发射测试。测量相关参数如表 6-3 所示，测试持续 30 min，采样频率为 1 s，共得到 1 800 组数据，从中截取 240 组数据作为样本数据，另外 240 组数据作为测试数据，运用 Matlab 软件进行仿真分析。

表 6-3　噪声测试中相关测量参数

（单位：m）

序　号	相关参数	取　值
1	轮毂高度 H	70
2	风轮直径 D	87
3	测试的地点距离风机下风口距离 R_0	115
4	麦克风安装位置相对于风机地基平面高度	1
5	测试地表粗糙度（常数，无量纲）	0.05

（1）多元线性回归预测分析法

依据 IEC 61400—11 标准，建立噪声声压级 L_{Aeq} 与其他 8 个被测量之间的线性回归方程：

$$Y = a_0 + a_1X_1 + a_2X_2 + \cdots + a_8X_8 \tag{6-24}$$

其中，Y 为噪声声压级 L_{Aeq}；X_1 为轮毂风速；X_2 输出功率；X_3 为环境温度；X_4 为桨距角；X_5 为转速；X_6 为观测塔风速；X_7 为风向；X_8 为气压。

用最小二乘法回归系数，得到下式多元线性回归方程：

$$\begin{aligned}\hat{Y} = {} & 30.326\,4 + 0.277\,8\,x_1 - 0.001\,7\,x_2 + 0.692\,9\,x_3 - 0.198\,2\,x_4 + \\ & 0.163\,1\,x_5 + 0.266\,9\,x_6 + 0.012\,6\,x_7 - 0.227\,6\,x_8\end{aligned} \tag{6-25}$$

运用 F 检验法[180]，对上述多元线性回归方程进行显著性检验。

设零假设为 $H_0: a_0 = a_1 = \cdots = a_8 = 0$，则 $F = \dfrac{sse}{ssr}$ 服从自由度为 $(K-1, N-K-1)$ 的 F 分布。式中，$sse = \dfrac{\sum(\hat{y}_i - \bar{y})}{K-1}$ 为回归方差；$ssr = \dfrac{\sum(y_i - \hat{y}_i)}{N-K-1}$ 为残差方差；

N 为样本容量；K 为变量个数。设定显著水平为 $\alpha = 0.05$，显著性检验的计算结果如表 6-4。

表 6-4　显著性检验结果

$\bar{y}$	sse	ssr	N	k	F	$F_{a=0.05}$
58.38	47.62	206.2	240	8	4.33	2.01

查 F 分布表得：$F > F_{\alpha=0.05}(7,232) \approx 2.01$，即求得的线性关系在95%的显著水平下成立。

由式(6-12)多元线性回归模型所得噪声声压级 L_{Aeq} 的预测值与实测值对比结果如图 6-13，其中，虚线为预测值，实线为实测值。

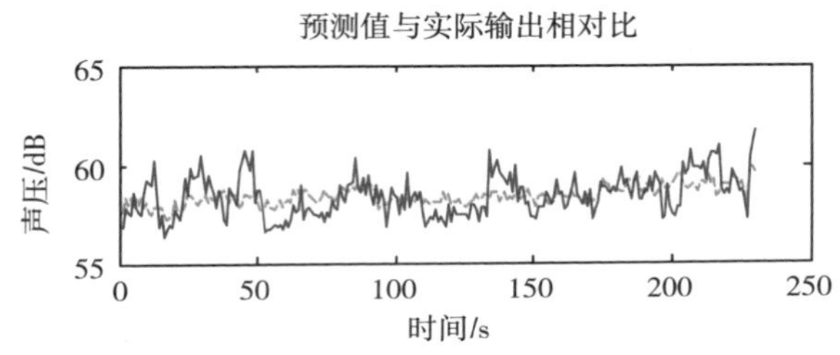

图 6-13　回归预测值与实测值对比

按下式(6-13)计算相对误差，回归预测的相对误差如图 6-14 所示。

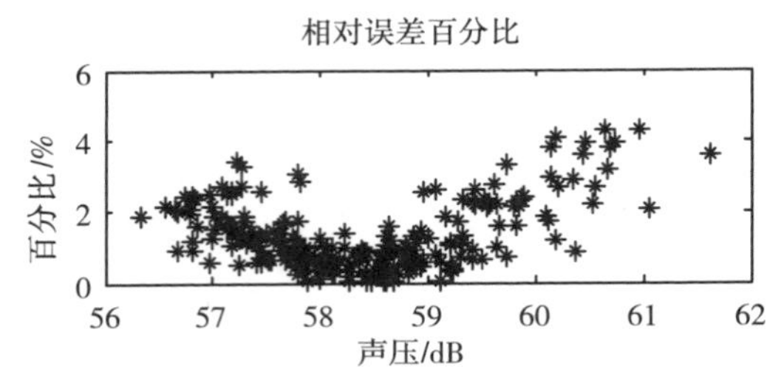

图 6-14　回归预测的相对误差

$$\text{相对误差} = \frac{|\text{预测值} - \text{实测值}|}{\text{实测值}} \times 100\% \tag{6-26}$$

计算所得相对误差的平均值为 3.03%，误差处于可接受范围。

(2)BP 网络分析法

BP 网络输入层与输出层神经元的数目由输入输出向量的维数确定。因此，输入层的神经元数目设定为 8，输出层的神经元个数为 1，经多次训练对比选择隐含层为 15 个结点。训练网络时，设定训练次数为 200 次。因测量的噪声声压值精确到小数点后一位，故训练目标(即训练误差范围)取其半个单位，即 0.05。

经过 48 次训练后，可达到误差要求。由训练的网络，代入准备好的 240 组测试数据对网络进行测试，预测结果如图6-15和图6-16。计算所得相对误差的平均值为2.59%。

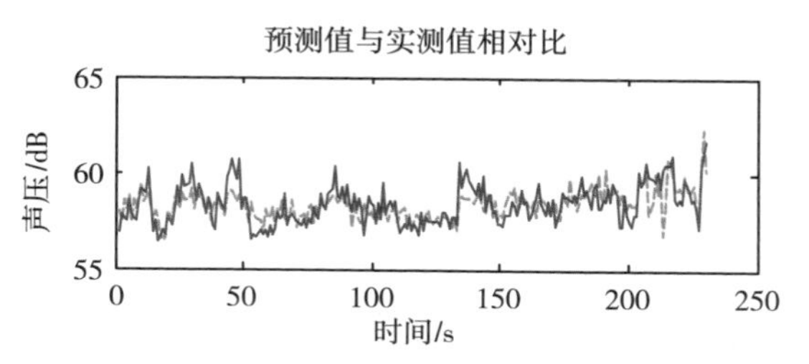

图6-15　BP网络预测值与实测值对比

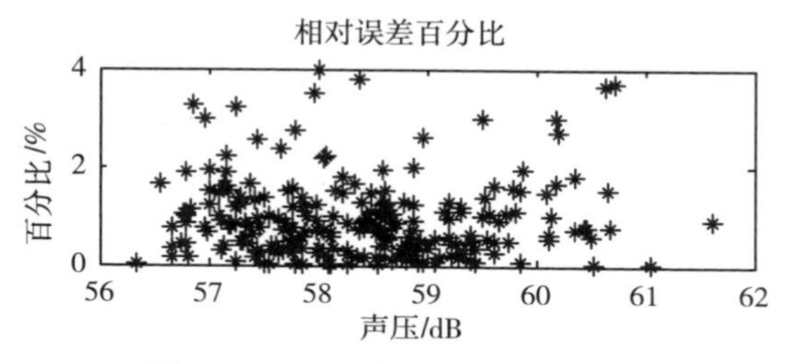

图6-16　BP网络预测的相对误差

(3)回归分析与BP网络相结合

由式(6-12)的回归方程可以看出：在被测量的8个量中，“X2输出功率”与“X7风向”对于输出的影响很小；“X1轮毂风速”与“X6观测塔风速”所占权重系数接近，并且在实际中，由测量的数据也可观察发现二者的测量值相差很小，因此可把二者合二为一处理。由此，可将8个被测量的预测模型简化为5个被测量：风速、环境温度、桨距角、转速、气压。

以此为基础，建立BP网络的模型，输入层神经元数目设定为5，输出层神经元个数为1，选择隐含层为10个结点，设定训练次数为200次，训练目标为0.05。

经过25次训练后，可达到误差要求。由训练的网络，代入240组测试数据对网络进行测试，预测结果如图6-17和图6-18。计算所得相对误差的平均值为1.73%。

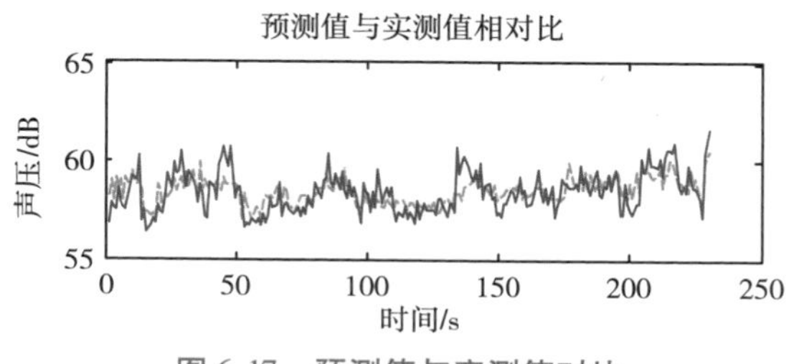

图6-17　预测值与实测值对比

由此可知，与多元线性回归模型和BP网络模型相比，采用二者结合的方法对风电机组噪声声压级进行预测，能够减小误差、结构更简单、更快速。

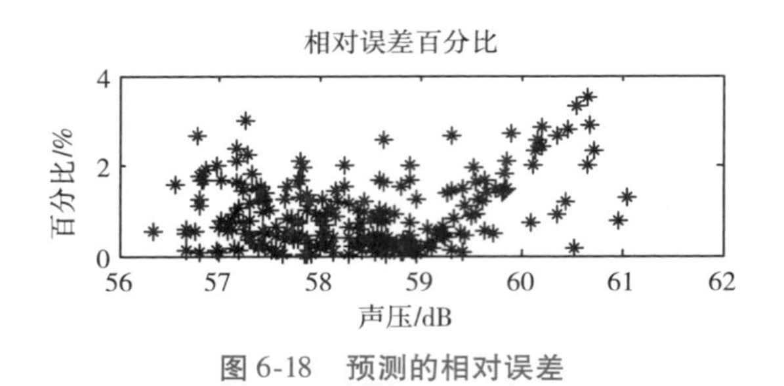

图 6-18 预测的相对误差

6.5 多元数据融合和信息熵的风电机组噪声预测

6.5.1 多源数据融合技术

6.5.1.1 多源数据融合的概念

多源数据融合又称为多传感器数据融合(Multisensor Data Fusion),也被称为多源信息融合(Multisource Information Fusion),起源于20世纪70年代。近年来,随着时代的发展,科学技术的更新日新月异,全球范围内出现了许多先进的高级系统,比如许多国家都在开发研究的 C^3I 系统(Command, Control, Communication, Intelligence),该系统主要用于满足各个国家的战略安排。C^3I 系统的功能是用来对应多传感器检测状况,将多传感器检测到的信号和数据,进行统计、分析、处理、综合,最终给出相应决策。作为当今研究关注热点的多源信息融合技术,便是出自 C^3I 系统的一个重要信息研究分支。

对多源数据融合技术的研究发展已有四十余年的历史,时至今日,对多源数据融合的定义仍不是十分明确,主要是因为多源数据融合技术被广泛地应用在各个领域,而各个领域对这项技术的理解和定义又有相应的应用偏差。但是,目前被大多数学者所认可的解释,来自于美国的实验室联合理事会 JDL(Joint Directors of Laboratories),该实验室从军事角度出发给出了多源数据融合技术的相关概念:

多源数据融合技术主要用于应对多层次、多方面的处理过程,其包括了对多种传感器收集的多源数据进行检测、相关、组合和估计等技术,全面提高了其在应用中的状态及身份估计的精确度,并全面增强了对复杂战场态势的实时评价,以及对多变战场威胁重要度的完整实时评测。

在多源数据融合技术的发展历程中,研究人员以人脑对待事物的分析方法和行为机理为主要研究方向,在这方面做了大量的实验分析。多源数据融合技术最为核心的表现，是突破了单一化的传感器在显示检测信息方面的片面性，应用多传感器所带来的多维度的信息源，在时间和空间上表现出数据存在的一些余性及互补性，并通过数据演变总结出一些实际有用的理论及算法，用于研究分析数据的特征。通过利用这些特性完成对大量数据的量化处理，从而联接出大量数据间的相关程度以及集成性，最后做出合理优化的融合和决策。多源数据融合技术的核心是对待融合数据信号的特征量的提取，以及在实际应用中的融合算法的选用，针对特定的问题，提取出合理的特征量，并选出有效正确的融合算法，使大量数据之间能够完成良性的互补，提高系统决策的稳定性和容错率，降低系统运行中会出现的不确定的风险，减少由信息之间出现的矛盾而引发的错误因素，缩小融合技术中出现的模糊的区间范围。

对于目前广泛应用的多源数据融合技术，从原理上说，就是通过分析人类看待和处理问题的过程和方式，将其研究成果应用到由大量传感器所集成的检测系统中，每一个传感器单元所检测采集的数据信息都能包含有一定的特殊性，并存在一定的差异性，一般要求包括实时与非实时、时变与非时变、精确与模糊、确定与随机、互斥与互补等。多源数据融合技术通过利用其多个传感器单元所收集到的多特点的数据信息，整合每个传感器单元的异向数据，并对其进行总结和分析，建立起在多个不同维度中的多信息间的全方面联系，从而揭露出这些数据之间普遍存在的一些显性或者隐性的特点和规律，给出最终的融合结果和决策理论。多源数据融合技术的最终目的，便是将其系统中的每个传感器单元所收集到的数据信息，分别进行单独的分离和整体的融合，掌握其在不同领域中实际应用所产生的特征体现和趋势发展，得到比单一传感器单元更为全面、准确、时效的融合类结果与实际态势的评估。

多源数据融合技术相比于传统的检测系统，拥有众多明显优势：

①多传感器单元能够比单一传感器单元收集更加全面丰富的数据信号，并且具有严密的系统性，降低了其受到干扰无法正常运转或收集不良数据信号的风险，增强了整个系统在应用体系中的抵抗性；

②多传感器单元能够使多源数据融合系统采集到多空间、全时间的数据信号，增加了其在时间和空间领域的维度；

③多传感器单元因其多方位的数据信号检测，能够完成对单一数据点的全面检测，表征出各个数据点隐藏或者显性的特征和发展趋势；

④当多传感器单元对特定状态进行解释、检测、说明时，即保证了系统对此状态的正确全面决策，提高了系统应用中的可信性；

⑤多传感器单元能够减少数据信息检测过程中出现的不完整状况，降低模糊度对系统决策的影响；

⑥多传感器单元能够使系统对各个环节出现的异状做出合理有效的处理；

⑦多传感器单元能够提供单一单元无法提供的高数据分辨率；

⑧多传感器能够保证在缺少数据信号的情况下，通过全方位的数据信息，应用较少的数据特征和发展趋势，对实际应用领域做出合理正确的决策判断。

6.5.1.2 多源数据融合应用的数学基础

多源数据融合技术的实际应用方法，就是通过多个传感器单元，获取实际检测系统的多个证据源信息，并将这些数据信号进行完整全面的有效融合，从而使得融合模型能够从全方位、多角度的对待检测系统进行解析和分析，得到比单一传感器单元更精确、更稳定、更实效的系统状况。

自从1948年香农定义了信息熵的应用形式后，关于信息论的研究和分析得到了不断的发展。同时，信息熵的发展也使得传统的以物质与能量作为核心的科学，转变成以物质、能量以及信息论为中心的新兴科学理论。“熵”作为信息论中极其重要的一个概念，已被广泛地应用在众多领域中。以下将以有关“熵”“条件熵”“平均条件熵”和“互信息”为依据，解释多源数据融合技术在实际应用中的相关定义，并以信息论为主要方向证明多源数据融合在实际应用时的有效性和实用性。

定义6.1 设 $\Theta=\{\theta_1,\theta_2,\cdots,\theta_n\}$ 用以表示待检测设备的运行状态的集合，以随机变量 $\theta\in\Theta$ 表示待测设备的状态，设其概率为 $P_i=P\{\theta=\theta_i\}$，则可以表示出待测设备的运行状态熵为：

$$H(\theta)=-\sum_{i=1}^{N}P_i\cdot\log P_i \tag{6-27}$$

通过熵的定理可知，定义6.1描述了待测设备状态的运行不确定性。

定义6.2 假设待检测设备的决策信息用 X 表示，且 X 能取有限多个离散的随机变量，即 $X\in\{x_1,x_2,\cdots,x_M\}$，设已知 $X=x_j$，则待检测设备状态的“条件熵”为：

$$H(\theta/X=x_j)=\sum_{i=1}^{M}P(\theta_i/x_j)\cdot\log P(\theta_i/x_j) \tag{6-28}$$

定义6.3 已知待检测设备的决策信息 X，则可得待检测设备的状态的平均条件熵为：

$$H(\theta/X)=\sum_{j=1}^{M}P(x_j)\cdot H(\theta/X=x_j) \tag{6-29}$$

定理6.1 待检测设备状态的条件熵一定不大于非条件熵：

$$H(\theta/X)\leqslant H(\theta) \tag{6-30}$$

证明：将式(6-29)代入式(6-30)有：

$$H(\theta/X)=\sum_{j=1}^{M}P(x_j)\cdot\left[-\sum_{i=1}^{N}P(\theta_i/x_j)\cdot\log P(\theta_i/x_j)\right]$$

因为　$P(\theta_i/x_j)\leqslant P(\theta_i)$

所以　$\log(P(\theta_i/x_j))\leqslant\log(P(\theta_i))$

$$H(\theta/X)\leqslant\sum_{j=1}^{M}P(x_j)\cdot\left[-\sum_{i=1}^{N}P(\theta_i/x_j)\cdot\log P(\theta_i)\right]$$

$$= - \sum_{i=1}^{N} \left(\sum_{j=1}^{M} P(x_j) P(\theta_i / x_j) \right) \log P(\theta_i)$$

再由全概率公式可得：

$$\sum_{j=1}^{M} P(x_j) P(\theta_i / x_j) = P(\theta_i)$$

所以，$H(\theta/X) \leqslant - \sum_{j=1}^{N} P(\theta_i) \cdot \log(P(\theta_i)) = H(\theta)$。

如此，定理 6.1 被证明成立，条件熵一定不大于非条件熵。

该定理能够说明，在确定条件下，如果待检测设备的状态的不确定性减少，那么融合决策的准确性增加。

定义 6.4 设待检测设备的决策信息 X 与其状态的互信息关系：

$$I(\theta;X) = H(\theta) - H(\theta/X) = \sum_{\theta,x} P(\theta,x) \cdot \log \frac{P(\theta,x)}{P(\theta) \cdot P(x)} \tag{6-31}$$

以上定义描述了待检测设备的决策信息 X 所包含的状态的信息量的大小。其互信息越大，则在确定待检测设备的决策信息 X 时，若确定待检测设备的状态的不确定性较小，则可以判断出融合决策的效果越好，反之亦然。

为了进一步增强系统融合决策的准确性，减小设备状态的不确定性，可以通过再增加一种待检测设备的决策信息 Y。由此再通过互信息的定义，可得：

$$I(\theta;X,Y) = H(\theta) - H(\theta/X,Y) = \sum_{\theta,x} P(\theta,x,y) \cdot \log \frac{P(\theta,x,y)}{P(\theta) \cdot P(x,y)} \tag{6-32}$$

同定理 6.1 可证得：

$$H(\theta/X,Y) \leqslant H(\theta/X) \tag{6-33}$$

结合式(6-31)—式(6-33)可得：

$$I(\theta;X,Y) \geqslant I(\theta,X) \tag{6-34}$$

上式充分说明，在增加了待检测设备的决策信息 Y 后，设备状态的不确定性确实有所减少，同时，系统的融合决策结果的可靠性也得到了增强。

设 $I_0(Y)$ 为 Y 对设备状态的附加数据信息：

$$I_0(Y) = I(\theta;X,Y) - I(\theta,X)$$

由式(6-33)可得：

$$I_0(Y) = I(\theta;Y/X) \geqslant 0$$

上式中，若取得“=”，则说明 Y 对设备状态提供的信息无用，此时，对附加信息 Y 的融合决策就完全没有意义了。同时，可以证明，若要取得“=”的充要条件是：对所有 $P(\theta,x,y) > 0$，X 和 Y 需满足：

$$P(\theta/x,y) = P(\theta/x)$$

由上述的理论和定义可知，在多源数据融合过程中，随着参与到融合决策中信息的增多,融合决策的不确定性会不断减少,得到的决策的精确性和可靠性不断增加。

6.5.1.3 多源数据融合的结构

多源数据融合技术的结构主要体现为集中式、分布式以及混合式。

(1)集中式多源数据融合结构

集中式的融合结构中,各个传感器单元,将检测收集的原始数据,传输到多源数据融合中心,然后系统通过一定的规则完成数据融合,最后输出基于这些数据做出的融合结果。这种模型结构在一定程度上做到了对时空的融合,使得有用信息的丢失率有所减少。但是,该模型对原始数据的通信要求较高,需要有极高的通信质量对原始数据进行保障。同时,由于该融合模型并没有在基层对原始数据进行相关处理,如此便增加了融合系统的计算负荷能力,降低了整个系统的容错率和生存性。集中式的多源数据融合的结构模型如图 6-19 所示。

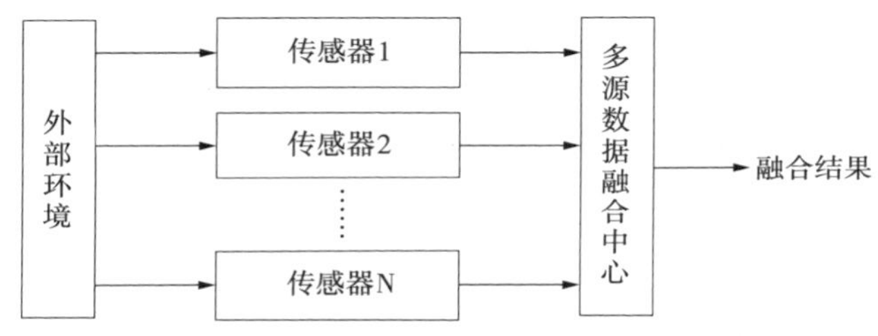

图 6-19 集中式的多源数据融合的结构模型

(2)分布式的多源数据融合结构

分布式的融合结构中,各个传感器单元,首先对采集的原始数据做一定的局部化处理,在简单的分析过后,对其作出初步判别。再将这些初步得到的判别结果以及数据相关信息传递到融合系统中心,应当确认的是这些信息也许并不是完全精确的。最后,融合系统遵循融合规则,将这些收集到的初步结果和数据进行更高级的整合,作出最终的决策结论。这种模型结构也在一定程度上做到了对时空的融合,使得有用信息的丢失率有所下降。同时,该模型降低了对原始数据的通信要求,节约了造价成本。此外,由于该融合模型在基层对原始数据进行了相关处理,如此更减少了融合系统的计算负荷能力,提升了整个系统的容错率和可靠性。分布式的多源数据融合的结构模型如图 6-20 所示。

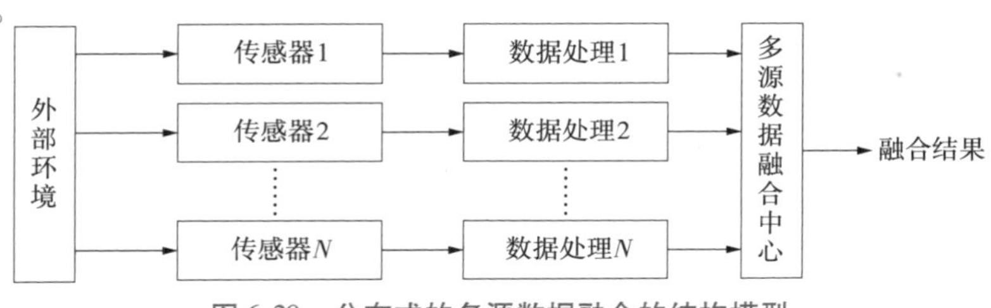

图 6-20 分布式的多源数据融合的结构模型

(3)混合式的多源数据融合结构

混合式的融合结构整合了上述两种结构,它相比于前两种结构不仅是增加了复杂程度,而且继承了上述两种结构的优点,并在一定程度上完善了上述两种结构的一些缺点。但是,混合式的多源数据融合结构也存在着一定的弊端,它对原始数据的通信同样有着很高的要求,而且额外增加了对各个传感器收集数据的预处理器,使得整体融合系统的计算量大大增加,因此,混合式的融合结构往往只用于大型系统中。混合式的多源数据融合的结构模型如图6-21所示。

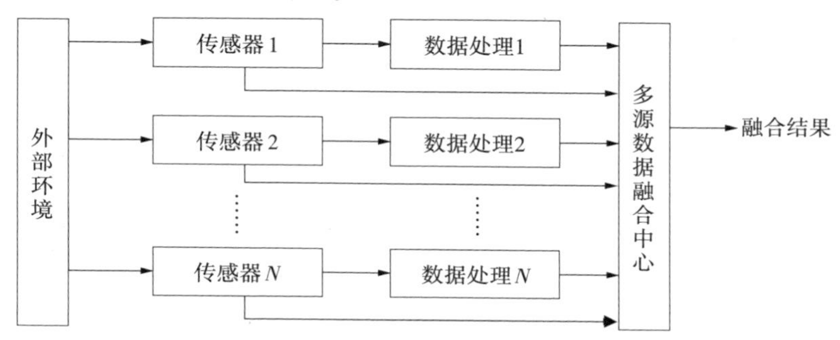

图6-21　混合式的多源数据融合的结构模型

6.5.1.4　多源数据融合的层次

多源数据融合技术的层次,目前被广泛接受的主要有数据级融合、特征级融合以及决策级融合。

(1)数据级融合

多源数据融合技术中的数据级融合,是在传感器单元直接对原始数据进行融合处理,然后再从融合处理后的数据中提取出相应的特征量进行判别。数据级的融合,其主要优点是充分地保留了原始数据的原始特征,提供了最完整的原始信息,但这也增加了系统对数据的处理量,提高了成本,降低了处理速率和系统容错性。数据级融合的示意过程如图6-22所示。

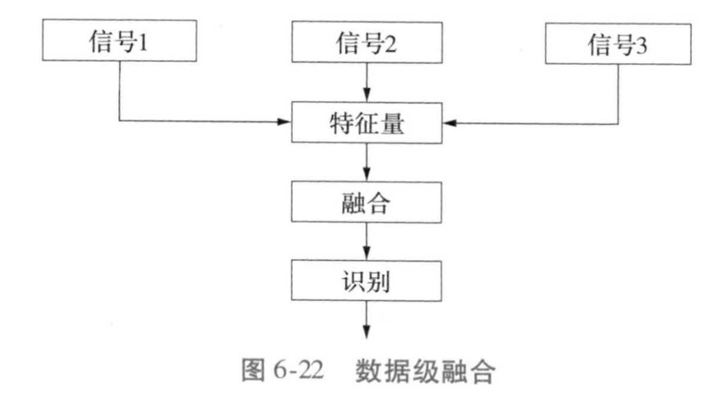

图6-22　数据级融合

(2)特征级融合

多源数据融合技术中的特征级融合,是在各个传感器单元处就直接对原始数据进行特征量的提取,然后对提取出的特征量进行分析并融合,最后由系统完成判别。特征级的融合,在传感器阶段的特征量提取,较完整的保留了数据的信息,并能较充分地完成对数据统计量的描述,这也降低了成本,提高了系统的容错性。特征级融合的示意过程如6-23 所示。

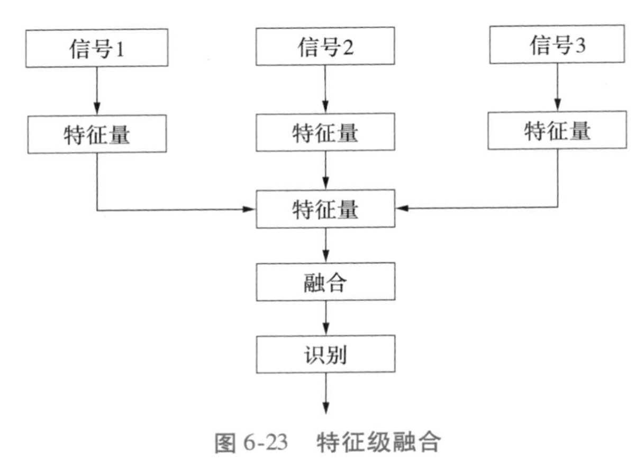

图 6-23　特征级融合

(3)决策级融合

目前,在多源数据融合技术的层次中以决策级的融合最为高级,且相对应用得较多,拥有较高的精确性和最优性。决策级的融合拥有比前两种方式更高的灵活性,更能够将数据的信息从全方位的时空中反映出来,并融入到融合系统中,加强融合系统在实际应用中的精确度,并提高了融合系统的整体容错率以及对外的抗干扰性能。决策级融合的示意过程如图 6-24 所示。

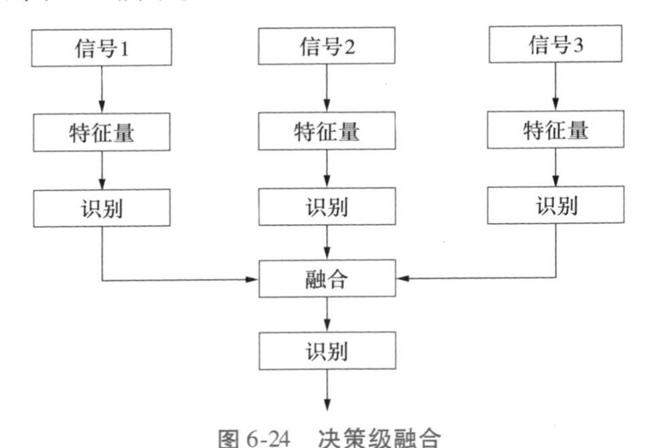

图 6-24　决策级融合

6.5.2 信息熵

6.5.2.1 信息熵的概念

信息作为一个抽象的概念,虽然常被人们挂在嘴边,但是却难以给出明确的定义进行解释说明。直到"信息熵"概念的出现,信息这一抽象名词才得以被度量量化。一般来说,当某种信息有较高的出现频率时,说明该信息被传播得相对广泛,或者说该信息引起了更多的关注,有较高的关注度。于是,可以这样理解,从信息传播的时空性来看,信息熵能够量化出信息的价值。

设 M 是一个可被观察的集合 H 所生成的勒贝格空间(Lebesgue Space),设该空间的测度是 μ,且有 $\mu(M)=1$。设空间 M 可被表示成有限划分的 $A=(A_i)$ 中的互不相容的集合形式,即:$M=\bigcup_{i=1}^{n}A_i$,且有 $A_i\cap A_j=0,\forall i\neq j$,其中 $\frac{A_i}{M}$ 代表在该划分形式下任意子集 A_i 所配分的份额。在此条件下,即可得出空间 M 在此划分形式下的信息熵:

$$S(A)=-\sum_{i=1}^{n}\mu(A_i)\log\mu(A_i) \tag{6-35}$$

式中,$\mu(A_i)=\frac{A_i}{M}$ 是任意子集 A_i 的测度,$i=1,2,\cdots,n$。

信息熵的提出主要用来针对系统或者是事物的不明确性和复杂程度的定量描述。如果一个变量或者系统越简单、越有效,那么用于了解和分析研究它们所需求的信息量和信息熵都相对较少。相反,如果一个变量或者系统越复杂、越烦琐、越低效,那么用于了解和分析研究它们所需求的信息量和信息熵相对就更多。因此,信息熵不仅能够作为度量信息的一个概念,而且能够作为度量系统程序化相关度的一个度量方式。

通过对信息熵的定义分析可知,对于相异的系统和变量,寻求一个适合实际领域的划分策略是信息熵完成其计算的关键。通过国内外相关学者的研究和总结发现,以时域和频域体系为基础,利用四种信息熵结构对数据信号进行特征量的提取,能够较好地作用于非平稳、非定常、非线性的融合预测领域中。

6.5.2.2 奇异谱熵

奇异谱熵主要用于提取时域体系中数据的相关特征。

设一个任意的时域信息 $\{x_i\}$,$i=1,2,\cdots,N$,其中,N 代表采样点个数。通过对时延嵌陷方法的利用,可以将采集到的原始数据信号映射到嵌入空间领域。此后,通过实际分析选用合适的时间延迟常数 T,并选取合理的嵌入维度 M,对原空间进行重构得到新的空间样本 A,且空间 A 为 $M\times N$ 的矩阵:

$$A = \begin{bmatrix} x_1 & x_2 & \cdots & x_M \\ x_2 & x_3 & \cdots & x_{M+1} \\ \vdots & \vdots & & \vdots \\ x_{N-M} & x_{N-M+1} & \cdots & x_N \end{bmatrix}$$

对空间 A 完成奇异分解求解出奇异值谱 $\{\sigma_i\}$, $1 \leqslant i \leqslant M$。求得的奇异值谱 $\{\sigma_i\}$ 是对信号在时域体系中的划分。其中,用 $\frac{A_i}{M}$ 表示该划分方式下的任意所得奇异值在奇异值谱中的相应比例。由此, $p_i = \sigma_i / \sum_{i=1}^{M} \sigma_i$ 可以定义出奇异谱熵 H_t:

$$H_t = -\sum_{i=1}^{M} p_i \lg p_i$$

式中, t 代表时域。

以白噪声信号为研究基础的奇异谱为 $H_{t,\max} = \mathrm{Log}\ M$, 这是信号中能够得到的最大奇异谱熵。因此,为了便于比较,在对信号的奇异谱熵的计算过程中通常用 Log M 作为分母,以对数据信号奇异谱熵归一化处理。由此统一对奇异谱熵的修正:

$$H_t = \frac{-\sum_{i=1}^{M} p_i \lg p_i}{\mathrm{Log}\ M} \tag{6-36}$$

数据信号的奇异谱熵能映射出,信号能量在由奇异谱划分后显出的不确定性。如若该信号的能量贯穿整个奇异谱,则表明该信号表现出的不确定性很大,很复杂,此时奇异谱熵表现为其值很大。相反,如若信号的奇异谱熵值越小,则充分说明信号越简单,其不确定性越小。

6.5.2.3 功率谱熵

功率谱熵主要用于提取频域体系中的数据的相关特征。

对数据信号的功率谱进行定义:

$$S(w) = \frac{1}{2\pi N} |X(w)|^2 \tag{6-37}$$

式中, $X(w)$ 是由单通道的时域信号 $x(t)$ 经过离散型傅里叶变换得到的。信号在转变过程中始终坚守能量守恒定律。则有:

$$\sum x^2(t) \Delta t = \sum |X(w)|^2 \Delta w$$

由此,我们可以将 $S = \{S_1, S_2, \cdots, S_N\}$ 当作数据信号在频域空间体系中的能量划分,对其功率谱熵 H_f 进行计算:

$$H_f = -\sum_{i=1}^{N} q_i \log q_i$$

式中，f 代表频域，$q_i = S_i / \sum_{i=1}^{N} S_i$ 表示该划分方式下的第 i 个功率频谱在功率谱谱中的相应概率。

对于功率谱熵，应用求取白噪声序列的最大功率谱熵 $H_{f,\max} = \mathrm{Log}\ N$ 为基底，对功率谱熵进行统一的归一化处理，统一对功率谱熵的修正：

$$H_f = \frac{-\sum_{i=1}^{N} q_i \log q_i}{\mathrm{Log}\ N} \tag{6-38}$$

功率谱熵能够反映出数据信号在频谱能量中的集中情形。如若信号在各个频率的能量差异较大时，表示该信号的能量主要集中在少数几个凸显的频率上，则该信号对应的功率谱熵会很小，表示该信号的不确定度以及复杂性较小。反之，如若信号在各个频率的能量分布较为均匀时，则该信号对应的功率谱熵相对较大，可以表示出该信号的不确定度以及复杂性较高。因此，功率谱熵能够用于定量地描述数据信号的频率能量在频谱上的分布复杂程度。

6.5.2.4　小波能谱熵和小波空间谱熵

假设有限集的能量函数 $f(t)$ 满足在经过小波变换前后的能量守恒定律，则：

$$\int_{-\infty}^{+\infty} |f(t)|^2 \mathrm{d}t = \frac{1}{c_\psi}\int_{0}^{+\infty} a^{-2} E(a)\,\mathrm{d}a$$

$$c_\psi = \int_{-\infty}^{+\infty} \frac{|\psi(w)|^2}{w}\mathrm{d}w$$

$$E(a) = \int_{-\infty}^{+\infty} |W_f(a,b)|^2 \mathrm{d}b$$

式中，$E(a)$ 是函数 $f(t)$ 在小波尺度参数为 a 的情况下的能量表示。由此可知，$E = \{E_1, E_2, \cdots, E_n\}$ 便是数据信号 $f(t)$ 在小波在 n 个变换尺度下的小波能谱。而 $q_i = E_i / \sum_{i=1}^{n} E_i$ 则可以表示为在任意小波尺度下的小波能谱在整个小波能量谱中的份额。由此可以定义信号的小波能谱熵：

$$H_{we} = -\sum_{i=1}^{n} q_i \log q_i$$

因为 $W = [\,|W_f(a,b)|^2 / c_\psi a^2\,]$ 是数据信号在维度为二的小波空间中的能量分布阵。因此，参照奇异谱熵的计算定义，可以对 W 进行奇异值的分解，并求得相应的奇异值谱 $\{\sigma_i\}, i = 1, 2, \cdots, n$。同理，还可以求得任意奇异值在整个谱中的相应比例，为 $p_i = \sigma_i / \sum_{i=1}^{n} \sigma_i$。因此，定义小波空间谱熵：

$$H_{ws} = -\sum_{i=1}^{n} p_i \log p_i \tag{6-39}$$

与前两种信息熵的表达形式不同的是，因为小波具有时频特性，使得小波能谱熵和小波空间谱熵可以同时反映出数据信号在时域以及频域体系中的能量分布特点。

6.5.3 改进 GA-SVR 的特征级数据融合气动噪声预测

在前述多源数据融合技术中，融合系统是对多个传感器单元的信息数据进行整合，从而得到最优的决策成果，而在此之前需要根据实际应用选择出合理的融合算法，以及提取能够表征出数据特点的特征量。

针对风力发电机组噪声信号的非线性、非平稳性，应用非声学参数对其进行预测，需要采用多个传感器分别测量不同的参数数据，而这些参数数据多种多样，有着不用的特点和特征，对这些参数进行实时的检测，可能会出现矛盾、重复或模糊，而如果要让多源数据融合系统能够做出最优的决策，就需要可靠有效的融合算法和特征量弥补这些缺失。考虑到基于遗传算法优化的支持向量回归机（GA-SVR）和基于信息熵的特征量具有这样的优势，因此针对噪声数据的特点对其处理后进行融合，不仅是一个新的方向而且可以得到较精确的预测结果。

6.5.3.1 改进的 GA-SVR 模型

对于传统的 GA-SVR 模型，由于应用了遗传算法作为支持向量回归机的参数寻优算法，该模型会受到因遗传算法多次迭代、变异因子的反复选择和具体适应度函数的影响，使得算法在对回归机参数寻优的过程中全局搜索能力受限，降低收敛效率，影响运算速率。因此，通过对噪声数据及非声学参数数据的分析和研究，对传统的 GA-SVR 回归模型做出改进，提高其收敛能力和运算速率。

改进思路：在原遗传算法的终止条件中加入一个平均适应度值精度，用以平衡和精确 GA 算法的终止选择效果，使改进后的 GA-SVR 回归模型能够更好地应用于风力发电机组噪声数据的预测。设定一个平均适度值精度，记作 $SMSE$，此值越大则表明预测最接近最优解，将此值加入到终止条件中，根据其大小终止出预测结果的好坏。

首先，求取以 GA-SVR 回归模型为基础所预测出的平均平方误差：

$$MSE = \left(\sum_{i=1}^{m} (y_i - \overline{y_i})^2 \right) / m$$

式中，y_i 表示观测值，$\overline{y_i}$ 表示预测值，m 是数据样本点的个数。MSE 在一定程度上可以作为衡量观测值与预测值间的差异度，其值越小则可以说明这两个值越接近。

然后，结合风电机组噪声信号的实际情况，给出适合遗传算法应用于预测值精确选择的终止条件，并定义出基于遗传算法改进的种群平均适度值精度条件：

$$SMSE = 1/(MSE/m + \beta) < \alpha$$

式中，α 和 β 都是给定出的正数。其中，β 作为一个较小的正数，主要用于上式中的被除数出现为零的情况，影响预测值的精确选择从而使预测出现较大误差；α 作为一个较大的正数，主要用于限制平均适度值精度过大，避免 $SMSE$ 过大出现判别错误的情况，提高预测准确度和系统的适应性。

6.5.3.2　特征级融合气动噪声预测模型

应用改进的 GA-SVR 建立特征级融合预测模型，如图 6-25 所示。对支持向量回归机参数进行选择，选择确定惩罚因子 C，核参数 σ 以及不敏感损失参数 ε，并根据风电机组噪声参数的特点选用径向基核函数 RBF 作为回归预测模型的核函数。

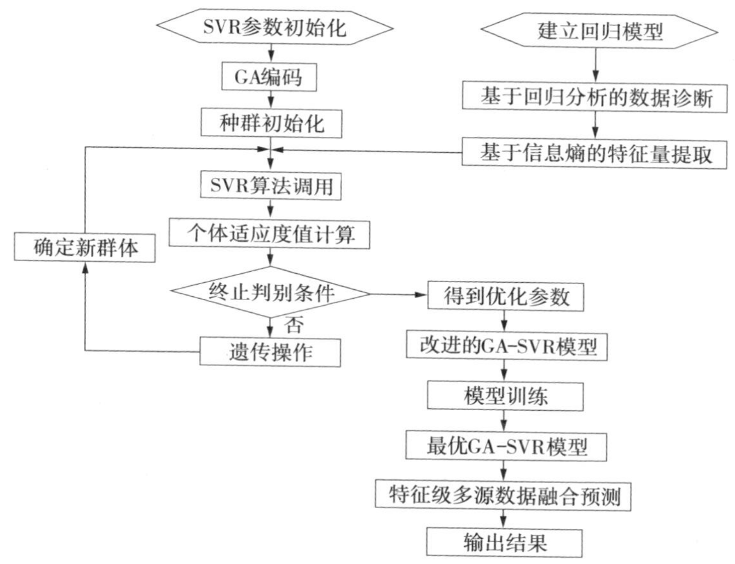

图 6-25　改进 GA-SVR 的特征级数据融合预测模型

建立改进 GA-SVR 的特征级数据融合预测模型的具体步骤：

①在其允许范围内随机完成支持向量回归机的初始化；

②将这些随机初始化参数应用于遗传算法中编码成染色体，形成后续所需的初代种群；

③对采集到的噪声数据以及非声学参数数据，经回归分析诊断，去除数据变量中共线性相关性的影响，以及数据异常点的影响，利用小波分析和希尔伯特黄的方法，基于信息熵理论提取数据信号的特征量；

④调用 GA-SVR 预测模型，使用基于信息熵提取出的特征量，初步计算传统遗传算法所对应的个体适应度值，并计算后续改进终止条件所需的平均平方误差值和平均适应度值精度；

⑤根据设定的终止条件，将满足条件的种群中的最优染色体解码成对应的参数，不满足条件的染色体重新进行遗传操作，形成新的种群直至满足终止条件；

⑥将得到的最优参数应用于改进的 GA-SVR 预测模型，经训练数据进行训练，得到最优预测模型；

⑦利用测试数据对最优融合预测模型进行特征级数据融合预测检验，得出预测结果，分析并得出结论。

6.5.3.3 改进 GA-SVR 的特征级数据融合气动噪声预测方法流程

改进 GA-SVR 的特征级数据融合气动噪声预测方法流程如图 6-26 所示。采集 A 计权声压级噪声信号以及 9 个非声学参数数据，并进行预处理，调用传统的 GA-SVR 模型，利用处理后的特征量数据对该模型进行训练，得到预测模型的最优参数，从而加入新的终止条件，形成最终的 GA-SVR 特征级融合预测模型。

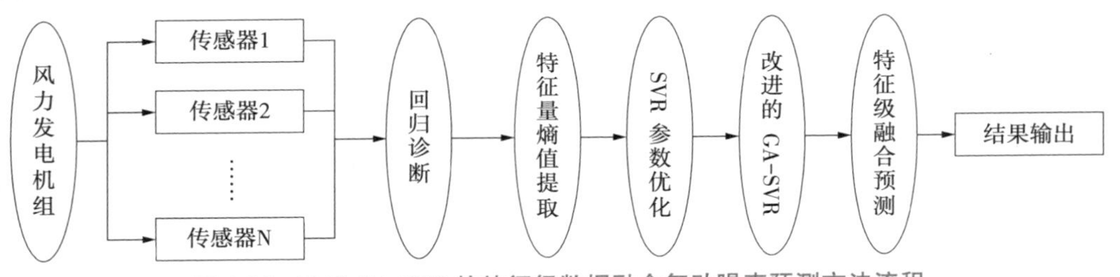

图 6-26 改进 GA-SVR 的特征级数据融合气动噪声预测方法流程

(1)数据采集

根据国标 IEC 61400—11，按照 6.3.5 中叙述的测量方法、测试位及麦克风位置，对处于正常运行状态下风电机组进行气动噪声数据检测，采集 A 计权声压级噪声信号以及 9 个非声学参数数据(轮毂风速、环境温度、变桨角度、偏航角度、发电机温度、输出功率、发电机转速、齿轮箱转速和气压)。

(2)基于回归分析的数据诊断

在对风力发电机组气动噪声的预测方法中，通过 9 个非声学参数对噪声 A 计权声压级进行预测。在这样的多输入变量及大量输入数据中，难免出现共线性相关性以及异常数据的影响，从而降低系统预测的精确度。因此，通过回归分析法对具有较强共线性相关性的输入变量先进行诊断，再进行处理，可降低变量对预测系统的影响。同时，根据回归分析法还可以剔除大量输入数据中的异常点，进一步提高预测系统的精确度。

①共线性诊断

一般简单共线性的诊断方式，是以一个变量为基础建立回归方程，然后观察此回归方程中回归系数的大小，从而判断出有哪些变量间存在着共线性关系。在本方法中，因引入 9 个非声学参数作为预测输入变量，以单一变量为基础建立回归方程的方式就变得烦琐且不可取了。因此，采用方差膨胀因子和条件指数共同作用，作为共线性判别的依据，只需建立一个以噪声为自变量、其余参数为因变量的回归方程即可。同时，为了计算出精确的方差膨胀因子和条件指数的数值，采用统计软件 SAS 进行分析处理。该软件具备完善的数据存取、数据管理、数据分析和数据展现等功能,其较快的运算速率和较强的分析辨别能力,使得运算精确。

建立非声学参数与噪声数据的回归方程时,用数理统计方法估计出一个因变量与多个自变量之间的相对线性关系,以此建立起变量间的回归模型。

首先,设定因变量 Y 是 m 个自变量 $X_1, X_2, \cdots, X_m$ 的线性组合:

$$Y = \beta_0 + \beta_1 X_1 + \beta_2 X_2 + \cdots + \beta_m X_m + \varepsilon$$

式中,$\beta_0, \beta_1, \beta_2, \cdots, \beta_m$ 为 $m+1$ 个总体回归参数,ε 为随机误差。

此后,可通过检测到的 n 组样本数据运用最小平方法求得总体回归参数的标准回归系数 $b_0, b_1, b_2, \cdots, b_{\mathrm{m}}$ 后,即可得到回归方程:

$$\hat{Y} = b_0 + b_1 X_1 + b_2 X_2 + \cdots + b_m X_m \tag{6-40}$$

取检测到的样本数据,按照式(6-40)计算出相对应的回归系数后,建立出噪声 A 计权声压级 $L_{\mathrm{A_{ep}}}$ 与 9 个非声学参数间的回归方程。再利用 SAS 软件计算出这 9 个非声学参数与噪声数据之间的共线性关系。

②异常点诊断

在数据检测过程中,所检测到的数据不可避免地会因为采集仪器或环境的影响,产生误差。这些异常的数据点,在一定程度上也可能会对建立准确的预测模型造成影响。因此,需要对数据样本点进行异常诊断,去除异常点和强影响点的作用,提高预测模型的精确性和预测结果的准确性。

在去除数据样本点中的异常点和强影响点时,引入检测标准参数学生化残差(Studentized residual,记作 r)和 $COOKD$ 统计量。首先,记数据样本的实测值与预测值间的差值为残差(residual,记作 e)。另设一个帽子矩阵 $H = X(X'X)^{-1}X'$, 记其对角线元素为 h。则可得标准误差为:

$$SE(e) = \sqrt{(1 + h)MSE}$$

由此,可以得出残差与其标准误差的比值的学生化残差 r:

$$r = e/SE(e)$$

而 $COOKD$ 统计量可以通过残差与学生化残差定义出:

$$COOKD = r^2 \frac{h}{(1 - h)k}$$

式中,k 表示预测模型中的参数个数。

利用软件 SAS 完成对学生化残差和 $COOKD$ 统计量的计算。当学生化残差和 $COOKD$ 统计量值越大时,说明该数据样本点的异常度和影响度较大,应该被予以剔除,提高模型系统的精准度。

(3)基于信息熵的特征量提取

以时域和频域体系为基础,应用奇异谱熵、功率谱熵、小波能谱熵和小波空间谱熵这四种信息熵结构对数据信号进行特征量的提取,能够有效地作用于非平稳、非定常、非线性的融合预测模型中。

在对数据样本点进行这四种信息熵的计算时,选用目前应用较为广泛、效果较好的小波分析法和希尔伯特黄(HHT)。利用小波分析能够较好地对数据样本进行时频分析的特点,对预测样本点分别计算这四种熵值,再应用 HHT 对样本点进行奇异谱熵和功率谱熵的熵值计算,得到经信息熵关联后的特征量,应用这 6 个特征量进行基于改进 GA-SVR 的特征级多源数据融合预测。

6.5.3.4 仿真分析

为保证数据的真实可靠性,在新疆某风电场进行数据采集。根据国标 IEC 61400—11,按照 6.3.5 中叙述的测量方法、测试位及麦克风位置,对处于正常运行状态下的 GW87/1500 型风电机组进行气动噪声数据检测,采集 A 计权声压级噪声信号以及 9 个非声学参数数据(轮毂风速、环境温度、变桨角度、偏航角度、发电机温度、输出功率、发电机转速、齿轮箱转速和气压)。实验风电机组参数如表 6-5 所示。

表 6-5 实验风电机组参数信息表

序 号	参 数	具体描述
1	机组型号	GW87/1 500
2	叶片型号	LM42. 1
3	变流器型号	The switch
4	海拔高度	1 500 m
5	功率控制方式	变桨控制
6	轮毂高度 H	70 m
7	风机叶轮直径 D	87 m
8	载放铝板直径	1 m
9	麦克风相对风机地基平面高度	1 m
10	地表粗糙度	0. 05

(1)数据采集

采用 BK 2250 手持式声级计进行 A 计权声压级噪声测量,采样周期为 1 s;为了实现同步实时采样,非声学参数数据的采样频率为 1 Hz。

(2)基于回归分析的数据诊断

①共线性诊断

取检测到的样本数据,按照式(6-40)计算出相对应的回归系数后,建立出噪声 A 计权声压级 $L_{A_{ep}}$ 与 9 个非声学参数间的回归方程:

$$\hat{Y} = 70.89728 + 0.29830X_1 - 0.13798X_2 - 0.24672X_3 - 0.028X_4 + 0.00225X_5 - 0.00133X_6 - 0.43135X_7 - 0.19288X_8 + 0.0019X_9$$

式中，Y 为噪声 A 计权声压级 $L_{A_{ep}}$，X_1 为轮毂风速，X_2 为环境温度，X_3 为变桨角度，X_4 为偏航角度，X_5 为发电机温度，X_6 为输出功率，X_7 为发电机转速，X_8 为齿轮箱转速，X_9 为气压。

利用 SAS 软件计算出这 9 个非声学参数与噪声数据之间的共线性关系，计算结果如下表 6-6 所示。

表 6-6　条件指数 k 和方程膨胀因子 vif

变　量	vif	k
X_1	1.507 75	1.000 00
X_2	3.346 29	2.454 97
X_3	138.034 53	2.909 09
X_4	5.440 95	4.486 82
X_5	1.512 56	5.425 23
X_6	6.932 74	7.609 47
X_7	470.226 76	34.208 32
X_8	457.039 40	70.453 47
X_9	—	2 402 446

由表 6-6 的计算结果可以看出，当以方差膨胀因子 vif 作为判别依据时，可以看出输入变量 X_1、X_2、X_4、X_5、X_6 的计算值偏小，均小于 10；而输入变量 X_3、X_7、X_8 的计算值则较大，均大于 10。根据经验总结，当方差膨胀因子 vif 的计算值大于 10 时，则表明这些变量与其余变量间有较为严重的共线性相关性的关系，容易影响到预测模型的预测精确度。所以，只有当方差膨胀因子作为变量共线性相关性的判别依据时，可初步诊断出在输入变量中 X_3、X_7、X_8 是影响最大的共线性变量。

当以条件指数 k 作为判别依据时，可以看出输入变量 X_1、X_2、X_3、X_4、X_5、X_6 的计算值偏小，均小于 10；而输入变量 X_7、X_8、X_9 的计算值则较大，均大于 30。根据经验总结，当条件指数 k 的计算值大于 10 且小于 30 时，表明这些变量与其余变量间有着一般程度的共线性相关性；当条件指数 k 的计算值大于 30 时，则表明这些变量与其余变量间有较为严重的共线性相关性的关系，容易影响到预测模型的预测精确度。所以，当只有条件指数 k 作为变量共线性相关性的判别依据时，可初步诊断出在输入变量中 X_7、X_8、X_9 是影响最大的共线性变量。

综上所述，结合方差膨胀因子 vif 和条件指数 k 的综合判定，可确定出输入变量 X_3、

X_7、X_8、X_9 是该预测模型中对预测系统影响较大的共线性变量。因此，表明在检测数据中风电机组变桨角度、发电机转速、齿轮箱转速和气压这 4 个非声学参数与其余参数间有着较强的相关性。

②异常点诊断

利用 SAS 软件完成对学生化残差和 COOKD 统计量的计算，部分实测数据样本点如表 6-7 所示。部分异常点诊断结果如表 6-8 所示。

表 6-7 部分实测数据样本点

序号	X_1	X_2	X_3	X_4	X_5	X_6	X_7	X_8	X_9	$L_{A_{ep}}$
1	11.2	28	10.8	-7.2	45.5	2	14.1	14.1	997	60.07
2	11.1	28.2	10.5	-7.7	45.5	23	14.7	14.7	997	59.84
3	10.8	28.5	9.7	-8.4	45	81	15.3	15.3	997	60.09
4	10.5	28.2	9.4	-8.3	45	96	15.9	15.9	997	60.49
5	10.2	28.5	8.7	-8.3	46	104	16.3	16.3	997	59.91
6	10.1	28	7.8	-8.5	46	111	16.7	16.7	997	60
7	10	28.3	6.6	-8.3	46.6	121	17.1	17.1	997	59.83
8	10.7	28.1	4.9	-8.5	46.6	136	17.5	17.4	997	60.07
9	10.6	28.3	3.6	-8	47.6	152	17.8	17.8	997	59.11
10	11.1	28	3.9	-8.3	47.6	169	18.1	18	997	59.76
11	11.8	28.2	7	-7.6	45.1	186	18.3	18.2	997	60.43
12	11.5	28.3	8.8	-8	45.1	211	18	18	997	59.93
13	11.3	28.1	7.8	-8	43.9	240	17.3	17.3	997	59.63
14	10.8	28.3	4.3	-9.1	43.9	271	16.6	16.6	997	59.88
15	10.9	28.1	0.2	-8.3	47.8	301	16.3	16.2	997	60.27
16	11.3	28.1	-0.3	-7.7	47.8	399	16.2	16.1	997	59.79
17	11.6	28.3	-0.6	-8.2	44.1	532	16.2	16.2	997	60.32
18	11.1	28.1	-0.6	-8.6	44.1	697	16.2	16.2	997	60.49
19	11.3	28.3	-0.6	-8.4	45.1	893	16.3	16.2	997	60.94
20	10.9	28.2	-0.6	-7.6	45.1	1 109	16.3	16.3	997	60.2

表 6-8 部分异常点诊断结果

样本点	学生化残差	COOKD 统计量
1	0.189	0.001
2	1.048	0.055
3	-0.944	0.081

续表

样本点	学生化残差	COOKD 统计量
4	−0. 351	0. 005
5	−1. 462	0. 072
6	−1. 462	0. 072
7	−0. 822	0. 026
8	−1. 259	0. 048
9	0. 840	0. 018
10	0. 422	0. 005
11	−0. 031	0. 000
12	0. 319	0. 003
13	0. 806	0. 018
14	0. 236	0. 002
15	−0. 852	0. 67
16	0. 297	0. 004
17	2. 823	0. 223
18	0. 628	0. 015
19	−1. 072	0. 035
20	0. 131	0. 001

由表 6-8 中的诊断结果可以看出，15 号样本点的学生化残差数值远大于其余样本点，可判断这个样本点是异常数据点，会对预测模型有所影响。同时，17 号样本点的 COOKD 统计量数值也较大于其他样本点，可判断出这个样本点是强影响数据点，也会影响预测结果。所以，根据诊断结果将坏的数据样本点剔除掉，以提高预测模型的准确性。

(3) 基于信息熵的特征量提取

应用 HHT 奇异谱熵、小波奇异谱熵、HHT 功率谱熵、小波功率谱熵、小波能谱熵、小波空间谱熵这 6 个特征量进行基于改进 GA-SVR 的特征级多源数据融合预测。特征量熵值的部分计算结果如表 6-9 所示。

表 6-9　特征量熵值的部分计算结果

样本点	奇异谱熵 (HHT)	奇异谱熵 (小波)	功率谱熵 (HHT)	功率谱熵 (小波)	小波能谱熵	小波空间谱熵
1	56. 044 352	89. 664 96	5. 637 492	7. 324 273	0. 979 079	99. 712 29
2	30. 355 616	89. 505 09	4. 389 894	7. 383 375	0. 903 201	99. 841 85
3	25. 824 474	88. 739 86	3. 915 231	7. 322 817	3. 494 736	99. 552 63

续表

样本点	奇异谱熵（HHT）	奇异谱熵（小波）	功率谱熵（HHT）	功率谱熵（小波）	小波能谱熵	小波空间谱熵
4	45.052 191	89.779 79	5.018 310	7.388 075	0.849 476	99.724 23
5	29.373 089	89.733 50	4.381 837	7.354 744	10.742 66	99.532 77
6	29.431 296	89.721 60	4.089 254 5	7.351 689	0.912 249	99.679 92
7	45.210 494	89.435 68	5.096 884	7.368 043	0.777 791	99.793 05
8	23.342 649	89.343 03	3.861 155	7.336 220	1.850 124	99.740 64
9	15.473 443	89.268 88	3.615 082	7.344 845	2.689 231	99.391 89
10	27.035 722	87.277 65	3.961 777	7.441 320	1.059 100	99.945 40
11	22.486 323	89.689 14	3.965 834	7.316 784	12.126 32	99.544 43
12	31.627 164	89.444 61	4.339 302	7.369 260	0.789 581	99.741 85
13	40.374 685	89.719 90	4.893 690	7.391 345	0.971 213	99.248 81
14	27.561 224	89.647 55	4.345 800	7.529 017	0.860 207	99.429 81
15	25.863 653	89.829 67	3.913 601	7.475 032	1.934 024	99.969 23
16	22.491 147	89.758 30	4.058 118	7.421 884	0.799 551	99.166 16
17	23.642 265	89.482 04	4.040 868	7.289 755	10.943 48	99.603 71
18	34.406 509	89.734 96	4.489 295	7.407 383	0.951 843	99.242 16
19	44.812 928	89.407 36	5.025 106	7.403 911	0.937 108	99.513 65
20	16.951 029	89.696 00	3.623 809	7.374 081	0.843 383	99.513 41

(4)预测结果分析

通过上述对数据样本点的采集和处理后，调用改进的 GA-SVR 模型，利用处理后的特征量数据对该模型进行训练，得到预测模型的最优参数，从而形成最终的 GA-SVR 特征级融合预测模型。在此过程中，回归诊断选用的方法不同，得到的输入变量不同，也使得预测结果不尽相同。因此，在没有去除共线性相关性的前提下，进行一次预测实验，检验出其影响效果。在此基础之上，使用不同的去线性方法，对输入变量进行选取和预测，挑选出最合适的去线性方法，得到最精确的预测结果。

各种去线性方式下基于传统 GA-SVR 的特征级融合预测结果如图 6-27 所示，相应的相对误差百分比如图 6-28 所示。

由图 6-27 所示的预测结果表明，相比于未去线性的预测模型结果，在经过不同的去线性方法改进过后，得到的预测结果都有所改善，不仅提高了预测结果的准确度，而且使所预测的趋势得到了相应的提高。同时也可看出，即便在经过去线性处理后，所得到的预测精度仍然有所欠缺，因此精确度有待进一步提高。

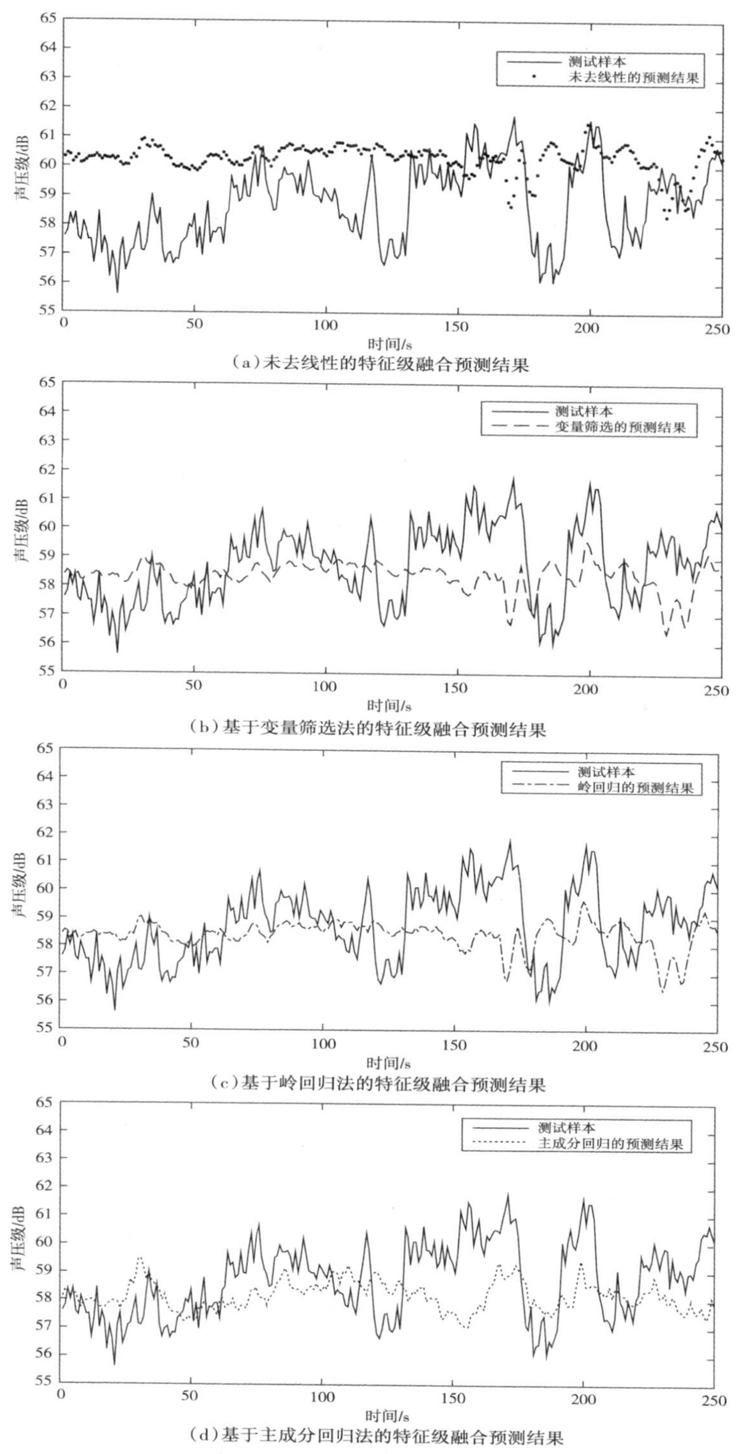

图 6-27　传统 GA-SVR 的特征级融合预测结果

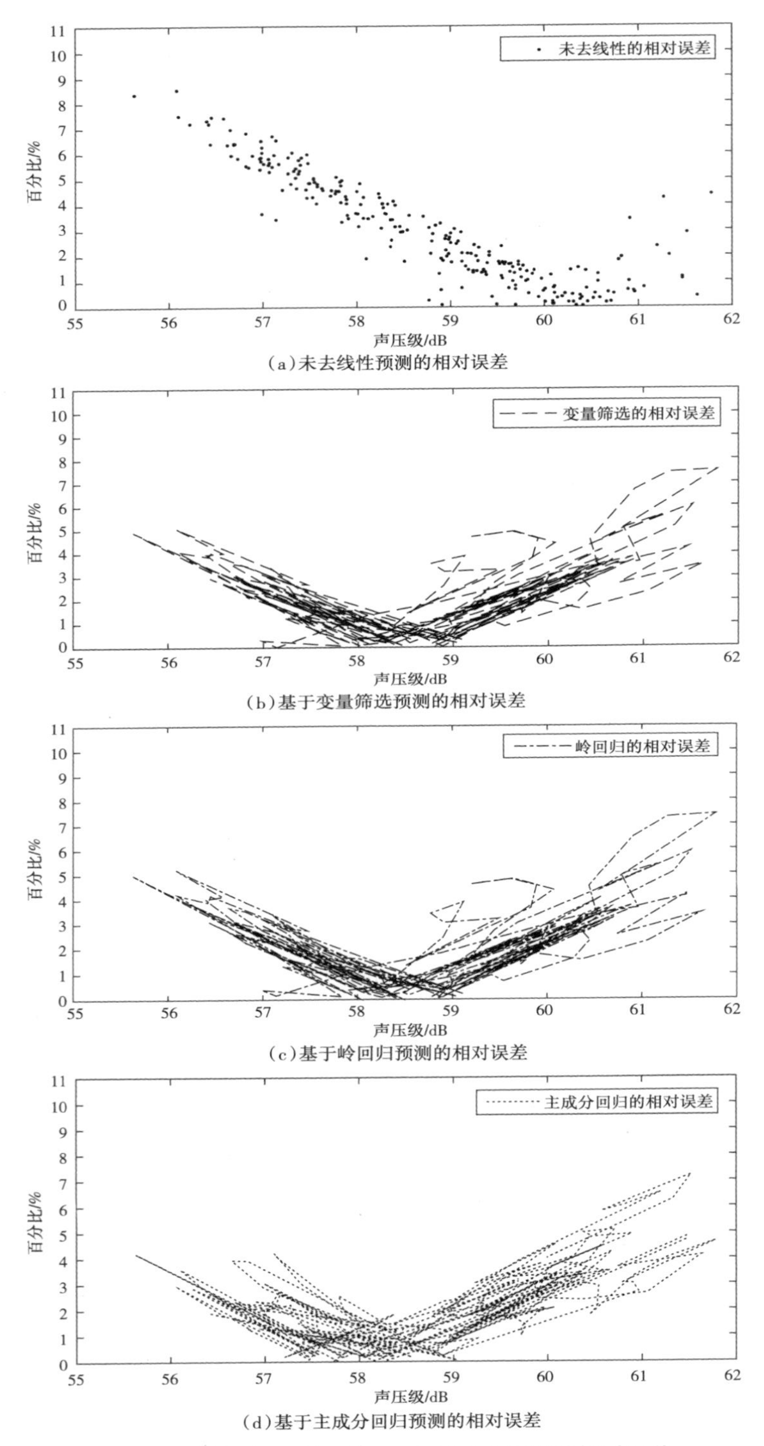

(a)未去线性预测的相对误差

(b)基于变量筛选预测的相对误差

(c)基于岭回归预测的相对误差

(d)基于主成分回归预测的相对误差

图 6-28　基于传统 GA-SVR 特征级融合预测的相对误差

由图 6-28 所示的相对误差结果表明，经过去线性方法改进后的预测模型，在预测准确性上都得到了提高，但仍然无法满足使大量预测样本点的相对误差均小于 2%。图(a)、(b)、(c)、(d)预测的相对误差的平均值分别为 3.048 9%、2.104 9%、2.093 9%和 2.073 0%，其中，图(a)中相对误差值小于 2%的样本点主要集中在[59，61]dB 区间，其余区域相对误差仍然较大；图(b)、(c)、(d)中相对误差值小于 2%的样本点主要集中在[56.6，61.2] dB 区间，其余处的相对误差仍然较大。

根据图 6-24 和图 6-25 所示的预测结果及相对误差，可知输入变量间存在的共线性关系严重影响到预测模型的预测精度，经共线性后的预测结果虽然得到了相应的改善，但仍有不少预测数值无法满足预测精度要求。因此，通过分析风电机组噪声的特点，采用改进后的 GA-SVR 建立预测模型，进行非声学参数对噪声的特征级融合预测，再分别使用基于变量筛选、基于岭回归和基于主成分回归三种去线性方法后再进行预测，预测精度和误差。因此，考虑 SVR 回归机的预测特点及模型建立的要求，分析三种去线性方法的特点，选用变量筛选法作为与改进 GA-SVR 相搭配建立预测模型的方法，因变量筛选法是唯一能够实现输入变量降维的方法。基于传统 GA-SVR 特征级融合的预测结果如图 6-27 所示，融合预测的相对误差如图 6-28 所示。

根据图 6-27 和图 6-28 所示的预测结果及相对误差，可知输入变量间存在的共线性关系严重影响到预测模型的预测精度，可在分别使用基于变量筛选、基于岭回归和基于主成分回归三种去线性方法后再进行预测，预测结果得到了一定程度的改善，但仍有不少预测数值无法满足预测精度要求。另外，三种去线性方法所得预测精度和相对误差差别不大，近乎相同。变量筛选法是唯一能够实现输入变量降维的方法，对比分析三种去线性方法的特点以及 SVR 回归机预测的特点和建模要求，结合风电机组噪声特点，选用变量筛选法与改进 GA-SVR 结合建立预测模型，实现非声学参数对噪声的特征级融合预测。基于改进 GA-SVR 特征级融合方法的预测结果及相对误差如图 6-29 和图 6-30 所示。

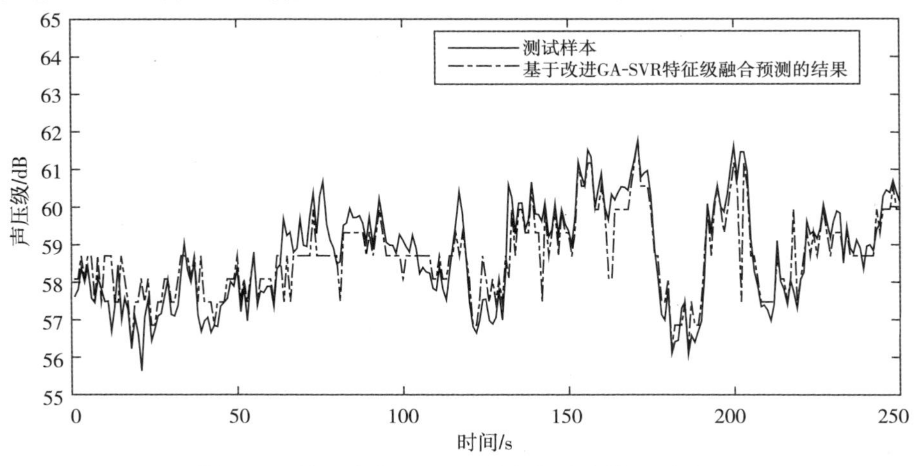

图 6-29　基于改进 GA-SVR 特征级融合的预测结果

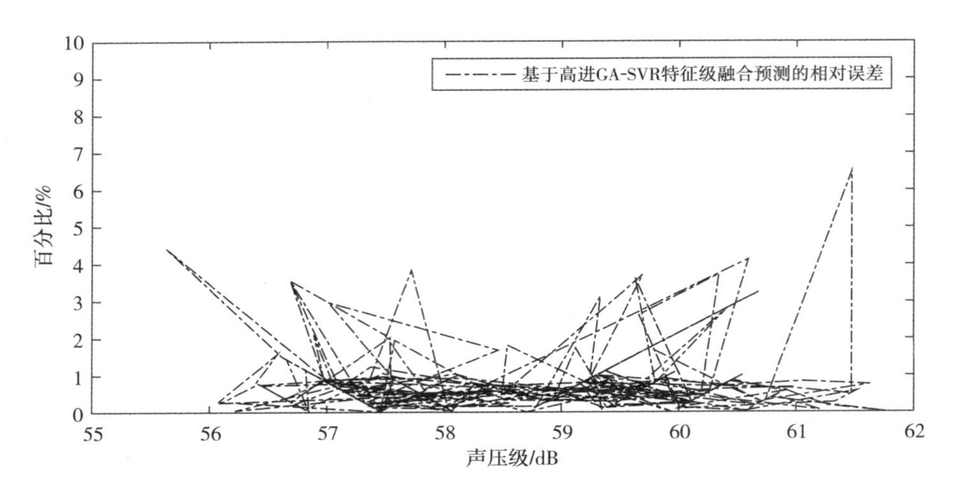

图 6-30　基于改进 GA-SVR 特征级融合预测的相对误差

由图 6-29 的预测结果和图 6-30 的预测相对误差可以看出,变量筛选法与改进 GA-SVR 相结合的特征级融合预测方法,能够得到十分精确的预测结果。预测值与实际值重合度很高,且变化趋势预测与实际趋势也基本吻合。在相对误差的表现中,几乎所有预测值的相对误差都小于 2%,达到预测要求,仅少量预测值的相对误差大于 2%,相对误差的平均值仅为 0.775 7%,远远小于图 6-28 中相对误差的平均数值,更加充分地说明该预测模型的预测精确性。

6.6　小　结

从风电场评估和风电机组性能测试的角度,需要对噪声作出准确的测量。另外,目前常用的故障诊断方法大都基于对振动信号的测量,而对基于噪声测量的故障诊断研究还很少。振动检测属于接触式测量,噪声检测属于非接触式测量,为了实现噪声信号与振动信号的综合考虑,二者相互补充、相互完善,进一步提高和完善风电轴承的故障诊断技术,建立完备的故障信息库,对研究声学噪声的测量技术和预测方法具有重要意义。

本章研究了依照国际标准而实施的声学噪声测量方法,为风电机组的性能测试、故障诊断及风电成果评估提供参考;分析了风电机组噪声的类型及其产生原因,提出一种回归分析与 BP 神经网络相结合的方法,对风电现场的风机噪声进行预测,与单纯的回归分析和神经网络方法相对比,该方法具有良好的性能,简化了测量过程,缩减了测量变量数目,提高了预测精度,可使评估结果符合实际。针对传统遗传算法的不足进行改进和补充，给出了较为完善的气动噪声预测模型，提出样本数据间的共线性问题，并进行分析和解决，以信息熵的方法提取特征量，通过与传统 GA-SVR 预测结果对比分析，结果表明基于改进 GA-SVR 的特征级数据融合预测方法能够得到更精确的预测结果，并具有很小的预测误差，充分表明了该方法的真实有效性。

附　录

附表 1　滚动轴承故障模拟实验的振动测量数据

（单位：mm/s²）

序号	正常状态	内圈故障	外圈故障	滚动体故障
1	0.053 196 923 000 000 0	−0.083 004 351 000 000 0	0.008 527 844 000 000 00	−0.002 761 397 000 000 0
2	0.088 661 538 000 000 0	−0.195 734 331 000 000	0.423 549 601 000 000	−0.096 324 032 000 000 0
3	0.099 718 154 000 000 0	0.233 419 281 000 000	0.012 994 810 000 000 0	0.113 704 591 000 000
4	0.058 620 923 000 000 0	0.103 958 483 000 000	−0.265 175 349 000 000	0.257 297 246 000 000
5	−0.004 589 538 000 000 0	−0.181 115 170 000 000	0.237 155 289 000 000	−0.058 314 212 000 000 0
6	−0.056 952 000 000 000 0	0.055 552 814 000 000 0	0.590 857 784 000 000	−0.126 049 661 000 000
7	−0.071 763 692 000 000 0	0.173 805 589 000 000	−0.092 994 112 000 000 0	0.207 429 661 000 000
8	−0.058 620 923 000 000 0	−0.046 943 752 000 000 0	−0.406 900 000 000 000	0.172 668 543 000 000
9	−0.046 521 231 000 000 0	−0.111 917 804 000 000	0.279 388 423 000 000	−0.219 937 166 000 000
10	−0.049 859 077 000 000 0	0.059 613 693 000 000 0	0.436 950 499 000 000	−0.156 100 160 000 000
11	−0.051 110 769 000 000 0	0	−0.352 890 319 000 000	0.223 998 044 000 000
12	−0.015 646 154 000 000 0	0.024 365 269 000 000 0	−0.612 380 439 000 000	0.113 704 591 000 000
13	0.045 895 385 000 000 0	0.060 425 868 000 000 0	0.398 778 244 000 000	−0.211 003 234 000 000
14	0.092 208 000 000 000 0	−0.170 394 451 000 000	0.409 336 527 000 000	−0.046 781 317 000 000 0
15	0.091 790 769 000 000 0	−0.149 440 319 000 000	−0.354 514 671 000 000	0.202 069 301 000 000
16	0.060 498 462 000 000 0	−0.185 338 483 000 000	−0.223 754 391 000 000	−0.014 456 727 000 000 0

续表

序号	正常状态	内圈故障	外圈故障	滚动体故障
17	0.024 408 000 000 000 0	0.136 607 944 000 000	0.371 164 271 000 000	−0.162 760 000 000 000
18	−0.000 208 615 000 000 0	0.396 179 281 000 000	0.307 408 483 000 000	0.109 156 407 000 000
19	0.017 523 692 000 000 0	−0.135 470 898 000 000	−0.197 358 683 000 000	0.187 125 269 000 000
20	0.026 285 538 000 000 0	−0.106 882 315 000 000	−0.024 365 269 000 000 0	−0.159 348 862 000 000
21	−0.003 546 462 000 000 0	0.067 410 579 000 000 0	0.153 907 285 000 000	−0.137 744 990 000 000
22	−0.041 097 231 000 000 0	−0.277 439 202 000 000	0.142 536 826 000 000	0.250 474 970 000 000
23	−0.062 376 000 000 000 0	−0.060 750 739 000 000 0	0.118 171 557 000 000	0.107 532 056 000 000
24	−0.032 544 000 000 000 0	0.244 140 000 000 000	0.059 694 910 000 000 0	−0.246 901 397 000 000
25	0.005 006 769 000 000 00	−0.146 516 487 000 000	−0.139 694 212 000 000	−0.037 360 080 000 000 0
26	0.028 580 308 000 000 0	0.042 070 699 000 000 0	0.052 385 329 000 000 0	0.265 906 307 000 000
27	0.043 809 231 000 000 0	0.501 762 116 000 000	0.286 698 004 000 000	0.021 766 307 000 000 0
28	0.040 888 615 000 000 0	−0.052 304 112 000 000 0	−0.047 106 188 000 000 0	−0.163 897 046 000 000
29	0.055 283 077 000 000 0	−0.304 565 868 000 000	−0.120 608 084 000 000	0.141 968 303 000 000
30	0.085 323 692 000 000 0	0.161 460 519 000 000	0.059 694 910 000 000 0	0.231 145 190 000 000
31	0.108 480 000 000 000	0.078 456 168 000 000 0	0.236 749 202 000 000	−0.107 532 056 000 000
32	0.099 092 308 000 000 0	−0.275 165 110 000 000	0.039 390 519 000 000 0	−0.140 181 517 000 000
33	0.058 829 538 000 000 0	−0.045 481 836 000 000 0	−0.109 643 713 000 000	0.191 511 018 000 000
34	0.031 500 923 000 000 0	0.247 063 832 000 000	−0.004 060 878 000 000	0.164 059 481 000 000
35	0.019 609 846 000 000 0	−0.040 933 653 000 000 0	0.153 907 285 000 000	−0.099 897 605 000 000 0
36	0.029 414 769 000 000 0	−0.019 492 216 000 000 0	0.029 238 323 000 000 0	−0.005 847 665 000 000 0
37	0.060 289 846 000 000 0	0.382 047 425 000 000	−0.154 719 461 000 000	0.256 647 505 000 000
38	0.075 727 385 000 000 0	−0.201 257 126 000 000	0.142 130 739 000 000	0.104 283 353 000 000
39	0.066 965 538 000 000 0	−0.501 274 810 000 000	0.259 490 120 000 000	−0.146 678 922 000 000
40	0.059 038 154 000 000 0	0.538 147 585 000 000	−0.006 497 405 000 000 0	0.058 801 517 000 000 0
41	0.064 044 923 000 000 0	0.484 543 992 000 000	−0.294 007 585 000 000	0.198 333 293 000 000
42	0.070 094 769 000 000 0	−0.401 052 335 000 000	0.114 516 766 000 000	−0.037 684 950 000 000 0
43	0.067 800 000 000 000 0	−0.007 309 581 000 000 0	0.359 387 725 000 000	−0.111 592 934 000 000
44	0.044 435 077 000 000 0	0.583 142 116 000 000	−0.242 434 431 000 000	0.112 729 980 000 000
45	0.021 070 154 000 000 0	0.211 165 669 000 000	−0.477 153 194 000 000	0.121 339 042 000 000

续表

序号	正常状态	内圈故障	外圈故障	滚动体故障
46	0.017 315 077 000 000 0	−0.327 306 786 000 000	0.104 770 659 000 000	−0.106 395 010 000 000
47	0.041 305 846 000 000 0	−0.028 263 713 000 000 0	0.382 534 731 000 000	−0.062 699 960 000 000 0
48	0.096 588 923 000 000 0	0.053 278 723 000 000 0	−0.248 525 749 000 000	0.138 394 731 000 000
49	0.140 815 385 000 000	−0.077 806 427 000 000 0	−0.397 966 068 000 000	−0.024 040 399 000 000 0
50	0.150 411 692 000 000	0.316 910 938 000 000	0.177 054 291 000 000	−0.249 013 054 000 000
51	0.139 980 923 000 000	0.053 766 028 000 000 0	0.458 067 066 000 000	0.018 842 475 000 000 0
52	0.120 162 462 000 000	−0.323 733 214 000 000	0.030 050 499 000 000 0	0.209 541 317 000 000
53	0.099 092 308 000 000 0	−0.068 385 190 000 000 0	−0.263 957 086 000 000	−0.069 684 671 000 000 0
54	0.081 568 615 000 000 0	0.283 449 301 000 000	0.159 998 603 000 000	−0.166 008 703 000 000
55	0.051 945 231 000 000 0	0.047 918 363 000 000 0	0.243 246 607 000 000	0.143 755 090 000 000
56	0.006 049 846 000 000 00	−0.258 109 421 000 000	0.068 628 842 000 000 0	0.170 556 886 000 000
57	−0.038 176 615 000 000 0	−0.020 954 132 000 000 0	0.025 177 445 000 000 0	−0.230 008 144 000 000
58	−0.051 736 615 000 000 0	0.098 598 124 000 000 0	0.011 776 547 000 000 0	−0.127 998 882 000 000
59	−0.021 487 385 000 000 0	−0.009 096 367 000 000 0	0.065 786 228 000 000 0	0.326 332 176 000 000
60	0.020 652 923 000 000 0	0.150 577 365 000 000	0.106 395 010 000 000	0.132 547 066 000 000
61	0.044 852 308 000 000 0	0.201 094 691 000 000	0.074 720 160 000 000 0	−0.256 322 635 000 000
62	0.058 620 923 000 000 0	−0.136 120 639 000 000	−0.169 338 623 000 000	−0.012 345 070 000 000 0
63	0.065 922 462 000 000 0	0.098 760 559 000 000 0	−0.117 359 381 000 000	0.301 966 906 000 000
64	0.071 763 692 000 000 0	0.264 769 261 000 000	0.064 974 052 000 000 0	−0.037 847 385 000 000 0
65	0.072 389 538 000 000 0	−0.051 979 242 000 000 0	−0.127 105 489 000 000	−0.371 651 577 000 000
66	0.031 083 692 000 000 0	−0.044 669 661 000 000 0	0.024 365 269 000 000 0	0.013 644 551 000 000 0
67	−0.039 845 538 000 000 0	0.152 851 457 000 000	0.611 974 351 000 000	0.321 783 992 000 000
68	−0.124 752 000 000 000	0.036 872 774 000 000 0	−0.437 762 675 000 000	−0.083 654 092 000 000 0
69	−0.183 164 308 000 000	−0.186 962 834 000 000	−1.332 374 152 000 00	−0.197 033 812 000 000
70	−0.173 359 385 000 000	−0.048 405 669 000 000 0	1.146 792 016 000 00	0.243 815 130 000 000
71	−0.136 225 846 000 000	−0.067 573 014 000 000 0	1.621 102 595 000 00	0.179 490 818 000 000
72	−0.065 296 615 000 000 0	−0.184 526 307 000 000	−1.844 856 986 000 00	−0.189 561 796 000 000
73	0.004 589 538 000 000 00	−0.003 573 573 000 000 0	−1.132 985 030 000 00	−0.009 421 238 000 000 0
74	0.058 203 692 000 000 0	0.112 405 110 000 000	2.637 540 419 000 00	0.204 180 958 000 000

续表

序号	正常状态	内圈故障	外圈故障	滚动体故障
75	0.098 675 077 000 000 0	−0.052 953 852 000 000 0	0.611 162 176 000 000	−0.136 445 509 000 000
76	0.072 389 538 000 000 0	−0.046 781 317 000 000 0	−2.269 624 850 000 00	−0.203 531 218 000 000
77	0.018 149 538 000 000 0	0.155 287 984 000 000	0.348 829 441 000 000	0.215 876 287 000 000
78	−0.061 332 923 000 000 0	−0.007 147 146 000 000 0	1.710 848 004 000 00	0.129 298 363 000 000
79	−0.148 951 385 000 000	−0.079 430 778 000 000 0	−0.562 837 725 000 000	−0.264 931 697 000 000
80	−0.195 889 846 000 000	0.088 527 146 000 000 0	−0.682 633 633 000 000	−0.034 436 248 000 000 0
81	−0.198 601 846 000 000	−0.000 162 435 000 000 0	0.956 742 914 000 000	0.282 149 820 000 000
82	−0.133 513 846 000 000	−0.015 918 643 000 000 0	−0.283 449 301 000 000	−0.086 902 794 000 000 0
83	−0.048 607 385 000 000 0	0.117 440 599 000 000	−0.698 877 146 000 000	−0.326 657 046 000 000
84	0.030 249 231 000 000 0	−0.038 497 126 000 000 0	1.238 161 776 000 00	0.152 689 022 000 000
85	0.082 403 077 000 000 0	−0.102 171 697 000 000	0.019 898 303 000 000 0	0.282 961 996 000 000
86	0.109 105 846 000 000	0.122 151 218 000 000	−1.596 737 325 000 00	−0.298 718 204 000 000
87	0.125 795 077 000 000	0.174 617 764 000 000	0.404 463 473 000 000	−0.279 550 858 000 000
88	0.091 790 769 000 000 0	−0.060 100 998 000 000 0	1.545 570 259 000 00	0.328 118 962 000 000
89	0.034 630 154 000 000 0	−0.222 373 693 000 000	−0.786 592 116 000 000	0.190 049 102 000 000
90	−0.044 435 077 000 000 0	0.299 043 074 000 000	−1.333 186 327 000 00	−0.262 820 040 000 000
91	−0.110 774 769 000 000	0.304 728 303 000 000	1.068 417 066 000 00	0.000 487 305 000 000 00
92	−0.127 464 000 000 000	−0.708 217 166 000 000	1.096 843 214 000 00	0.322 433 733 000 000
93	−0.106 602 462 000 000	−0.750 612 735 000 000	−0.925 474 152 000 000	0.032 162 156 000 000 0
94	−0.046 312 615 000 000 0	0.062 050 220 000 000 0	−0.644 867 465 000 000	−0.170 394 451 000 000
95	0.005 424 000 000 000 00	0.228 546 228 000 000	1.050 549 202 000 00	0.138 069 860 000 000
96	0.040 262 769 000 000 0	0.185 176 048 000 000	0.319 997 206 000 000	0.212 302 715 000 000
97	0.086 366 769 000 000 0	0.157 074 770 000 000	−0.659 080 539 000 000	−0.183 226 826 000 000
98	0.124 960 615 000 000	−0.249 175 489 000 000	0.195 328 244 000 000	−0.197 683 553 000 000
99	0.134 974 154 000 000	0.416 808 543 000 000	0.464 564 471 000 000	0.215 551 417 000 000
100	0.098 466 462 000 000 0	0.900 702 794 000 000	−0.141 724 651 000 000	0.087 714 970 000 000 0
101	0.020 235 692 000 000 0	−0.453 356 447 000 000	−0.138 882 036 000 000	−0.191 023 713 000 000
102	−0.069 886 154 000 000 0	−0.772 216 607 000 000	0.423 143 513 000 000	0.090 963 673 000 000 0
103	−0.131 219 077 000 000	0.554 391 098 000 000	−0.003 248 703 000 000 0	0.306 352 655 000 000

续表

序号	正常状态	内圈故障	外圈故障	滚动体故障
104	-0.133 931 077 000 000	0.752 237 086 000 000	-0.354 514 671 000 000	0.108 831 537 000 000
105	-0.083 863 385 000 000 0	-0.347 773 613 000 000	0.315 124 152 000 000	-0.108 506 667 000 000
106	0.001 043 077 000 000 00	-0.305 865 349 000 000	0.298 880 639 000 000	0.024 365 269 000 000 0
107	0.062 584 615 000 000 0	0.494 939 840 000 000	-0.361 012 076 000 000	0.172 343 673 000 000
108	0.100 969 846 000 000	0.286 698 004 000 000	-0.024 365 269 000 000 0	-0.004 548 184 000 000 0
109	0.144 361 846 000 000	-0.222 211 257 000 000	0.533 193 313 000 000	-0.136 607 944 000 000
110	0.168 352 615 000 000	-0.102 171 697 000 000	-0.045 887 924 000 000 0	0.027 776 407 000 000 0
111	0.154 584 000 000 000	-0.293 195 409 000 000	-0.315 530 240 000 000	0.129 298 363 000 000
112	0.084 489 231 000 000 0	-0.628 786 387 000 000	0.162 435 130 000 000	-0.002 923 832 000 000 0
113	-0.021 904 615 000 000 0	0.029 725 629 000 000 0	0.347 611 178 000 000	-0.064 324 311 000 000 0
114	-0.108 897 231 000 000	0.149 115 449 000 000	-0.082 841 916 000 000 0	-0.015 756 208 000 000 0
115	-0.132 470 769 000 000	-0.331 692 535 000 000	-0.273 297 106 000 000	0.013 806 986 000 000 0
116	-0.098 257 846 000 000 0	0.113 217 285 000 000	0.158 374 251 000 000	0.000 162 435 000 000 00
117	-0.035 256 000 000 000 0	0.521 091 896 000 000	0.231 063 972 000 000	-0.071 471 457 000 000 0
118	0.050 902 154 000 000 0	0.009 746 108 000 000 00	-0.143 755 090 000 000	-0.177 866 467 000 000
119	0.129 967 385 000 000	-0.248 038 443 000 000	-0.332 179 840 000 000	-0.012 020 200 000 000 0
120	0.185 459 077 000 000	0.211 815 409 000 000	0.070 253 194 000 000 0	0.213 764 631 000 000
121	0.217 794 462 000 000	0.198 170 858 000 000	0.214 008 283 000 000	0.027 289 102 000 000 0
122	0.209 658 462 000 000	-0.207 267 226 000 000	-0.207 916 966 000 000	-0.150 414 930 000 000
123	0.161 051 077 000 000	-0.021 766 307 000 000 0	-0.309 438 922 000 000	0.087 877 405 000 000 0
124	0.087 409 846 000 000 0	0.500 137 764 000 000	0.168 932 535 000 000	0.282 637 126 000 000
125	0.011 682 462 000 000 0	0.450 919 920 000 000	0.335 022 455 000 000	0.029 725 629 000 000 0
126	-0.040 680 000 000 000 0	0.064 161 876 000 000 0	-0.112 486 327 000 000	-0.102 496 567 000 000
127	-0.035 047 385 000 000 0	0.049 705 150 000 000 0	0.017 867 864 000 000 0	0.174 780 200 000 000
128	0.009 179 077 000 000 00	0.107 856 926 000 000	0.214 414 371 000 000	0.284 748 782 000 000
129	0.045 686 769 000 000 0	0.023 553 094 000 000 0	0.068 628 842 000 000 0	-0.027 938 842 000 000 0
130	0.076 770 462 000 000 0	-0.235 855 808 000 000	0.069 441 018 000 000 0	-0.170 069 581 000 000
131	0.097 632 000 000 000 0	-0.423 630 818 000 000	0.067 004 491 000 000 0	0.075 857 206 000 000 0
132	0.114 947 077 000 000	-0.109 156 407 000 000	-0.051 167 066 000 000 0	0.135 470 898 000 000

续表

序号	正常状态	内圈故障	外圈故障	滚动体故障
133	0.135 600 000 000 000	0.233 906 587 000 000	0.009 746 108 000 000 00	−0.056 202 555 000 000 0
134	0.117 033 231 000 000	0.162 272 695 000 000	0.238 373 553 000 000	−0.083 166 786 000 000 0
135	0.061 124 308 000 000 0	−0.012 182 635 000 000 0	−0.058 882 735 000 000 0	0.106 395 010 000 000
136	−0.018 775 385 000 000 0	0.069 684 671 000 000 0	−0.315 936 327 000 000	0.041 745 828 000 000 0
137	−0.088 661 538 000 000 0	0.206 292 615 000 000	0.045 481 836 000 000 0	−0.110 943 194 000 000
138	−0.096 588 923 000 000 0	0.201 581 996 000 000	0.202 637 824 000 000	0.015 756 208 000 000 0
139	−0.070 929 231 000 000 0	0.068 872 495 000 000 0	−0.190 861 277 000 000	0.045 156 966 000 000 0
140	−0.024 825 231 000 000 0	−0.185 338 483 000 000	−0.198 576 946 000 000	−0.141 480 998 000 000
141	0.025 868 308 000 000 0	−0.169 907 146 000 000	0.125 887 226 000 000	−0.159 348 862 000 000
142	0.053 196 923 000 000 0	0.021 766 307 000 000 0	0.126 293 313 000 000	0.055 877 685 000 000 0
143	0.071 972 308 000 000 0	−0.100 547 345 000 000	−0.050 760 978 000 000 0	0.051 816 806 000 000 0
144	0.082 820 308 000 000 0	−0.104 283 353 000 000	−0.043 451 397 000 000 0	−0.073 583 114 000 000 0
145	0.078 022 154 000 000 0	0.121 501 477 000 000	0.045 075 749 000 000 0	0.057 339 601 000 000 0
146	0.044 643 692 000 000 0	0.056 689 860 000 000 0	−0.014 213 074 000 000 0	0.201 257 126 000 000
147	−0.027 328 615 000 000 0	−0.049 380 279 000 000 0	0.157 968 164 000 000	0.019 329 780 000 000 0
148	−0.118 910 769 000 000	−0.025 177 445 000 000 0	0.155 937 725 000 000	−0.076 669 381 000 000 0
149	−0.176 905 846 000 000	−0.007 959 321 000 000 0	0.021 928 743 000 000 0	0.090 801 238 000 000 0
150	−0.178 783 385 000 000	−0.020 629 261 000 000 0	0.175 023 852 000 000	0.040 283 912 000 000 0
151	−0.148 116 923 000 000	−0.112 405 110 000 000	0.246 901 397 000 000	−0.052 953 852 000 000 0
152	−0.092 833 846 000 000 0	−0.130 272 974 000 000	−0.005 685 230 000 000 0	0.004 060 878 000 000 00
153	−0.039 219 692 000 000 0	0.054 253 333 000 000 0	−0.153 907 285 000 000	0.139 694 212 000 000
154	0.001 460 308 000 000 00	0.197 358 683 000 000	0.125 481 138 000 000	0.109 481 277 000 000
155	0.043 809 231 000 000 0	0.042 233 134 000 000 0	0.083 248 004 000 000 0	−0.121 988 782 000 000
156	0.080 734 154 000 000 0	0.072 608 503 000 000 0	−0.166 089 920 000 000	−0.050 030 020 000 000 0
157	0.075 727 385 000 000 0	0.271 429 102 000 000	−0.126 293 313 000 000	0.131 085 150 000 000
158	0.018 984 000 000 000 0	0.175 917 246 000 000	0.123 044 611 000 000	−0.035 735 729 000 000 0
159	−0.061 124 308 000 000 0	−0.130 922 715 000 000	0.133 196 806 000 000	−0.171 206 627 000 000
160	−0.134 556 923 000 000	−0.218 962 555 000 000	−0.180 302 994 000 000	0.006 659 840 000 000 00
161	−0.168 769 846 000 000	−0.088 202 275 000 000 0	−0.058 476 647 000 000 0	0.055 877 685 000 000 0

续表

序号	正常状态	内圈故障	外圈故障	滚动体故障
162	−0. 155 627 077 000 000	−0. 083 654 092 000 000 0	0. 306 596 307 000 000	−0. 019 492 216 000 000 0
163	−0. 127 672 615 000 000	0. 094 699 681 000 000 0	0. 165 277 745 000 000	−0. 000 162 435 000 000 0
164	−0. 102 221 538 000 000	0. 145 379 441 000 000	−0. 110 455 888 000 000	0. 014 131 856 000 000 0
165	−0. 070 512 000 000 000 0	0. 367 753 134 000 000	0. 045 075 749 000 000 0	−0. 020 791 697 000 000 0
166	−0. 049 233 231 000 000 0	−0. 044 507 226 000 000 0	0. 277 764 072 000 000	−0. 005 522 794 000 000 0
167	−0. 035 464 615 000 000 0	−0. 879 423 792 000 000	0. 116 953 293 000 000	0. 077 968 862 000 000 0
168	−0. 043 392 000 000 000 0	−0. 493 315 489 000 000	−0. 024 365 269 000 000 0	0. 002 923 832 000 000 00
169	−0. 075 727 385 000 000 0	0. 093 725 070 000 000 0	0. 074 314 072 000 000 0	−0. 048 080 798 000 000 0
170	−0. 118 076 308 000 000	0. 412 910 100 000 000	0. 056 040 120 000 000 0	0. 115 653 812 000 000
171	−0. 161 259 692 000 000	0. 000 487 305 000 000 00	0. 067 816 667 000 000 0	0. 113 867 026 000 000
172	−0. 163 971 692 000 000	−0. 157 562 076 000 000	−0. 062 131 437 000 000 0	−0. 167 308 184 000 000
173	−0. 119 119 385 000 000	0. 368 727 745 000 000	0. 112 892 415 000 000	−0. 087 065 230 000 000 0
174	−0. 046 312 615 000 000 0	0. 455 630 539 000 000	−0. 068 222 754 000 000 0	0. 231 794 930 000 000
175	0. 017 523 692 000 000 0	−0. 221 399 082 000 000	0. 032 893 114 000 000 0	0. 045 969 142 000 000 0
176	0. 051 945 231 000 000 0	−0. 940 824 271 000 000	−0. 072 689 721 000 000 0	−0. 167 795 489 000 000
177	0. 073 432 615 000 000 0	−0. 068 710 060 000 000 0	0. 029 238 323 000 000 0	0. 076 344 511 000 000 0
178	0. 086 366 769 000 000 0	0. 950 407 944 000 000	0. 624 156 986 000 000	0. 216 688 463 000 000
179	0. 074 892 923 000 000 0	0. 267 368 224 000 000	−0. 475 934 930 000 000	0. 019 654 651 000 000 0
180	0. 054 031 385 000 000 0	−0. 520 442 156 000 000	−0. 827 606 986 000 000	−0. 000 324 870 000 000 0
181	0. 010 639 385 000 000 0	0. 215 064 112 000 000	0. 385 377 345 000 000	0. 071 471 457 000 000 0
182	−0. 042 557 538 000 000 0	0. 702 694 371 000 000	1. 595 112 974 000 00	−0. 054 090 898 000 000 0
183	−0. 053 614 154 000 000 0	0. 250 150 100 000 000	−0. 989 636 028 000 000	−0. 112 567 545 000 000
184	−0. 041 723 077 000 000 0	−0. 289 621 836 000 000	−1. 296 232 335 000 00	0. 044 832 096 000 000 0
185	−0. 009 804 923 000 000 0	−0. 564 462 076 000 000	1. 704 756 687 000 00	0. 060 425 868 000 000 0
186	0. 017 315 077 000 000 0	−0. 300 180 120 000 000	0. 890 956 687 000 000	−0. 106 557 445 000 000
187	0. 044 643 692 000 000 0	0. 292 870 539 000 000	−1. 178 872 954 000 00	0. 050 842 196 000 000 0
188	0. 073 641 231 000 000 0	0. 413 072 535 000 000	−0. 878 774 052 000 000	0. 180 790 299 000 000
189	0. 093 042 462 000 000 0	−0. 475 285 190 000 000	1. 686 482 735 000 00	−0. 063 999 441 000 000 0
190	0. 124 960 615 000 000	−0. 235 693 373 000 000	0. 000 812 176 000 000 00	−0. 159 998 603 000 000

续表

序号	正常状态	内圈故障	外圈故障	滚动体故障
191	0.133 096 615 000 000	0.794 632 655 000 000	−0.872 682 735 000 000	0.125 237 485 000 000
192	0.107 436 923 000 000	0.310 738 403 000 000	0.559 589 022 000 000	0.171 856 367 000 000
193	0.058 829 538 000 000 0	−0.663 709 940 000 000	0.039 796 607 000 000 0	−0.152 039 281 000 000
194	0.016 063 385 000 000 0	−0.337 215 329 000 000	−0.250 962 275 000 000	−0.061 725 349 000 000 0
195	0.016 063 385 000 000 0	0.559 264 152 000 000	0.121 826 347 000 000	0.296 281 677 000 000
196	0.052 988 308 000 000 0	0.174 942 635 000 000	0.581 517 764 000 000	0.117 603 034 000 000
197	0.085 323 692 000 000 0	−0.344 200 040 000 000	−1.055 422 255 000 00	−0.224 160 479 000 000
198	0.100 135 385 000 000	0.207 754 531 000 000	−0.077 156 687 000 000 0	0.006 984 711 000 000 00
199	0.105 976 615 000 000	0.304 565 868 000 000	1.156 944 212 000 00	0.256 809 940 000 000
200	0.103 264 615 000 000	−0.038 659 561 000 000 0	−0.287 916 267 000 000	−0.012 182 635 000 000 0

附表 2 20 kW 永磁同步风电机组振动与噪声相关性分析实验数据

空载运行工况 （噪声信号单位：dB，振动信号单位：mm/s²）

序号	噪声	1#振动	2#振动	3#振动	4#振动	5#振动	6#振动
1	79.7	3.514	-0.026	2.031	-1.533	-1.661	4.605
2	79.7	-0.905	-0.264	-0.925	0.132	0.053	-0.506
3	79.6	-1.544	-0.211	1.105	-0.476	-2.004	1.822
4	79.4	-4.632	-0.739	-1.028	-0.529	0.923	-1.063
5	80.6	-6.123	-0.634	-0.18	0.423	1.477	-2.429
6	80	-5.058	-0.66	-1.08	-1.506	1.477	0.43
7	79.9	-5.537	-1.505	1.003	-0.846	-1.187	-2.455
8	80.2	-3.514	-0.951	-0.617	-1.374	1.582	-1.999
9	79.6	1.597	-0.106	-0.797	0.581	-0.659	3.593
10	79.2	11.66	-0.423	2.159	2.273	0.185	5.263
11	80.6	10.834	0.053	0.643	1.268	0.686	6.427
12	80.1	4.898	-0.264	-0.257	0.396	1.688	2.581
13	79.4	17.916	-0.106	0.9	6.95	-1.503	17.384
14	79.7	7.826	-0.211	-1.748	2.088	1.767	9.262
15	80.3	0.825	0.581	1.208	3.488	-0.791	4.403
16	81.8	-0.559	1.32	-1.491	2.96	0.949	1.822
17	79.7	-3.248	1.109	0.18	2.511	0.844	2.1
18	80.3	-4.392	0.898	-0.617	0.634	0.58	0.987
19	80.6	-5.91	0	0.283	2.299	-0.026	-1.392
20	79.7	-4.472	0.739	1.697	0	-0.105	-0.202
21	79.4	-1.704	-0.053	0	0.925	2.479	-3.846
22	81.2	8.093	0.158	0.36	1.48	-0.211	1.797
23	80.1	3.833	0.423	-0.051	1.031	-0.158	-1.24
24	81.6	6.602	0.37	0.617	0.053	0.316	5.213

续表

序号	噪声	1#振动	2#振动	3#振动	4#振动	5#振动	6#振动
25	79. 3	2. 289	1. 215	0. 566	0. 581	-0. 053	1. 822
26	80. 3	-2. 05	1. 479	0. 874	0. 899	2. 215	0. 886
27	81	-3. 194	2. 06	0. 925	0. 106	-0. 58	-0. 253
28	79. 8	-6. 815	2. 535	1. 619	-0. 159	0. 264	-1. 822
29	79. 5	0. 825	2. 271	-0. 206	-0. 846	1. 081	-1. 265
30	79. 8	-0. 905	2. 614	-1. 182	1. 876	1. 925	-1. 62
31	80. 7	-3. 807	3. 327	-0. 18	-0. 951	0. 158	0. 607
32	79. 9	-4. 472	2. 852	-0. 103	0. 053	0. 396	-2. 632
33	80. 3	-3. 328	3. 143	1. 003	-2. 114	1. 793	1. 265
34	80. 2	-4. 472	2. 43	2. 031	-1. 11	-0. 949	-1. 923
35	79. 6	-7. 081	2. 614	-1. 44	-1. 876	0. 501	0. 127
36	80. 8	-4. 366	2. 535	2. 468	-1. 004	-0. 58	0
37	80. 3	28. 617	3. 037	-0. 231	4. 123	0. 738	25. 533
38	79. 8	13. 603	0. 634	0. 591	-0. 026	-1. 16	14. 854
39	80. 2	49. 807	10. 246	3. 265	22. 436	2. 057	37. 198
40	80. 2	28. 404	6. 18	4. 858	11. 628	-0. 026	20. 699
41	80. 5	14. 481	4. 542	2. 853	7. 188	1. 16	10. 83
42	80. 3	4. 472	3. 116	1. 542	5. 074	1. 108	3. 163
43	79. 2	17. 09	1. 901	-0. 514	4. 757	2. 716	15. 765
44	80. 3	4. 02	0. 581	-0. 411	1. 163	2. 083	4. 656
45	80. 7	-3. 753	0. 449	0. 103	-0. 476	1. 661	-2. 455
46	80. 5	-1. 704	-0. 739	-0. 54	-2. 854	-0. 105	0. 177
47	80. 1	-9. 264	-1. 4	-0. 463	-3. 33	2. 031	-5. 694
48	79. 8	-10. 089	-0. 37	1. 105	-1. 057	1. 16	-7. 035
49	81. 1	-11. 606	-0. 053	2. 416	-1. 691	1. 872	-7. 591
50	81. 1	-11. 5	0. 079	-0. 925	-1. 004	1. 213	-7. 87
51	80	-7. 347	-0. 317	1. 491	-0. 951	-0. 211	-5. 592
52	80. 1	-9. 104	-0. 449	0. 977	-2. 881	-1. 688	-5. 137
53	79. 8	49. 274	7. 342	1. 491	23. 15	-0. 422	44. 081

续表

序号	噪声	1#振动	2#振动	3#振动	4#振动	5#振动	6#振动
54	80. 1	58. 325	6. 761	1. 979	23. 678	−0. 791	44. 891
55	80. 9	30. 054	2. 799	3. 265	12. 738	−0. 422	21. 813
56	80. 4	14. 375	0. 026	−0. 874	8. 721	2. 532	8. 123
57	79. 8	2. 662	−1. 532	0. 72	1. 374	2. 321	0. 709
58	80. 8	−5. 537	−1. 637	0. 051	0. 846	2. 505	−6. 934
59	80. 3	−10. 701	−2. 007	2. 211	−2. 854	−0. 264	−7. 743
60	79. 3	−14. 082	−2. 482	2. 802	−5. 285	1. 45	−11. 362
61	80	57. 047	−0. 396	0. 566	22. 146	−0. 105	48. 762
62	80. 5	28. 297	−0. 607	2. 776	9. 699	0. 079	24. 849
63	80	9. 264	−2. 377	0. 411	4. 863	1. 239	6. 883
64	79. 8	−4. 179	−2. 879	0. 823	−1. 612	1. 477	−2. 733
65	80. 1	−9. 903	−4. 014	1. 054	−5. 18	0. 58	−9. 945
66	80. 1	−15. 706	−2. 614	2. 879	−7. 928	0. 422	−12. 905
67	80	−19. 806	−2. 43	1. 697	−7. 135	0. 237	−16. 651
68	80. 2	−21. 323	−3. 407	1. 568	−7. 426	0. 949	−14. 955
69	80. 7	−19. 273	−1. 849	0. 9	−6. 66	2. 11	−15. 841
70	79. 5	−1. 091	−2. 799	0. 668	−7. 109	1. 266	−5. 719
71	80. 1	−7. 161	−2. 456	1. 877	−7. 479	0. 844	−7. 617
72	79. 4	54. 465	8. 847	0. 566	22. 991	0. 818	46. 232
73	79. 9	24. 491	3. 327	2. 262	11. 786	2. 215	22. 648
74	78. 3	7. 4	0	1. 799	4. 836	1. 635	6. 023
75	80	−2. 316	−1. 109	1. 722	1. 348	0. 58	−1. 797
76	79. 6	−9. 903	−3. 09	1. 208	−2. 854	−0. 448	−6. 124
77	79. 2	2. 183	−3. 011	0. 103	−3. 62	0. 026	4. 201
78	79. 7	−6. 362	−3. 195	−0. 051	−1. 057	3. 27	−3. 441
79	79. 4	−12. 512	−2. 905	−0. 54	−6. 58	−0. 659	−7. 313
80	80. 1	−8. 119	−4. 859	1. 954	−6. 501	0. 87	−8. 528
81	80. 4	−9. 743	−3. 803	0. 797	−6. 316	1. 398	−8. 148
82	80. 3	−13. 044	−3. 724	1. 851	−8. 536	0	−10. 805

续表

序号	噪声	1#振动	2#振动	3#振动	4#振动	5#振动	6#振动
83	80. 6	52. 016	5. 651	−0. 206	19. 952	2. 69	43. 271
84	80. 5	37. 056	0. 528	2. 082	9. 831	2. 057	27. 962
85	79. 5	15. 28	0	0. 566	5. 232	0. 949	10. 223
86	80. 1	1. 917	−1. 717	−0. 051	1. 163	3. 349	−1. 215
87	79. 2	28. 617	−1. 69	0. 566	7. 452	1. 635	19. 535
88	79. 1	7. 347	−2. 509	−0. 308	1. 321	2. 479	5. 542
89	79. 4	−1. 012	−3. 46	0. 308	−2. 088	−0. 633	−3. 846
90	80. 5	−10. 755	−3. 539	0. 488	−5. 444	0. 818	−10. 173
91	80	−10. 329	−3. 195	0. 257	−6. 105	1. 319	−13. 412
92	79. 3	−15. 733	−3. 433	−0. 026	−7. 109	−0. 211	−13. 968
93	79. 8	−19. 486	−3. 592	−0. 643	−7. 822	2. 004	−16. 398
94	80	−21. 909	−3. 354	1. 594	−7. 664	1. 055	−16. 094
95	79. 7	−21. 243	−2. 641	−2. 828	−5. 735	2. 426	−15. 335
96	79. 8	−12. 618	−2. 033	0. 977	−5. 946	−0. 686	−8. 325
97	80. 8	−17. 569	−2. 905	−0. 797	−5. 127	1. 213	−10. 83
98	80. 3	−15. 12	−2. 033	1. 877	−5. 285	0	−9. 413
99	78. 8	15. 067	−1. 373	3. 162	0. 819	1. 925	15. 917
100	78. 7	2. 502	−2. 113	4. 087	−2. 986	−0. 527	4. 656

变风速条件下空载运行工况　　（噪声信号单位：dB，振动信号单位：mm/s^2）

序号	噪声	1#振动	2#振动	3#振动	4#振动	5#振动	6#振动
1	80. 8	2. 981	−1. 796	19. 433	−1. 163	0. 791	2. 126
2	83. 3	−4. 579	−1. 717	15. 629	−1. 903	−1. 82	−3. 872
3	80. 7	−9. 184	−1. 796	7. 814	−1. 797	0. 316	−5. 643
4	81. 9	−12. 139	−2. 35	8. 226	−2. 669	0. 633	−8. 958
5	81	−13. 204	−2. 641	2. 853	−4. 493	−1. 53	−9. 641
6	81	−12. 139	−1. 796	0. 077	−2. 696	0. 818	−8. 806
7	82. 1	−11. 473	−1. 268	0. 694	−1. 189	−1. 081	−8. 3
8	80. 7	−13. 523	−1. 69	−1. 748	−3. 753	1. 108	−8. 249

续表

序号	噪声	1#振动	2#振动	3#振动	4#振动	5#振动	6#振动
9	82.2	-13.603	-0.634	-4.756	-3.435	2.136	-7.541
10	81.8	-14.907	-0.423	-2.596	-3.647	0.527	-9.034
11	82.5	-13.417	-0.634	-4.139	-1.348	2.189	-8.882
12	81.7	-13.63	1.03	-2.468	-2.907	0.607	-6.807
13	82	-9.051	0.739	-3.83	-2.114	0.026	-4.58
14	82.3	-10.116	0.739	-1.851	-1.163	0.633	-5.112
15	81.8	-8.838	0.528	-1.645	-1.083	-1.398	-3.416
16	82	-9.157	1.294	-2.879	-0.608	2.162	-4.074
17	82.2	4.898	-0.317	-0.951	-0.211	-0.026	5.618
18	81.9	-2.343	0.687	-1.645	2.59	-0.105	0.81
19	82.5	-1.517	1.162	-1.645	0.687	0.501	-0.911
20	81.6	-2.156	0.317	-2.365	-1.638	1.635	4.631
21	82.4	-4.525	0.211	-0.411	-1.031	1.002	0.987
22	82.2	10.249	0.423	7.994	-1.823	1.239	5.592
23	81.5	5.324	0.238	5.038	-2.537	-0.87	3.138
24	82.5	0.878	1.241	3.727	-0.793	2.848	-1.265
25	80.8	-1.411	-0.634	4.37	0.37	1.345	-1.771
26	82	-3.541	1.056	3.265	-0.211	0	-2.986
27	81.6	-4.312	-0.423	2.391	-2.801	-1.635	-4.074
28	81.3	-3.328	0.079	0.488	0.634	-0.264	-3.846
29	82.5	-5.218	0	3.933	1.031	1.16	-3.037
30	82.1	-6.282	0.423	1.825	1.031	1.582	-2.632
31	82	-5.644	1.901	2.673	0.396	1.187	-3.087
32	83.2	-6.655	0.66	3.367	0.423	2.004	-3.441
33	81.1	-5.644	-0.053	1.542	0.899	0.738	1.493
34	83.3	-5.59	0.792	16.477	-0.608	-0.211	-1.923
35	82.1	-3.94	0.634	12.184	0.449	-1.292	-0.709
36	82.3	-3.727	0.924	7.429	-0.317	-1.635	0.38
37	83.9	0	2.192	3.445	1.004	-0.211	1.417

续表

序号	噪声	1#振动	2#振动	3#振动	4#振动	5#振动	6#振动
38	81.7	1.943	1.215	0.617	1.929	2.373	−2.126
39	82.7	6.975	1.822	0.617	1.533	−0.633	5.567
40	81.9	1.917	2.113	−1.234	0.793	1.741	3.34
41	82.5	0.106	1.796	−1.44	1.533	0.396	0.759
42	83	−0.666	2.35	−2.545	2.008	−0.58	2.505
43	80.9	−1.863	2.852	−1.954	−0.396	2.004	−0.228
44	82.9	−3.62	2.06	−4.01	4.017	2.426	−0.405
45	81.7	−2.396	1.901	−1.491	2.96	2.98	−2.328
46	82.4	22.308	1.268	0	4.968	−1.081	21.155
47	82.1	41.528	1.056	0.72	13.345	2.848	35.3
48	81.5	23.852	2.746	1.44	6.95	0.264	23.002
49	82.9	13.576	1.901	0.977	6.448	0.818	14.323
50	81.6	5.803	1.717	0.308	3.885	0.079	7.591
51	82.3	0.453	1.849	−2.982	4.545	1.424	1.518
52	81.8	−1.225	1.664	−0.874	2.246	0.976	0.253
53	82.4	−4.312	1.004	1.851	−0.238	1.266	−3.163
54	83.1	−7.454	−0.845	0.566	−0.872	1.477	−5.567
55	81.4	−7.64	0.053	0.488	−0.026	0.844	−6.098
56	82.7	−7.667	−0.106	−0.334	−2.458	0.501	−5.921
57	82	−6.841	1.585	−0.36	0.423	−0.738	−4.808
58	82.4	−6.389	0.317	1.594	0.344	1.213	−4.251
59	82.7	−6.069	2.086	−2.313	0.846	3.587	−3.948
60	81.4	−6.389	0.634	−3.11	1.216	2.532	−3.593
61	83.2	−4.259	1.373	−1.954	0.502	1.081	−3.543
62	81.5	−3.248	0.317	−1.671	2.722	−0.026	−1.442
63	82.7	−3.674	1.083	0.206	0.634	1.53	−3.29
64	82.7	−2.769	1.347	2.288	2.167	−0.105	−3.214
65	82.2	37.801	−0.026	1.388	10.333	−1.899	36.312
66	82.2	20.87	0.871	1.465	7.796	−2.321	17.992

续表

序号	噪声	1#振动	2#振动	3#振动	4#振动	5#振动	6#振动
67	81.5	11.793	1.796	0.36	4.017	−1.187	13.639
68	82.1	4.392	0.502	−1.671	1.163	1.978	4.049
69	81.2	−0.319	−0.634	2.519	0.793	−2.294	0.152
70	82.2	−3.514	0.713	0.077	0.449	0.105	−3.593
71	83.1	−5.111	1.426	3.187	−1.083	−1.846	−2.05
72	82.3	−5.644	0.37	1.44	0.846	−0.659	−4.783
73	82	−6.229	1.03	0.257	−0.661	−0.158	−4.251
74	82.2	−3.434	1.769	1.234	0.793	0.053	−3.543
75	82.4	−1.411	1.426	2.211	−1.083	0.659	−1.139
76	82.2	−2.13	2.482	−2.056	1.321	1.134	−2.48
77	82.5	−3.035	0.158	2.776	0.529	−2.954	−1.063
78	83	−3.008	2.72	2.468	−0.106	−0.791	−0.278
79	81.9	21.988	−0.396	0.771	8.192	−0.105	17.612
80	82.3	10.648	0.211	0.36	2.563	−1.108	10.274
81	81.7	6.948	2.007	1.234	4.915	0.686	6.048
82	82.4	2.209	1.03	−1.465	2.881	0.079	3.062
83	81.1	−0.319	−0.264	2.853	0.634	0.369	−1.746
84	81.5	−2.076	1.136	1.44	2.643	−1.503	−0.835
85	82.9	−3.887	−0.343	2.416	0.581	−2.004	−0.405
86	81.6	30.4	2.746	0.103	15.618	0.791	23.761
87	82.3	21.403	2.482	1.26	9.936	−0.58	14.601
88	81.3	11.181	2.614	1.26	5.285	−1.16	7.946
89	82.4	3.567	0.423	0.977	2.775	−0.475	1.265
90	81.1	−1.171	−0.106	0.617	1.85	−0.527	−2.05
91	82.8	−5.963	0.634	2.519	−2.008	−1.952	−4.555
92	81.5	4.259	0.264	0.566	−0.317	−2.083	3.998
93	82.9	1.198	−0.528	0.874	−2.881	−0.264	−0.633
94	81.9	−3.274	0.449	0.206	−2.167	0.264	−2.05
95	82.4	−4.951	0.026	1.542	−2.643	−1.582	−2.834

续表

序号	噪声	1#振动	2#振动	3#振动	4#振动	5#振动	6#振动
96	82.9	-4.632	0.634	2.648	-1.85	-0.527	-5.82
97	81.8	-7.187	0.37	2.056	-2.643	-3.191	-3.846
98	82.2	-9.69	-1.452	0.848	-2.801	1.582	-7.085
99	81.9	-9.637	0.026	-0.257	-0.74	-0.158	-5.263
100	81.8	-9.264	0.132	0.36	-2.114	-0.237	-4.251

带 6 kW 负载运行工况　（噪声信号单位:dB,振动信号单位:mm/s^2）

序号	噪声	1#振动	2#振动	3#振动	4#振动	5#振动	6#振动
1	81.7	1.251	-0.66	0.9	-2.696	2.716	0.81
2	81.5	12.325	-0.185	0.051	0.396	1.793	7.465
3	81.3	8.066	-1.294	2.005	-2.273	0.949	3.188
4	81.2	26.354	-0.528	0.077	2.008	0.686	20.952
5	81.1	10.409	-0.845	0.411	-0.449	0.105	8.123
6	81.9	1.171	-0.528	1.414	-1.718	-0.026	3.188
7	82.1	-4.02	-0.423	0.206	-0.978	-1.635	-3.037
8	81.9	-8.146	-0.898	1.542	-4.228	-0.686	-4.859
9	81.7	-9.317	-1.083	-0.463	-1.321	1.952	-7.288
10	81.5	-7.187	-0.528	1.182	-3.726	-0.87	-4.454
11	81.1	12.139	-1.083	0.874	2.22	2.083	0.81
12	81.3	8.306	-1.717	-0.925	-0.661	1.002	4.352
13	82.6	41.421	1.426	0	17.759	0.29	29.126
14	81.4	23.053	1.056	0.488	10.571	2.584	16.372
15	81.3	7.347	1.452	-0.411	5.285	0.844	5.289
16	82	-2.529	0.29	1.054	1.427	0.58	-1.265
17	81.1	-7.347	-0.581	-0.257	-2.22	1.582	-6.225
18	80.7	-10.382	0.29	-0.051	-2.326	-0.765	-8.199
19	82.1	-12.884	-0.739	1.799	-3.488	0.211	-10.426
20	82.3	-15.333	-0.475	0.154	-5.444	-1.925	-9.768
21	82.3	-13.576	-0.132	1.105	-3.858	-0.527	-9.919

续表

序号	噪声	1#振动	2#振动	3#振动	4#振动	5#振动	6#振动
22	81.8	-14.881	0.634	0.694	-4.783	-2.189	-7.009
23	81.8	-6.921	-0.475	-0.668	-3.99	-0.053	-8.426
24	81.5	-9.397	-0.739	1.619	-7.294	-0.105	-6.377
25	82	15.387	1.294	-0.72	1.691	1.793	3.796
26	82.5	21.083	0.423	-0.18	2.643	-2.215	11.944
27	82	8.625	1.347	-1.568	-1.295	1.872	1.62
28	81.6	19.06	-0.396	0.668	2.008	-0.264	7.541
29	81.5	19.566	0.449	1.028	1.797	-1.371	7.946
30	81.6	25.609	0.396	3.033	3.277	-2.373	15.284
31	81.6	7.028	0.211	-0.411	-1.903	-1.108	3.694
32	82.1	-3.62	-0.423	1.902	-2.431	-1.213	-2.556
33	81.6	-4.472	-0.66	-0.103	-4.255	-0.475	-5.643
34	81.8	-8.572	-0.766	0.514	-5.972	-2.875	-6.706
35	81.9	-3.913	-0.423	0.9	-7.03	-0.738	-1.518
36	81.9	-10.755	-0.317	-0.874	-4.228	0.026	-6.098
37	81.4	-14.881	0.502	0.514	-5.365	0.053	-5.39
38	81.5	-9.051	-0.158	1.08	-5.682	-0.369	-7.389
39	82	-1.784	-0.343	-0.051	-4.889	-1.53	-1.62
40	82.2	-8.226	-0.687	0.103	-3.065	-2.584	-6.832
41	82.1	-11.314	-0.396	-1.26	-2.722	2.532	-8.629
42	82	-14.242	-0.607	-2.622	-3.356	-2.453	-7.136
43	80.9	-14.721	-0.475	0.308	-3.065	0.053	-8.907
44	81.1	-10.249	0.423	1.748	-2.986	-1.82	-5.668
45	81.6	-10.914	-0.739	2.442	-2.114	-2.347	-7.718
46	82	-12.272	-0.528	-0.206	-0.872	0.105	-6.605
47	81.4	3.381	-0.211	2.442	-0.344	-1.925	6.453
48	81.7	-0.16	0.37	-0.463	1.48	-0.369	1.468
49	81.9	-4.499	1.162	0.9	-0.74	-0.949	-2.48
50	81.8	-5.084	0.211	-1.131	-0.634	-0.369	-1.62

续表

序号	噪声	1#振动	2#振动	3#振动	4#振动	5#振动	6#振动
51	82. 3	-6. 735	0. 819	-0. 848	0. 449	0. 316	-4. 631
52	82. 3	-4. 312	1. 056	0	2. 22	0	-1. 24
53	82. 7	-5. 803	0. 634	-0. 54	1. 083	0. 738	-2. 581
54	81. 2	-7. 294	1. 69	-1. 003	0. 476	-0. 897	-3. 264
55	81. 9	-4. 179	0. 528	0. 026	1. 586	-1. 661	-0. 481
56	80. 2	0. 586	1. 452	-0. 026	1. 11	-1. 055	-0. 177
57	81. 8	-2. 316	0. 871	1. 517	2. 854	-4. 852	-1. 999
58	81. 3	-5. 058	0. 528	1. 337	-1. 744	-1. 187	-1. 544
59	81. 5	15. 733	-0. 634	1. 877	-0. 502	-2. 373	8. 123
60	81. 9	7. 959	0. 502	-1. 208	0. 634	0. 185	4. 833
61	82. 6	2. 289	0. 37	2. 108	1. 85	-1. 239	0. 936
62	82. 4	-2. 449	-0. 026	-2. 699	1. 348	1. 002	-1. 012
63	80. 9	-4. 446	0. 317	-0. 103	2. 352	0. 58	-3. 796
64	81. 3	-5. 83	1. 585	-1. 748	2. 273	0. 501	-2. 682
65	81. 7	-1. 464	0. 317	0. 206	1. 401	-1. 477	-2. 227
66	81. 6	3. 381	0. 106	0. 051	-0. 951	-2. 637	-0. 051
67	81. 5	-1. 544	-0. 053	0. 411	0. 793	-1. 635	-2. 277
68	81. 7	-3. 407	-0. 264	0. 977	-0. 106	-1. 108	-1. 063
69	81. 9	-4. 792	0. 079	-1. 465	0. 211	0. 079	1. 341
70	81. 3	-6. 442	-0. 871	-1. 337	-0. 132	-0. 105	-3. 492
71	81. 3	-6. 495	0. 185	0	0. 899	-0. 87	-0. 253
72	81. 5	-2. 183	-0. 158	0. 026	-0. 211	-1. 108	0. 354
73	82. 2	-3. 887	-0. 528	0. 411	-0. 529	-3. 507	-0. 911
74	81. 5	12. 006	-0. 871	-0. 36	1. 163	-1. 53	8. 604
75	81. 8	4. 419	-0. 687	-1. 465	2. 008	-3. 059	5. 668
76	81. 2	1. 704	-0. 106	-0. 103	2. 484	-0. 791	2. 202
77	81. 3	12. 245	-0. 475	-1. 388	3. 013	1. 635	13. 26
78	82	27. 685	-0. 634	-0. 874	8. 245	0. 844	17. 966
79	81. 4	13. 417	-0. 026	-2. 416	6. 316	0. 396	10. 83

续表

序号	噪声	1#振动	2#振动	3#振动	4#振动	5#振动	6#振动
80	81	6.469	-0.158	0.283	4.07	-1.187	2.581
81	81.5	0.213	0.158	-1.44	4.202	-1.055	-1.822
82	82.2	-2.769	0.158	1.44	4.017	1.582	-3.239
83	80.9	-5.058	1.215	-1.671	2.141	-0.501	-2.48
84	81.7	18.208	0.924	-0.643	10.016	0.949	8.401
85	81.7	11.686	0.37	0.051	5.048	-1.108	6.579
86	82	6.229	1.901	-0.334	4.704	-0.475	2.379
87	82	18.102	0.898	1.131	6.527	-0.105	14.677
88	81.8	8.412	1.109	1.028	3.7	2.426	3.517
89	81.7	6.921	1.162	-0.154	3.805	0.237	3.138
90	81	0.799	0.634	-1.491	3.964	0.633	-4.302
91	81.2	-4.046	0.871	-1.26	1.374	-0.554	-3.467
92	81.8	0.639	0.423	0.026	0.529	-1.239	-4.277
93	81.3	4.1	1.769	0.54	0.026	-1.187	-2.657
94	81.5	-0.266	1.32	1.517	-0.899	-1.952	-5.061
95	81.9	-4.579	2.007	-0.283	0.581	-1.108	-4.707
96	82.6	18.475	2.852	0.129	10.597	-2.083	6.427
97	82.4	7.667	1.954	-0.051	5.602	-1.371	4.226
98	80.9	2.502	2.509	-0.668	5.021	-0.211	2.53
99	81.3	-1.384	1.637	0.823	0.74	-1.292	-0.228
100	81.7	-5.777	2.72	0.668	3.33	-1.688	-2.606

变风速条件下带 6 kW 负载运行工况　　（噪声信号单位:dB,振动信号单位:mm/s^2）

序号	噪声	1#振动	2#振动	3#振动	4#振动	5#振动	6#振动
1	83.5	-18.235	-2.113	1.285	-4.889	-1.371	-9.97
2	83.7	-17.516	-2.535	2.853	-3.885	-0.475	-7.136
3	83.8	-16.425	-1.479	1.799	-0.423	-2.875	-7.187
4	84.4	-15.12	-1.32	0.977	-1.612	0.501	-7.617
5	84.3	-13.656	-1.294	-0.437	0.079	0.686	-5.592

续表

序号	噪声	1#振动	2#振动	3#振动	4#振动	5#振动	6#振动
6	84.5	-13.284	-1.162	1.028	-2.088	-1.398	-6.124
7	83.2	-12.458	-1.056	5.141	-3.118	-1.609	-5.213
8	83.6	-10.755	-1.109	1.954	0.37	0.422	-2.682
9	83.8	-9.291	-1.4	1.44	0.581	-1.82	-3.087
10	83.7	-7.214	-1.479	-0.051	1.057	-1.319	-3.391
11	83.9	-6.549	-2.324	0.797	-0.211	-0.475	-2.455
12	84.2	-6.655	-1.162	-0.36	0.238	-0.87	-1.873
13	83.5	-5.271	0.396	0.154	0.291	-1.213	1.923
14	83.5	-2.263	0.977	3.599	2.59	-0.105	3.34
15	83.9	-2.742	0.29	1.311	1.083	-1.714	-1.569
16	84.6	-2.769	1.664	1.131	1.665	-2.321	1.063
17	85.5	-3.62	0.185	1.388	0.634	-2.031	1.62
18	84.6	-2.822	1.215	-2.005	2.563	1.477	-1.215
19	86.2	-1.278	2.086	-0.848	2.537	0.87	2.1
20	85.3	-2.13	-0.026	0.154	0.793	1.029	0.354
21	85.2	-1.73	-0.423	2.853	2.854	-2.901	-1.012
22	84.4	-1.65	0.132	-2.056	2.008	0.026	0.607
23	84.5	-1.624	0.37	-1.26	3.594	-0.686	3.214
24	84.5	-0.878	1.347	-1.157	1.771	-3.27	4.732
25	83.6	-0.905	0.845	-0.617	2.748	3.85	1.999
26	83.6	-1.171	0.423	0.077	1.453	0.132	-0.936
27	84.2	0.24	0.66	-0.668	2.748	-1.055	2.935
28	84.7	1.677	2.192	0.668	1.771	-0.369	3.34
29	85.4	0.532	2.086	-1.08	2.352	0.369	4.201
30	84.6	2.289	0.317	0.154	2.748	1.16	2.581
31	84	3.487	1.162	-0.206	4.678	-0.791	3.492
32	84	9.131	0.053	0	3.7	0.738	2.986
33	85.4	7.028	1.241	1.234	1.876	-1.081	2.859
34	85.7	4.738	0.264	-1.671	2.907	-1.029	2.024

续表

序号	噪声	1#振动	2#振动	3#振动	4#振动	5#振动	6#振动
35	84.7	4.951	1.875	1.003	3.039	-2.637	3.264
36	83.5	8.412	1.03	0.206	2.537	-3.323	3.391
37	83.9	10.515	0.423	-1.054	3.964	-0.105	3.998
38	84	7.56	2.086	2.879	1.797	-5.09	5.263
39	84.5	6.788	0.951	-1.08	4.149	0.211	4.049
40	84.2	5.484	2.43	0.051	4.334	-2.927	3.821
41	84	4.845	0.792	-1.568	3.832	0.079	3.872
42	84.2	4.419	1.479	-0.437	3.568	0.316	4.15
43	84.4	5.324	1.479	1.337	3.515	-4.378	4.251
44	84.4	4.898	0.211	-1.645	3.303	-1.081	4.454
45	84.3	7.321	2.192	-1.054	4.466	1.292	5.694
46	85	6.602	0.845	-0.411	6.871	-2.822	3.138
47	84.8	5.75	-0.211	2.211	4.149	-2.901	3.745
48	85	3.62	1.743	1.234	3.198	-1.345	4.277
49	84	4.446	1.004	-1.465	4.175	0.369	3.315
50	84.1	8.199	0.396	-1.491	5.682	-0.738	5.668
51	84.8	5.058	2.06	1.954	3.62	-3.402	5.39
52	85.3	5.271	0.634	-0.72	2.352	-2.347	5.263
53	84.8	6.176	-0.423	1.594	6.342	-3.718	3.998
54	84.5	4.738	1.162	-0.103	3.409	-1.793	6.377
55	84.6	16.212	1.268	0.771	4.889	-3.85	7.111
56	84.5	22.84	-0.026	-1.799	7.082	1.345	8.098
57	83.5	15.413	1.426	0.668	3.435	-2.532	9.616
58	84.7	20.684	1.637	0.051	5.708	-2.083	12.501
59	85.7	14.428	0.819	1.645	5.391	-3.956	8.806
60	83.9	8.359	0.211	-0.566	5.127	-1.477	3.796
61	83.7	5.697	0.924	1.619	4.308	-0.369	0.202
62	84.5	4.02	0.634	0.36	2.96	-2.664	3.593
63	84.4	2.076	2.509	-1.388	4.545	-0.923	4.808

续表

序号	噪声	1#振动	2#振动	3#振动	4#振动	5#振动	6#振动
64	84	2.343	0.898	−1.902	4.123	−1.925	1.518
65	84	1.677	0.264	1.234	4.44	−1.292	0.506
66	83.8	2.13	1.32	−2.005	5.497	2.268	−0.405
67	84.4	1.251	0.845	−0.437	5.708	−2.294	3.72
68	84.5	2.156	−0.053	−1.44	3.594	1.424	4.859
69	84.9	1.837	1.32	−3.187	6.765	0.185	3.543
70	83.8	2.769	1.849	−2.082	6.105	−0.105	2.328
71	83.3	4.925	1.954	−1.234	5.893	0.264	5.441
72	84.3	8.652	0.396	−0.463	5.312	−0.079	6.149
73	83.5	7.108	0.29	−0.771	3.277	−2.4	7.693
74	83.7	5.431	−0.687	−3.085	2.722	2.083	1.695
75	84.1	5.084	0.396	0	4.651	−1.292	3.138
76	84.4	4.659	0.317	−1.902	4.123	0.501	6.453
77	83.5	3.194	0.132	0.36	3.832	−0.211	6.984
78	85.1	3.594	0.211	1.825	2.986	−2.162	4.302
79	84.7	4.02	−0.792	−2.596	5.048	−0.448	3.315
80	84	5.005	−0.106	0.437	6.792	−0.58	0.455
81	84.2	13.363	0	−0.411	6.739	−1.82	7.389
82	84.1	9.53	0.687	−2.982	5.338	−0.422	4.808
83	83.9	7.56	1.452	0.257	3.065	−1.371	4.681
84	83.9	5.271	1.162	1.799	5.814	−3.191	5.618
85	84.3	3.354	1.004	0.18	4.149	−1.714	3.391
86	83.9	3.727	2.086	−1.748	5.021	−0.264	3.037
87	83.2	2.556	1.268	−2.108	3.488	−0.949	4.859
88	84.3	3.833	−0.343	1.028	5.1	−2.637	3.796
89	85	3.86	0.792	−0.668	3.198	−0.976	2.202
90	85.5	3.141	−0.238	−2.673	8.166	5.169	−1.442
91	84.7	2.795	0.423	−2.905	5.946	1.002	0.405
92	84.7	3.594	0.106	0	5.232	1.846	−0.253

续表

序号	噪声	1#振动	2#振动	3#振动	4#振动	5#振动	6#振动
93	84	3.248	-0.687	0.566	3.488	-0.58	-0.329
94	84.2	2.396	-0.238	1.208	4.149	-2.558	2.834
95	84.7	3.567	-1.241	-2.056	5.47	4.668	-1.822
96	83.6	4.951	0.739	-1.851	4.334	1.266	3.948
97	83.8	3.727	1.162	0.925	6.924	-2.11	1.442
98	83.5	1.757	1.373	-1.414	4.202	4.035	1.544
99	84.5	2.529	0.211	0.591	5.312	-2.743	1.493
100	84.4	16.079	-0.423	-1.902	6.845	0.712	5.744

参考文献

[1] 姚兴佳. 风力发电测试技术[M]. 北京:电子工业出版社,2011.

[2] 叶杭冶. 风力发电机组的控制技术[M]. 北京:机械工业出版社,2002.

[3] 杨锡运,郭鹏,岳俊红. 风力发电机组故障诊断技术[M]. 北京:水利水电出版社,2015.

[4] 杨国安. 机械设备故障诊断实用技术[M]. 北京:中国石化出版社,2007.

[5] 朱瑞,丁国宝,于洁. 机械设备故障诊断技术的现状与发展[C]//发挥科技支撑作用深入推进创新发展——吉林省第八届科学技术学术年会论文集,2014:313-315.

[6] 北极星电力网新闻中心. 2017 全年风电事故汇总. http://news. bix. com. cn

[7] 中国储能网新闻中心. 风电机组重大事故分析. http://www. escn. com. cn

[8] 宋晓美. 滚动轴承在线监测故障诊断系统的研究与开发[D]. 北京:华北电力大学,2012.

[9] Rauber T. W., Francisco D. A. B., Varejao F. M.. Heterogeneous Feature Models and Feature Selection Applied to Bearing Fault Diagnosis[J]. IEEE Transactions on Industrial Electronics, 2015, 62(1): 637-646.

[10] Ali J. B., Fnaiech N., Saidi L., et al. Application of empirical mode decomposition and artificial neural network for automatic bearing fault diagnosis based on vibration signals[J]. Applied Acoustics, 2015, 89(3): 16-27.

[11] Ziani R., Felkaoui A., Zegadi R.. Bearing fault diagnosis using multiclass support vector machines with binary particle swarm optimization and regularized Fisher's criterion[J]. Journal of Intelligent Manufacturing, 2017, 28(2): 405-417.

[12] B Yang., R Liu., X Chen.. Fault Diagnosis for Wind Turbine Generator Bearing via Sparse Representation and Shift-invariant K-SVD[J]. IEEE Transactions on Industrial Informatics, 2017, 13(3): 1321-1331.

[13] 温江涛,闫常弘,孙洁娣,等. 基于压缩采集与深度学习的轴承故障诊断方法[J]. 仪器仪表学报,2018,39(1):171-179.

[14] 李华,刘韬,伍星,等. 基于 SVD 和熵优化频带熵的滚动轴承故障诊断研究[J]. 振动工程学报,2018,31(2):358-364.
[15] 钱林,康敏,傅秀清,等. 基于 VMD 的自适应形态学在轴承故障诊断中的应用[J]. 振动与冲击,2017,36(3):227-233.
[16] 张淑清,胡永涛,姜安琦,等. 基于双树复小波和自适应权重和时间因子的粒子群优化支持向量机的轴承故障诊断[J]. 中国机械工程,2017,28(3):327-333.
[17] 孟宗,胡猛,谷伟明,等. 基于 LMD 多尺度熵和概率神经网络的滚动轴承故障诊断方法[J]. 中国机械工程,2016,27(4):433-437.
[18] 沈阳阳. 基于振动信号分析的风力发电机轴承故障诊断[D]. 乌鲁木齐:新疆大学,2015.
[19] 涂文兵. 滚动轴承打滑动力学模型及振动噪声特征研究田[D]. 重庆:重庆大学,2012.
[20] 李浪. 基于振动信号的风电机组轴承故障诊断研究[D]. 保定:华北电力大学,2017.
[21] 韩清凯,于晓光. 基于振动分析的现代机械故障诊断原理及应用[M]. 北京:科学出版社,2010.
[22] 李浩,董辛旻,陈宏,等. 基于小波变换的齿轮箱振动信号降噪处理[J]. 机械设计与制造,2013(3):81-83.
[23] 温廷新,王俊俊. 滚动轴承故障诊断优化仿真研究[J]. 计算机仿真,2012,29(6):202-205.
[24] 管亮,冯新泸. 基于小波变换的信号消噪效果影响因素研究及其 Matlab 实践[J]. 自动化与仪器仪表,2004(6):43-46.
[25] 周扬. 基于振动信号分析的转子故障诊断方法研究[D]. 南京:南京航空航天大学,2014.
[26] 杨学存. 基于小波频谱分析的滚动轴承故障诊断研究[J]. 煤矿机械,2013,34(1):289-291.
[27] 孟宗,李姗姗. 基于小波半软阈值和 EMD 的旋转机械故障诊断[J]. 中国机械工程,2013,24(10):1279-1283.
[28] H. Q Zhang., H. Z Kang., L. H Yi., et al. Application of improved wavelet thresholding function in image denoising processing[J]. Sensors and Transducers, 2014, 175(7):124-131.
[29] 张弦,王宏力. 进化小波消噪方法及其在滚动轴承故障诊断中的应用[J]. 机械工程学报,2010,46(15):76-81.
[30] 钱勇,黄成军,陈陈,等. 多小波消噪算法在局部放电检测中的应用[J]. 中国电机

工程学报,2007(6):89-95.
[31] 宗永涛,沈艳霞,纪志成. 基于改进的形态学滤波和EEMD方法的滚动轴承故障诊断[J]. 江南大学学报(自然科学版),2015,14(5):532-537.
[32] 刘志川,唐力伟,曹立军,等. 基于MED-SVM的齿轮箱故障诊断方法[J]. 机械传动,2014,38(12):124-127.
[33] Y Gan., L. F Sui. De-noising method for gyro signal based on EMD[J]. Cehui Xuebao/Acta Geodaetica et Cartographica Sinica,2011,40(6):745-750.
[34] 席旭刚,武昊,罗志增. 基于EMD自相关的表面肌电信号消噪方法[J]. 仪器仪表学报,2014,35(11):2494-2500.
[35] 谭帅. 关于海洋电磁信号消噪的EMD算法研究[D]. 成都:成都理工大学,2014.
[36] Wei W, Hua P. Application of EMD denoising approach in noisy Blind Source Separation[J]. Journal of Communications,2014,9(6):506-514.
[37] 王婷. EMD算法研究及其在信号去噪中的应用[D]. 哈尔滨:哈尔滨工程大学,2010.
[38] 刘劲,马杰,田金文. 基于EMD的脉冲星信号消噪算法[J]. 计算机工程与应用,2008(20):212-214.
[39] 骆辉,李旋,孙磊,等. 基于小波消噪的EMD模型在GPS振动信号处理中的应用[J]. 工程勘察,2011,39(3):72-76.
[40] 史丽丽. 基于稀疏分解的信号去噪方法研究[D]. 哈尔滨:哈尔滨工业大学,2013.
[41] 张晗,杜朝辉,方作为,等. 基于稀疏分解理论的航空发动机轴承故障诊断[J]. 机械工程学报,2015,51(1):97-105.
[42] 陈怀新,李恒建,张家树. 一种快速稀疏分解图像去噪新方法[J]. 光子学报,2009,38(11): 3009-3015.
[43] 李立超. 基于稀疏分解算法的地震信号去噪研究[D]. 大庆:东北石油大学,2014.
[44] 李杨. 稀疏分解在信号去噪方面的应用研究[D]. 长春:吉林大学,2012.
[45] Xie Z. B., Feng J. C. Denoising via truncated sparse decomposition[J]. Chinese Physics B,2011,20(5):163-166.
[46] 陈果. 滚动轴承早期故障的特征提取与智能诊断[J]. 航空学报,2009,30(2):362-367.
[47] 申大勇. 应用峰值能量技术判断滚动轴承故障[[J]. 中国设备工程,2006(1):47-49.
[48] 李力,唐其. 滚动轴承故障程度诊断方法研究[J]. 轴承,2009(4):42-46.
[49] 陈向东,赵登峰,王国强,等. 基于神经网络的滚动轴承故障监测[J]. 轴承,2003(2):23-26.

[50] 万书亭,吴美玲. 基于时域参数趋势分析的滚动轴承故障诊断[J]. 机械工程与自动化,2010(3):108-110,113.

[51] 郝如江,卢文秀,褚福裔. 声发射检测技术用于滚动轴承故障诊断的研究综述[J]. 振动与冲击,2008,119(3):75-79,181.

[52] 秦海勤,徐可君,隋育松,等. 基于系统信息融合的滚动轴承故障模式识别[J]. 振动、测试与诊断,2011,31(3):372-376,400.

[53] 郭宝良,段志善,郑建校等. 振动机械滚动轴承单点点烛故障诊断研究[J]. 振动工程学报,2012,25(5):610-618.

[54] 朱利民,钟秉林,贾民平,等. 振动信号短时分析方法及在机械故障诊断中的应用[J]. 振动工程学报,2000,13(3):80-85.

[55] 郝腾飞,陈果. 基于贝叶斯最优核判别分析的机械故障诊断[J]. 振动与冲击,2012,31(13):26-30.

[56] 马家狗,梁文梅. 滚动轴承振动统计特性分析[J]. 轴承,1994(1):33-37,48.

[57] 胡晓依,何庆复,王华胜,等. 基于 STFT 的振动信号解调方法及其在轴承故障检测中的应用[J]. 振动与冲击,2008,118(2):82-86.

[58] 张丹,吴瑛. STFT 在跳频信号分析中的应用[J]. 现代电子技术,2005(10):60-61.

[59] 胡晓依,何庆复,王华胜,等. 基于 STFT 的振动信号解调方法及其在轴承故障检测中的应用[J]. 振动与冲击,2008,118(2):86,178.

[60] 刘小峰,柏林,秦树人. 基于瞬时转速的变窗 STFT 变换[J]. 振动与冲击,2010,29(4):27-29,58,228-229.

[61] SHI L. S., ZHANG Y. Z., Mi W. P. Application of Wigner-Ville-distribution-based spectral kurtosis algorithm to fault diagnosis of rolling bearing[J]. Journal of Vibration, Measurement and Diagnosis,2011,31(1):27-31.

[62] WANG T. Y., LIANG M., Li J. Y., Cheng W. D. Rolling element bearing fault diagnosis via fault characteristic order (FCO) analysis[J]. Mechanical Systems and Signal Processing,2014,45(1):139-153.

[63] CHEN Z. H., MIN Y. S., Li Y., Xia H., Etc. Application study on improved wavelet analysis algorithm for pump rotor fault diagnosis[J]. Nuclear Power Engineering,2014,35(6):139-143.

[64] 李志农,朱明,褚福磊,等. 基于经验小波变换的机械故障诊断方法研究[J]. 仪器仪表学报,2014(11):2423-2432.

[65] 廖星智. 基于振动特征提取的滚动轴承故障诊断方法研究[D]. 昆明:昆明理工大学,2014.

[66] 冯辅周,司爱威,饶国强,等. 基于小波相关排列熵的轴承早期故障诊断技术[J]. 机械工程学报,2012,48(13):73-79.
[67] 王晓冬,何正嘉,訾艳阳. 多小波自适应构造方法及滚动轴承复合故障诊断研究[J]. 振动工程学报,2010,23(4):438-444.
[68] 李辉,郑海起,唐力伟. 基于EMD和功率谱的齿轮故障诊断研究[J]. 振动与冲击,2006(1):133-135,145,173.
[69] GAO L. X., WU L. J., Zhang J. Y. An application in gear incipient failure diagnosis based on EMD demodulation method[J]. Journal of Beijing University of Technology,2009,35(7):876-881.
[70] 张燕. 风电机组齿轮箱故障特征提取技术的研究[D]. 北京:华北电力大学,2014.
[71] 李朋勇. 基于全矢高阶谱的故障诊断方法及其应用研究[D]. 郑州:郑州大学,2010.
[72] 韩悦. 基于EMD和混沌分析的转子振动故障特征提取与诊断[D]. 北京:华北电力大学,2014.
[73] 杨文瑛. 基于经验模态分解的转子故障信号熵特征提取研究[D]. 兰州:兰州理工大学,2012.
[74] 胡军辉. 基于谱熵的故障特征提取与数据挖掘技术研究[D]. 西安:西北工业大学,2007.
[75] 李莉,朱永利,宋亚奇. 多尺度熵在变压器振动信号特征提取中的应用[J]. 振动、测试与诊断,2015,35(4):757-762,802-803.
[76] 赵荣珍,杨文瑛,马再超. 信息熵与经验模态分解集成的转子故障信号量化特征提取[J]. 兰州理工大学学报,2013,39(1):19-24.
[77] 苏文胜,王奉涛,朱泓,等. 基于小波包样本熵的滚动轴承故障特征提取[J]. 振动、测试与诊断,2011,31(2):162-166,263.
[78] 宋枫溪,高秀梅,刘树海,等. 统计模式识别中的维数削减与低损降维[J]. 计算机学报,2005(11):159-166.
[79] 熊承义,李玉海. 统计模式识别及其发展现状综述[J]. 科技进步与对策,2003,20(9):173-175.
[80] 童佳斐. 心电图常见疾病的统计模式识别分类方法的应用研究[D]. 上海:华东师范大学,2010.
[81] 罗建容. 多类统计模式识别模型及应用研究[D]. 重庆:重庆大学,2009.
[82] 张雪峰. 设计贝叶斯分类器文本分类系统[J]. 电脑知识与技术,2005(20):57-59.
[83] 张旭. 采用贝叶斯方法对矿样分类的研究和实现[J]. 科技信息(科学教研),2007

(16):347,351.
[84] 蒋良孝.朴素贝叶斯分类器及其改进算法研究[D].武汉:中国地质大学,2009.
[85] 肖少军.Bayes两类线性判别函数判别效果影响因素分析——基于Monte Carlo法的模拟研究[D].重庆:重庆医科大学,2014.
[86] 黄尚锋,吕秀江,杜贵明.一种基于线性判别函数的降维模式识别方法[J].长春工业大学学报(自然科学版),2010,31(2):167-170.
[87] 刘蓉,王月兰,朱小蓬,等.Fisher线性判别函数在基于COGs分类的基因组间距离研究中的应用[J].生物化学与生物物理进展,2002,29(5):760-765.
[88] 石欣,印爱民,张琦.基于K最近邻分类的无线传感器网络定位算法[J].仪器仪表学报,2014,35(10):2238-2247.
[89] 钟智,朱曼龙,张晨,等.最近邻分类方法的研究[J].计算机科学与探索,2011(5):467-473.
[90] 陈黎飞,郭躬德.最近邻分类的多代表点学习算法[J].模式识别与人工智能,2011,24(6):882-888.
[91] 张晓贺.决策树分类器的实现及在遥感影像分类中的应用[D].兰州:兰州交通大学,2013.
[92] 张宁.基于决策树分类器的迁移学习研究[D].西安:西安电子科技大学,2014.
[93] 李俊磊,滕少华,张巍.基于决策树组合分类器的气温预测[J].广东工业大学学报,2014(4):54-59.
[94] 王伟.基于最小距离的多中心向量的增量分类算法研究[D].南京:南京财经大学,2015.
[95] 冯登超,陈刚,肖楷乐等.基于最小距离法的遥感图像分类[J].北华航天工业学院学报,2012,22(3):1-2,5.
[96] 容宝华.基于最小距离的音频分类方法的研究[J].电声技术,2012,36(11):46-51,65.
[97] 吴海飞,吴小花,刘宣等.基于最小距离原则的网络流分类[J].长春工业大学学报(自然科学版),2011,32(4):409-412.
[98] 张焱,汤宝平,邓蕾.基于谱聚类初始化非负矩阵分解的机械故障诊断[J].仪器仪表学报,2013(12):2806-2811.
[99] 张孝远,张新萍,苏保平.基于最小最大核K均值聚类算法的水电机组振动故障诊断[J].电力系统保护与控制,2015,43(5):27-34.
[100] 李丽敏.统计聚类和粒子滤波在故障诊断中的应用研究[D].西安:西北工业大学,2014.
[101] 李艳,张自立,吕建红.一种基于CMAC神经网络的板形模式识别新方法[J].河

北工业科技,2014,31(3):209-214.

[102] 刘经纬,王普,杨蕾. 基于自适应小波神经网络的复杂系统模式识别方法[J]. 北京工业大学学报,2014,40(6):843-850.

[103] 安佰京. 步态特征分析及神经网络识别步态模式的研究[D]. 济南:山东师范大学,2014.

[104] 赵元喜,胥永刚,高立新,等. 基于谐波小波包和 BP 神经网络的滚动轴承声发射故障模式识别技术[J]. 振动与冲击,2010,29(10):162-165,257.

[105] 高泽涵,黄岚. 基于模糊模式识别的模拟电路故障诊断方法[J]. 电子设计工程,2013,21(20):79-82.

[106] 李晖,梁树甜. 模糊模式识别在旋转机械故障诊断中的应用[J]. 船电技术,2011,31(9):78-80.

[107] 刘曼兰,崔淑梅,郭斌. 基于模糊 C 均值支持向量机的直流电机故障模式识别[J]. 微电机,2011,44(10):78-80.

[108] 张群岩,符娆,陈钊. 飞行试验中转子故障模式的模糊识别方法[J]. 工程与试验,2011,51(4):9-11,83.

[109] XIA T., WANG J. The application of fuzzy pattern recognition on electromotor malfunction diagnosis[J]. Lecture Notes in Electrical Engineering, 2015,334:113-119.

[110] CHANG P. C., WU J. L. A critical feature extraction by kernel PCA in stock trading model[J]. Soft Computing, 2015,19(5):1393-1408.

[111] 梁胜杰,张志华,崔立林. 主成分分析法与核主成分分析法在机械噪声数据降维中的应用比较[J]. 中国机械工程,2011,22(1):80-83.

[112] 毕淑娟,韩玉杰,兰虎等. 核主成分分析法的 MIG 焊电弧声信号特征选择[J]. 哈尔滨理工大学学报,2011,16(5):30-33.

[113] 曹茜,谭琨,杜培军. 用简化核主成分分析法实现高光谱遥感影像降维[J]. 金属矿山,2012(4):114-117.

[114] ZHANG J. J., LIANG L. J. New Pattern Recognition Method Based on Wavelet De-Noising and Kernel Principal Component Analysis[J]. Applied Mechanics & Materials, 2012:74-78.

[115] CHUI C. K., Wang J. Z. Computational and algorithmic aspects of cardinal spline wavelets[J]. Approximation Therony and lts Applications, 1993(1):53-75.

[116] 赵旭,阎威武,邵惠鹤. 基于核 Fisher 判别分析方法的非线性统计过程监控与故障诊断[J]. 化工学报,2007,58(4):951-956.

[117] 张曦,赵旭,刘振亚,等. 基于核 Fisher 子空间特征提取的汽轮发电机组过程监控与故障诊断[J]. 中国电机工程学报,2007,27(20):1-6.

[118] 王鹏,王志章,纪友亮,等. 核 Fisher 判别分析在火山岩岩性识别中的应用[J]. 测井技术,2015,39(3):390-394.

[119] HN J. H., XIE S. S, Luo G. Q., Etc. Feature extraction method based on kernel-based fisher discriminant analysis[J]. Journal of Vibration, Measurement and Diagnosis,2008,28(4):322-326.

[120] 罗玮,肖健华. 基于核的投影寻踪方法及其在模式分类中的应用[J]. 五邑大学学报(自然科学版),2003,17(3):6-11.

[121] 刘兴杰,岑添云,郑文书,等. 基于模糊粗糙集与改进聚类的神经网络风速预测[J]. 中国电机工程学报,2014,34(19): 3162-3169.

[122] FEI S. W., SUN Y. Fault prediction of power transformer by combination of rough sets and grey theory[J]. Proceedings of the Chinese Society of Electrical Engineering,2008,28(16):154-160.

[123] 张孝远,周建中,黄志伟,等. 基于粗糙集和多类支持向量机的水电机组振动故障诊断[J]. 中国电机工程学报,2010,30(20):88-93.

[124] 余鹰,苗夺谦,刘财辉,等. 基于变精度粗糙集的 KNN 分类改进算法[J]. 模式识别与人工智能,2012,25(4):617-623.

[125] DENG H. G., LUO A., CAO J., Etc. Application of multi-point criss-cross genetic algorithm in transformer fault diagnosis[J]. Power System Technology, 2004, 28 (24):1-4.

[126] 杨国华,朱向芬,周鑫,等. 基于遗传算法的风电混合储能容量优化配置[J]. 电气传动,2015,45(2):50-53.

[127] 赵建春,叶丽娜,张兵兵. 遗传算法在故障诊断中的应用[J]. 四川兵工学报,2013,34(3):132-134.

[128] Luo S. R., Cheng J. S., Zheng J. D., Etc. GA-VPMCD method and its application in machinery fault intelligent diagnosis[J]. Journal of Vibration Engineering,2014,27 (2):289-295.

[129] 王韶,周鑫. 应用层次聚类法和蚁群算法的配电网无功优化[J]. 电网技术,2011,35(8):161-167.

[130] 何娟,涂中英,牛玉刚. 一种遗传蚁群算法的机器人路径规划方法[J]. 计算机仿真,2010,27(3):170-174.

[131] BAI J. Y., LI S. Y., LIU Z. W. Gear fault diagnosis based on relevance vector machine with quantum-inspired ant colony optimization[J]. Journal of Information and Computational Science,2010,7(14): 3169-3175.

[132] ZHANG Z. S., CHENG W., ZHOU X. N. Research on intelligent diagnosis of me-

chanical fault based on ant colony algorithm[J]. Advances in Intelligent and Soft Computing,2009,56:631-640.

[133] 陈法法,汤宝平,董绍江.基于粒子群优化 LS-WSVM 的旋转机械故障诊断[J].仪器仪表学报,2011,32(12):2747-2753.

[134] 程声烽,程小华,杨露.基于改进粒子群算法的小波神经网络在变压器故障诊断中的应用[J].电力系统保护与控制,2014(19):37-42.

[135] 刘文颖,谢昶,文晶等.基于小生境多目标粒子群算法的输电网检修计划优化[J].中国电机工程学报,2013,33(4):141-148.

[136] MAO H. W., PAN H. X., LIU W. L. Wavelet neural network based on particle swarm optimization algorithm and its application in fault diagnosis of gear-box[J]. Journal of Vibration and Shock,2007,26(5):133-136.

[137] 韩清凯,于晓光.基于振动分析的现代机械故障诊断原理及应用[M].北京:科学出版社,2010.

[138] 张德丰. MATLAB 小波分析[M].2 版.北京:机械工业出版社,2012.

[139] 周云龙,等.基于现代信号处理技术的泵与风机故障诊断原理及其应用[M].北京:科学出版社,2014.

[140] 许文博.小波去噪方法分析与研究[C]//四川省通信学会 2011 年学术年会论文集.2011:206-209.

[141] https://engineering.case.edu/bearingdatacenter/download-data-file.

[142] 刘明,张新燕,王维庆,等.风力发电机组故障振动信号特征向量的提取[J].电力学报,2012,27(6):541-544,549.

[143] 辛卫东.风电机组传动链振动分析与故障特征提取方法研究[D].北京:华北电力大学,2013.

[144] 焦卫东.基于互信息的小波特征提取方法及其在机械故障诊断中的应用[J].中国机械工程,2004,15(21):1946-1949.

[145] 安学利,蒋东翔,刘超等.基于固有时间尺度分解的风电机组轴承故障特征提取[J].电力系统自动化,2012,36(5):41-44,102.

[146] 陈长征,赵新光,周勃等.风电机组叶片裂纹故障特征提取方法[J].中国电机工程学报,2013,33(2):112-117,20.

[147] 马鲁,陈国初,王海群.基于 EMD-K-HT 的风电机组滚动轴承故障特征提取方法研究[J].电力学报,2015,30(2):105-110,148.

[148] 赵洪山,邵玲,连莎莎.基于最大信噪比的风电机组主轴承的故障特征提取[J].可再生能源,2015,33(3):410-415.

[149] 褚福磊,彭志科,冯志鹏,等.机械故障诊断中的现代信号处理方法[M].北京:科

学出版社,2009.
[150] 盛美萍,杨宏晖. 振动信号处理[M]. 北京:电子工业出版社,2017.
[151] 吴昭同,杨世锡. 旋转机械故障特征提取与模式分类新方法[M]. 北京:科学出版社,2012.
[152] 魏勇召. 基于变分模态分解的机车轴承故障诊断[D]. 北京:北京交通大学,2018.
[153] 黄健英. 信号高阶谱分析及在地震勘探中的应用[D]. 成都:成都理工大学,2006.
[154] 李大卫,尹成,熊晓军,等. 高阶谱混合方法地震子波估计及处理[J]. 地球物理学进展,2005,20(1):29-33.
[155] 郭淑贞. 基于高阶谱和小波分析的超声医学图像反卷积研究[D]. 南京:东南大学,2005.
[156] 樊养余,孙进才,李平安,等. 基于高阶谱的舰船辐射噪声特征提取[J]. 声学学报,1999(6):611-616.
[157] 孙菲,梁菁,任杰,等. 一种基于高阶谱特征的舰船目标识别方法[J]. 舰船科学技术,2011,33(7):105-107,118.
[158] 余碧琼. 基于高阶谱的齿轮故障特征提取方法研究[J]. 机械,2011,38(4):27-29.
[159] 王文莉. 基于高阶谱的齿轮故障诊断与识别[D]. 武汉:武汉科技大学,2007.
[160] 李凌均,韩捷,李朋勇,等. 基于矢双谱的智能故障诊断方法[J]. 机械工程学报,2011,47(11):64-68.
[161] 周宇,陈进,董广明,等. 基于循环双谱的滚动轴承故障诊断[J]. 振动与冲击,2012,31(9):78-81.
[162] 曹斌. 风电机组振动监测与故障诊断系统研究[D]. 广州:广东工业大学,2014.
[163] 陆爽,李萌. 基于双谱分析的滚动轴承故障特征提取[J]. 化工机械,2005,32(1):14-17,64.
[164] 杨淑莹,张桦,等. 模式识别与智能计算——MATLAB 技术实现[M]. 3 版. 北京:电子工业出版社,2015.
[165] 肖坤,杨马英. 贝叶斯网络在生产过程故障诊断中的应用[J]. 自动化仪表,2014,35(5):13-17.
[166] 丁夏完,刘金朝,王成国,等. 利用 SVM 和相关山形聚类分析识别滚动轴承状态[J]. 轴承,2006(6):29-32.
[167] 陶新民,徐晶,付强,等. 基于样本密度 KFCM 新算法及其在故障诊断的应用[J]. 振动与冲击,2009,28(8):61-64,83,199.

[168] 王宏超,陈进,董广明.基于补偿距离评估-小波核 PCA 的滚动轴承故障诊断[J].2013,32(18):87-90,94.

[169] 张立国,李盼,李梅梅,等.基于 ITD 模糊熵和 GG 聚类的滚动轴承故障诊断[J].仪器仪表学报,2014,35(11):2624-2632.

[170] 王国栋,张建宇,高立新,等.小波包神经网络在轴承故障模式识别中的应用[J].轴承,2007(1):31-34.

[171] 沈仁发,郑海起,祁彦洁,等.模糊粗糙集在轴承故障模式识别中的应用[J].振动与冲击,2010,29(12):30-33,236.

[172] 夏新涛,孙立明,王中宇,等.滚动轴承振动与噪声关系的实验研究[J].中国机械工程,2003,14(24):21-23,4.

[173] 夏新涛,王中宇,孙立明,等.滚动轴承振动与噪声关系的灰色研究[J].航空动力学报,2004,19(3):424-428.

[174] 李洪梅.影响深沟球轴承振动与噪声因素的测量与研究[D].哈尔滨:哈尔滨工程大学,2003.

[175] 许国根,贾瑛.模式识别与智能计算的 MATLAB 实现[M].北京:北京航空航天大学出版社,2012.

[176] 史继红.刘易斯二元经济理论与我国二元经济结构转化的相关性分析[J].特区经济,2007(9):278-280.

[177] 蔡智澄,何立民.相关性分析原理在图书情报分析中的应用[J].现代情报,2006(5):151-152,156.

[178] 马宝新,刘现亮,李花,等.中国人醛固酮合成酶 CYP11B2 基因多态性与原发性高血压左室肥厚相关性的 meta 分析[J].华西医学,2014,29(2):239-242.

[179] 杨杰,郭志强.模式识别及 MATLAB 实现[M].北京:电子工业出版,2017.

[180] 余金.多源数据融合的风电机组噪声预测[D].乌鲁木齐:新疆大学,2017.

[181] 和晓慧,刘振祥.风力发电机组状态监测和故障诊断系统[J].风机技术,2011(6):50-52.

[182] 单光坤.兆瓦级风电机组状态监测及故障诊断研究[D].沈阳:沈阳工业大学,2011.

[183] 谢金涛,刘前卫.风电机组噪声分析及检测[J].山东电力技术,2010(2):78-80.

[184] 许惠悰.风力发电机组产生之低频噪音与健康风险的展望[J].中华公共卫生杂志,2014,33(04):360-376.

[185] 时彧,王广斌,蒋玲莉,等.机械故障诊断技术与应用[M].北京:国防工业出版社,2014.

[186] 中华人民共和国国家质量监督检验检疫总局.风力发电机组噪声测量方法:

GB/T 22516—2015[S]. 2015.

[187] 刘斌,冯涛,吴雪,等. 道路交通噪声中单车辐射噪声测量及分析[J]. 噪声与振动控制,2012,32(5):104-109.

[188] 李嘉. 在自由声场应用纯音和噪声信号测量结果差异性[J]. 噪声与振动控制,2012,32(5):114-117.

[189] 张德丰,杨文茵. MATLAB 工程应用仿真[M]. 北京:清华大学出版社,2012.

[190] 周润景,张丽娜. 基于 MATLAB 与 fuzzyTECH 的模糊与神经网络设计[M]. 北京:电子工业出版社,2010.

[191] 徐冠基,柏林,刘小峰,等. 基于多元线性回归分析的风机噪声预测的研究[J]. 中国测试,2010,36(5):21-23.